登高架设作业

(2018 修订版)

全国安全生产教育培训教材编审委员会　组织编写

中国矿业大学出版社

图书在版编目(CIP)数据

登高架设作业/全国安全生产教育培训教材编审委员会组织编写.—修订本.—徐州:中国矿业大学出版社,2019.1
ISBN 978-7-5646-2758-4

Ⅰ.①登… Ⅱ.①全… Ⅲ.①脚手架-安全技术-技术培训-教材 Ⅳ.①TU731.2

中国版本图书馆 CIP 数据核字(2015)第 169751 号

书　　名	登高架设作业
组织编写	全国安全生产教育培训教材编审委员会
责任编辑	满建康　吴学兵
出　　版	中国矿业大学出版社有限责任公司
	(江苏省徐州市解放南路　邮编221008)
印　　刷	三河市龙大印装有限公司
开　　本	787×1092　1/16　印张　16.25　字数　395千字
版次印次	2019年2月第1版　2019年2月第1次印刷
定　　价	46.00元

(图书出现印装质量问题,请联系调换:010-64463761　64463729)

全国安全生产教育培训教材编审委员会

主　　任　　徐绍川
副 主 任　　宋元明　杨玉洲　徐汉才
委　　员　　(以姓氏笔画为序)
　　　　　　王万生　王啟明　邬燕云　刘　强　李永红
　　　　　　杨庚宇　汪永高　张兴凯　尚文启　周永平
　　　　　　相桂生　柏　然　施卫祖　黄智全　雷长群
　　　　　　樊晶光

主　　编　　贾秋霞
副 主 编　　杨拯民　安宏伟

前　言

为贯彻落实《国务院安委会关于进一步加强安全培训工作的决定》(安委〔2012〕10号)，进一步做好特种作业人员的培训和考核工作，提高从业人员安全素质，我们组织专家对《登高架设作业》(2012年10月第1版)进行了修订。该教材是高处作业人员考试配套教材，也可作为高处作业人员自学的工具书。

本次修订以"特种作业人员安全技术培训大纲及考核标准"(AQ标准)为依据，按照新《中华人民共和国安全生产法》、《特种作业人员安全技术培训考核管理规定》(2013年修正)等最新颁布的法律法规要求，对原有教材内容进行了调整修改。同时为配合全国特种作业人员操作证资格考试，在每章后面增加模拟考试练习题，为提高培训质量和考试的针对性、实效性提供支持。

本教材的内容主要包括：安全生产基本知识、脚手架安全知识、跨越架安全知识、登高架设作业的安全管理、施工现场事故预防与应急处置、登高架设作业安全实际操作训练。

本教材共六章，由贾秋霞担任主编，杨拯民、安宏伟担任副主编。各章节编写分工如下：第一章，刘伟宏、李莉莉、张晋伟、时德轶；第二章，李建峰、杨洪禄、王艳山、徐峰；第三章，董学成、马长祥；第四章，李建峰、董学成、薛映宾；第五章，徐杰立、郭宇飞、张玉娟、邱丹妮；第六章，李建峰、董学成。本教材由全国安全生产教育培训教材编审委员会审定，潘国钿、孙宗辅进行了审稿。编审委办公室组织修订。

教材在编写过程中，得到了国家安全生产监督管理总局有关领导和有关司局的指导与帮助，部分省市安监局、培训机构和北京市工伤及职业危害预防中心也给予了大力支持，在此一并表示感谢。

全国安全生产教育培训教材编审委员会
2018年1月

目 录

第一章 安全生产基本知识 (1)
 第一节 安全生产法律法规及标准 (1)
 第二节 从业人员的权利和义务 (7)
 第三节 登高架设作业基础知识 (11)
 第四节 登高架设作业个人安全防护用品和用具的使用 (17)
 习题一 (25)

第二章 脚手架安全知识 (32)
 第一节 脚手架基础知识 (32)
 第二节 常用脚手架安全知识 (42)
 第三节 工具式脚手架安全知识 (68)
 第四节 其他脚手架安全知识 (89)
 第五节 常用模板支架安全知识 (114)
 第六节 临边、洞口防护架安全知识 (120)
 第七节 脚手架拆除安全知识 (128)
 第八节 脚手架事故原因分析及预防措施 (129)
 习题二 (136)

第三章 跨越架安全知识 (146)
 第一节 跨越架基础知识 (146)
 第二节 带电跨越架构造与搭设、拆除技术 (155)
 第三节 跨越架封网 (158)
 第四节 跨越架搭设、拆除安全防护知识 (159)
 习题三 (162)

第四章 登高架设作业的安全管理 (167)
 第一节 安全管理概述 (167)
 第二节 登高架设作业人员安全管理制度和操作规程 (169)
 第三节 脚手架、跨越架安全检查及验收 (174)
 第四节 脚手架、跨越架安全管理 (177)
 第五节 施工现场安全管理 (181)
 习题四 (190)

第五章 施工现场事故预防与应急处置 (197)
 第一节 事故应急预案及应急演练 (197)

第二节　事故现场急救知识……………………………………………(200)
　　习题五……………………………………………………………………(213)
第六章　登高架设作业安全实际操作训练……………………………………(219)
　　训练项目一：脚手架施工前的准备要求………………………………(219)
　　训练项目二：双排落地扣件式钢管脚手架现场搭设及拆除训练……(220)
　　训练项目三：扣件式钢管脚手架部件的判废…………………………(221)
　　训练项目四：竹竿跨越架搭设与拆除…………………………………(222)
　　训练项目五：小钢管跨越架搭设………………………………………(223)
　　训练项目六：跨越架搭设与拆除………………………………………(224)
　　训练项目七：跨越架搭设安全要求……………………………………(225)
附录………………………………………………………………………………(227)
　　附录一　特种作业人员安全技术培训考核管理规定…………………(227)
　　附录二　登高架设作业安全技术培训大纲及考核标准………………(238)
参考答案…………………………………………………………………………(245)
参考文献…………………………………………………………………………(249)

第一章　安全生产基本知识

第一节　安全生产法律法规及标准

相对于普通作业人员，特种作业人员由于其工作的重要性和危险性，导致发生伤亡事故的可能性就更大，易对操作者本人、他人及设施、设备的安全造成危害。作为特种作业人员应认真学习安全生产法律法规知识，严格按标准规范操作，确保安全生产。

"安全第一、预防为主、综合治理"是我国安全生产的基本方针。为确保此方针的实施，我国颁布了以《中华人民共和国安全生产法》为代表的一系列法律法规，形成了相关的安全生产法律制度。本节主要介绍我国相关的安全生产方面法律法规与特种作业有关的内容，目的是通过学习，使特种作业人员了解相关法律法规知识，提高遵章守法的自觉性。

一、中华人民共和国安全生产法

《中华人民共和国安全生产法》(以下简称《安全生产法》)由中华人民共和国第九届全国人民代表大会常务委员会第二十八次会议于2002年6月29日通过，并以第70号主席令予以公布，自2002年11月1日起施行。于2014年8月31日第十二届全国人民代表大会常务委员会第十次会议通过的《全国人民代表大会常务委员会关于修改〈中华人民共和国安全生产法〉的决定》，自2014年12月1日起施行。《安全生产法》是我国第一部规范安全生产的综合性基础法律，对于加强我国的安全生产工作具有重要意义。《安全生产法》共7章124条。主要条款如下：

第六条　生产经营单位的从业人员有依法获得安全生产保障的权利，并应当依法履行安全生产方面的义务。

第二十五条　生产经营单位应当对从业人员进行安全生产教育和培训，保证从业人员具备必要的安全生产知识，熟悉有关的安全生产规章制度和安全操作规程，掌握本岗位的安全操作技能，了解事故应急处理措施，知悉自身在安全生产方面的权利和义务。未经安全生产教育和培训合格的从业人员，不得上岗作业。

生产经营单位使用被派遣劳动者的，应当将被派遣劳动者纳入本单位从业人员统一管理，对被派遣劳动者进行岗位安全操作规程和安全操作技能的教育和培训。劳务派遣单位应当对被派遣劳动者进行必要的安全生产教育和培训。

生产经营单位接收中等职业学校、高等学校学生实习的，应当对实习学生进行相应的安全生产教育和培训，提供必要的劳动防护用品。学校应当协助生产经营单位对实习学生进行安全生产教育和培训。

生产经营单位应当建立安全生产教育和培训档案，如实记录安全生产教育和培训的时间、内容、参加人员以及考核结果等情况。

第二十七条　生产经营单位的特种作业人员必须按照国家有关规定经专门的安全作业培训，取得相应资格，方可上岗作业。

特种作业人员的范围由国务院安全生产监督管理部门会同国务院有关部门确定。

第三十三条　安全设备的设计、制造、安装、使用、检测、维修、改造和报废，应当符合国家标准或者行业标准。

生产经营单位必须对安全设备进行经常性维护、保养，并定期检测，保证正常运转。维护、保养、检测应当作好记录，并由有关人员签字。

第四十二条　生产经营单位必须为从业人员提供符合国家标准或者行业标准的劳动防护用品，并监督、教育从业人员按照使用规则佩戴、使用。

第四十四条　生产经营单位应当安排用于配备劳动防护用品、进行安全生产培训的经费。

第四十八条　生产经营单位必须依法参加工伤保险，为从业人员缴纳保险费。

国家鼓励生产经营单位投保安全生产责任保险。

第四十九条　生产经营单位与从业人员订立的劳动合同，应当载明有关保障从业人员劳动安全、防止职业危害的事项，以及依法为从业人员办理工伤保险的事项。

生产经营单位不得以任何形式与从业人员订立协议，免除或者减轻其对从业人员因生产安全事故伤亡依法应承担的责任。

第五十条　生产经营单位的从业人员有权了解其作业场所和工作岗位存在的危险因素、防范措施及事故应急措施，有权对本单位的安全生产工作提出建议。

第五十一条　从业人员有权对本单位安全生产工作中存在的问题提出批评、检举、控告；有权拒绝违章指挥和强令冒险作业。

生产经营单位不得因从业人员对本单位安全生产工作提出批评、检举、控告或者拒绝违章指挥、强令冒险作业而降低其工资、福利等待遇或者解除与其订立的劳动合同。

第五十二条　从业人员发现直接危及人身安全的紧急情况时，有权停止作业或者在采取可能的应急措施后撤离作业场所。

生产经营单位不得因从业人员在前款紧急情况下停止作业或者采取紧急撤离措施而降低其工资、福利等待遇或者解除与其订立的劳动合同。

第五十三条　因生产安全事故受到损害的从业人员，除依法享有工伤保险外，依照有关民事法律尚有获得赔偿的权利的，有权向本单位提出赔偿要求。

第五十四条　从业人员在作业过程中，应当严格遵守本单位的安全生产规章制度和操作规程，服从管理，正确佩戴和使用劳动防护用品。

第五十五条　从业人员应当接受安全生产教育和培训，掌握本职工作所需的安全生产知识，提高安全生产技能，增强事故预防和应急处理能力。

第五十六条　从业人员发现事故隐患或者其他不安全因素，应当立即向现场安全生产管理人员或者本单位负责人报告；接到报告的人员应当及时予以处理。

二、建设工程安全生产管理条例

《建设工程安全生产管理条例》(以下简称《条例》)由国务院第28次常务会议于2003

年11月12日通过，自2004年2月1日起施行。《条例》是我国第一部规范建设工程安全生产的行政法规，它标志着我国建设工程安全生产管理进入法制化、规范化发展的新时期。

《中华人民共和国建筑法》和《安全生产法》的颁布实施，为维护建筑市场秩序，加强建设工程安全生产监督管理提供了重要法律依据。《条例》根据《中华人民共和国建筑法》、《安全生产法》，针对当前存在的主要问题，结合建设行业特点，确立有关建设工程安全生产监督管理的基本制度，明确参与建设活动各方责任主体的安全责任，加强建设工程安全生产监督管理，确保参与各方责任主体安全生产利益及建筑工人安全与健康的合法权益。《条例》主要规定了以下内容：

第十七条 在施工现场安装、拆卸施工起重机械和整体提升脚手架、模板等自升式架设设施，必须由具有相应资质的单位承担。

安装、拆卸施工起重机械和整体提升脚手架、模板等自升式架设设施，应当编制拆装方案，制定安全施工措施，并由专业技术人员现场监督。

施工起重机械和整体提升脚手架、模板等自升式架设设施安装完毕后，安装单位应当自检，出具自检合格证明，并向施工单位进行安全使用说明，办理验收手续并签字。

第十八条 施工起重机械和整体提升脚手架、模板等自升式架设设施的使用达到国家规定的检验检测期限的，必须经具有专业资质的检验检测机构检测。经检测不合格的，不得继续使用。

第十九条 检验检测机构检测合格的施工起重机械和整体提升脚手架、模板等自升式架设设施，应当出具安全合格证明文件，并对检测结果负责。

第二十五条 垂直运输机械作业人员、安装拆卸工、爆破作业人员、起重信号工、登高架设作业人员等特种作业人员，必须按照国家有关规定经过专门的安全作业培训，并取得特种作业操作资格证书后，方可上岗作业。

第二十六条 施工单位应当在施工组织设计中编制安全技术措施和施工现场临时用电方案，对下列达到一定规模的危险性较大的分部分项工程编制专项施工方案，并附具安全验算结果，经施工单位技术负责人、总监理工程师签字后实施，由专职安全生产管理人员进行现场监督：

（一）基坑支护与降水工程；
（二）土方开挖工程；
（三）模板工程；
（四）起重吊装工程；
（五）脚手架工程；
（六）拆除、爆破工程；
（七）国务院建设行政主管部门或者其他有关部门规定的其他危险性较大的工程。

对前款所列工程中涉及深基坑、地下暗挖工程、高大模板工程的专项施工方案，施工单位还应当组织专家进行论证、审查。

本条第一款规定的达到一定规模的危险性较大工程的标准，由国务院建设行政主管部门会同国务院其他有关部门制定。

第二十七条 建设工程施工前，施工单位负责项目管理的技术人员应当对有关安全施工的技术要求向施工作业班组、作业人员作出详细说明，并由双方签字确认。

第二十八条　施工单位应当在施工现场入口处、施工起重机械、临时用电设施、脚手架、出入通道口、楼梯口、电梯井口、孔洞口、桥梁口、隧道口、基坑边沿、爆破物及有害危险气体和液体存放处等危险部位，设置明显的安全警示标志。安全警示标志必须符合国家标准。

施工单位应当根据不同施工阶段和周围环境及季节、气候的变化，在施工现场采取相应的安全施工措施。施工现场暂时停止施工的，施工单位应当做好现场防护，所需费用由责任方承担，或者按照合同约定执行。

第三十二条　施工单位应当向作业人员提供安全防护用具和安全防护服装，并书面告知危险岗位的操作规程和违章操作的危害。

作业人员有权对施工现场的作业条件、作业程序和作业方式中存在的安全问题提出批评、检举和控告，有权拒绝违章指挥和强令冒险作业。

在施工中发生危险及人身安全的紧急情况时，作业人员有权立即停止作业或者在采取必要的应急措施后撤离危险区域。

第三十三条　作业人员应当遵守安全施工的强制性标准、规章制度和操作规程，正确使用安全防护用具、机械设备等。

第三十七条　作业人员进入新的岗位或者新的施工现场前，应当接受安全生产教育培训。未经教育培训或者教育培训考核不合格的人员，不得上岗作业。

施工单位在采用新技术、新工艺、新设备、新材料时，应当对作业人员进行相应的安全生产教育培训。

第三十八条　施工单位应当为施工现场从事危险作业的人员办理意外伤害保险。

意外伤害保险费由施工单位支付。实行施工总承包的，由总承包单位支付意外伤害保险费。意外伤害保险期限自建设工程开工之日起至竣工验收合格止。

三、特种作业人员安全技术培训考核管理规定

2010年5月24日，国家安全生产监督管理总局发布了《特种作业人员安全技术培训考核管理规定》，自2010年7月1日起实施。本规定对特种作业人员的培训、考核、发证、复诊和监督管理等方面做了明确规定。有关规定的内容如下：

第三条　本规定所称特种作业，是指容易发生事故，对操作者本人、他人的安全健康及设备、设施的安全可能造成重大危害的作业。特种作业的范围由特种作业目录规定。

本规定所称特种作业人员，是指直接从事特种作业的从业人员。

第四条　特种作业人员应当符合下列条件：

（一）年满18周岁，且不超过国家法定退休年龄；

（二）经社区或者县级以上医疗机构体检健康合格，并无妨碍从事相应特种作业的器质性心脏病、癫痫病、美尼尔氏症、眩晕症、癔病、震颤麻痹症、精神病、痴呆症以及其他疾病和生理缺陷；

（三）具有初中及以上文化程度；

（四）具备必要的安全技术知识与技能；

（五）相应特种作业规定的其他条件。

危险化学品特种作业人员除符合前款第（一）项、第（二）项、第（四）项和第（五）项规

定的条件外，应当具备高中或者相当于高中及以上文化程度。

第五条 特种作业人员必须经专门的安全技术培训并考核合格，取得"中华人民共和国特种作业操作证"（以下简称特种作业操作证）后，方可上岗作业。

第十一条 培训机构应当按照安全监管总局、煤矿安监局制定的特种作业人员培训大纲和煤矿特种作业人员培训大纲进行特种作业人员的安全技术培训。

第十七条 收到申请的考核发证机关应当在5个工作日内完成对特种作业人员所提交申请材料的审查，作出受理或者不予受理的决定。能够当场作出受理决定的，应当当场作出受理决定；申请材料不齐全或者不符合要求的，应当当场或者在5个工作日内一次告知申请人需要补正的全部内容，逾期不告知的，视为自收到申请材料之日起即已被受理。

第十八条 对已经受理的申请，考核发证机关应当在20个工作日内完成审核工作。符合条件的，颁发特种作业操作证；不符合条件的，应当说明理由。

第十九条 特种作业操作证有效期为6年，在全国范围内有效。

第二十一条 特种作业操作证每3年复审1次。

特种作业人员在特种作业操作证有效期内，连续从事本工种10年以上，严格遵守有关安全生产法律法规的，经原考核发证机关或者从业所在地考核发证机关同意，特种作业操作证的复审时间可以延长至每6年1次。

第二十二条 特种作业操作证需要复审的，应当在期满前60日内，由申请人或者申请人的用人单位向原考核发证机关或者从业所在地考核发证机关提出申请，并提交下列材料：

（一）社区或者县级以上医疗机构出具的健康证明；

（二）从事特种作业的情况；

（三）安全培训考试合格记录。

特种作业操作证有效期届满需要延期换证的，应当按照前款的规定申请延期复审。

第二十三条 特种作业操作证申请复审或者延期复审前，特种作业人员应当参加必要的安全培训并考试合格。

安全培训时间不少于8个学时，主要培训法律、法规、标准、事故案例和有关新工艺、新技术、新装备等知识。

第二十四条 申请复审的，考核发证机关应当在收到申请之日起20个工作日内完成复审工作。复审合格的，由考核发证机关签章、登记，予以确认；不合格的，说明理由。

申请延期复审的，经复审合格后，由考核发证机关重新颁发特种作业操作证。

第二十五条 特种作业人员有下列情形之一的，复审或者延期复审不予通过：

（一）健康体检不合格的；

（二）违章操作造成严重后果或者有2次以上违章行为，并经查证确实的；

（三）有安全生产违法行为，并给予行政处罚的；

（四）拒绝、阻碍安全生产监管监察部门监督检查的；

（五）未按规定参加安全培训，或者考试不合格的；

（六）具有本规定第三十条、第三十一条规定情形的。

第二十六条 特种作业操作证复审或者延期复审符合本规定第二十五条第（二）项、第（三）项、第（四）项、第（五）项情形的，按照本规定经重新安全培训考试合格后，再办理复审或者延期复审手续。

再复审、延期复审仍不合格，或者未按期复审的，特种作业操作证失效。

《特种作业人员安全技术培训考核管理规定》详细条文参见附录一。

四、中华人民共和国职业病防治法

《中华人民共和国职业病防治法》（以下简称《职业病防治法》）已由中华人民共和国第九届全国人民代表大会常务委员会第二十四次会议于 2001 年 10 月 27 日通过，自 2002 年 5 月 1 日起施行。本法共 7 章 79 条，主要条款如下：

第四条 劳动者依法享有职业卫生保护的权利。

用人单位应当为劳动者创造符合国家职业卫生标准和卫生要求的工作环境和条件，并采取措施保障劳动者获得职业卫生保护。

第六条 用人单位必须依法参加工伤社会保险。

第二十条 用人单位必须采用有效的职业病防护设施，并为劳动者提供个人使用的职业病防护用品。

用人单位为劳动者个人提供的职业病防护用品必须符合防治职业病的要求；不符合要求的，不得使用。

第二十二条 产生职业病危害的用人单位，应当在醒目位置设置公告栏，公布有关职业病防治的规章制度、操作规程、职业病危害事故应急救援措施和工作场所职业病危害因素检测结果。

对产生严重职业病危害的作业岗位，应当在其醒目位置，设置警示标识和中文警示说明。警示说明应当载明产生职业病危害的种类、后果、预防以及应急救治措施等内容。

第二十八条 任何单位和个人不得将产生职业病危害的作业转移给不具备职业病防护条件的单位和个人。不具备职业病防护条件的单位和个人不得接受产生职业病危害的作业。

第三十条 用人单位与劳动者订立劳动合同（含聘用合同，下同）时，应当将工作过程中可能产生的职业病危害及其后果、职业病防护措施和待遇等如实告知劳动者，并在劳动合同中写明，不得隐瞒或者欺骗。

劳动者在已订立劳动合同期间因工作岗位或者工作内容变更，从事与所订立劳动合同中未告知的存在职业病危害的作业时，用人单位应当依照前款规定，向劳动者履行如实告知的义务，并协商变更原劳动合同相关条款。

第三十一条 用人单位应当对劳动者进行上岗前的职业卫生培训和在岗期间的定期职业卫生培训，普及职业卫生知识，督促劳动者遵守职业病防治法律、法规、规章和操作规程，指导劳动者正确使用职业病防护设备和个人使用的职业病防护用品。

劳动者应当学习和掌握相关的职业卫生知识，遵守职业病防治法律、法规、规章和操作规程，正确使用、维护职业病防护设备和个人使用的职业病防护用品，发现职业病危害事故隐患应当及时报告。

第三十六条 劳动者享有下列职业卫生保护权利：

（一）获得职业卫生教育、培训；

（二）获得职业健康检查、职业病诊疗、康复等职业病防治服务；

（三）了解工作场所产生或者可能产生的职业病危害因素、危害后果和应当采取的职业病防护措施；

（四）要求用人单位提供符合防治职业病要求的职业病防护设施和个人使用的职业病防护用品，改善工作条件；

（五）对违反职业病防治法律、法规以及危及生命健康的行为提出批评、检举和控告；

（六）拒绝违章指挥和强令进行没有职业病防护措施的作业；

（七）参与用人单位职业卫生工作的民主管理，对职业病防治工作提出意见和建议。

用人单位应当保障劳动者行使前款所列权利。因劳动者依法行使正当权利而降低其工资、福利等待遇或者解除、终止与其订立的劳动合同的，其行为无效。

第二节 从业人员的权利和义务

一、从业人员的权利

安全健康的权利不是抽象的，它有具体的内容。在《中华人民共和国劳动法》、《安全生产法》和《职业病防治法》等法律中，具体规定了从业人员享有的各项安全健康权利，归纳起来包括以下内容。

（一）获得劳动安全健康保护的权利

《中华人民共和国劳动法》明确规定：职工享有"获得劳动安全卫生保护的权利"；还规定"建立劳动关系应当订立劳动合同"。因此，从业人员有要求生产经营单位保障其劳动安全、防止职业危害的权利，有要求生产经营单位为其办理工伤保险的权利，有关内容应当在劳动合同中载明。

劳动合同涉及职工与生产经营单位确立劳动关系、明确双方权利和义务的协议，是双方建立劳动关系、确定劳动内容的依据。从从业人员的角度来看，也可以说是保障其合法权益的"护身符"，所以从业人员为了保障自己的合法权益，在与生产经营单位建立劳动关系时应订立劳动合同。

《安全生产法》和《职业病防治法》从保护从业人员的劳动安全健康、维护职工安全健康合法权益的角度，进一步具体规定了劳动合同中一定要载明保障劳动安全、防止职业危害和办理工伤保险的事项。其主要内容应当包括：提供符合国家法律、法规标准规定的劳动安全卫生条件和必要的劳动防护用品；工作场所存在的职业危害因素以及有效防护措施；对从事接触职业危害因素作业的人员，按照国家规定定期进行健康检查；用人单位依法为从业人员办理工伤保险等。

（二）知情和建议的权利

《安全生产法》明确规定："生产经营单位的从业人员有权了解其作业场所和工作岗位存在的危险因素、防范措施及事故应急措施……"；《职业病防治法》规定："用人单位与劳动者订立劳动合同时，应当将工作过程中可能产生的职业病危害及其后果、职业病防治措施和待遇等如实告知劳动者，并在劳动合同中写明，不得隐瞒或者欺骗"。

法律明确规定了从业人员享有了解其作业场所和工作岗位安全卫生状况的权利，即知情权。从业人员的知情权与他们的安全和健康密切相关，是保护从业人员安全健康的重要前提。生产经营单位不得因此做出对从业人员不利的处分。

职工有权了解的情况主要包括以下内容：

（1）作业场所和作业岗位存在的或可能的危险因素。主要包括：易燃易爆、辐射性物质等危险物品对人体造成的危害后果；机械、电气设备运转时存在的危险因素对人体可能造成的危害后果等。用人单位应当如实告知，不得隐瞒或欺骗。

（2）对危害因素的防范措施和事故应急措施。对危害因素的防范措施是指为了防止、避免危害因素对从业人员的安全和健康造成危害，在技术上、操作上和个人防护上采取的措施。事故应急救援措施是指单位根据实际情况，针对可能发生事故的类别、性质、特点和范围而制定的，一旦事故发生时采取的应急救援措施。从业人员了解这些措施，可有效地防止事故发生，降低损失、保护自己。

《安全生产法》第五十条规定："生产经营单位的从业人员有权了解其作业场所和工作岗位存在的危险因素、防范措施及事故应急措施，有权对本单位的安全生产工作提出建议。"

（三）接受教育培训的权利

《中华人民共和国劳动法》规定：职工享有"接受职业技能培训的权利……"；《职业病防治法》规定：职工享有"获得职业卫生教育、培训"的权利。

生产作业过程中的复杂性和危险性，决定了从业人员接受劳动保护教育培训的必要性。因此，法律赋予了从业人员享有接受教育培训，具备保护自己和他人所必需的知识与技能的权利，是保障从业人员知情和参与的前提条件。

（四）拒绝违章指挥、强令冒险作业的权利

《安全生产法》规定：从业人员"有权拒绝违章指挥和强令冒险作业"，用人单位不得因此"而降低其工资、福利等待遇或者解除与其订立的劳动合同"。

违章指挥、强令冒险作业是指用人单位的领导、管理人员或工程技术人员违反规章制度和操作规程，在明知存在危险因素未采取相应安全保护措施的情况下，不顾操作人员的生产安全和健康，强迫、命令操作人员进行作业。这些行为对从业人员的生产安全和身体健康构成严重威胁，从业人员有权拒绝。

（五）紧急状态下停止作业或撤离的权利（紧急避险权）

《安全生产法》规定：从业人员发现直接危及人身安全的紧急情况时，有权停止作业或在采取可能的应急措施后撤离作业场所。生产经营单位不得因从业人员在前款紧急情况下作业或者采取紧急撤离措施而降低其工资、福利等待遇或解除与其订立的劳动合同。

在生产劳动过程中有可能发生意外的直接危及人身安全的紧急情况，例如火灾爆炸、毒气泄漏外溢等。此时如果不停止工作，紧急撤离，会造成重大伤亡事故。法律赋予从业人员享有在紧急状态下停止作业或采取可能的应急措施后撤离的权利，用人单位不得因此做出对操作人员不利的处理。

（六）享有工伤保险和要求民事赔偿的权利

《安全生产法》、《职业病防治法》规定：因生产事故伤亡或患职业病的职工，"除依法享有工伤保险外，依照有关民事法律尚有获得赔偿的权利的，有权向本单位提出赔偿要求。"

根据国际上各国认同的"无过错(过失)赔偿"原则，法律规定：职工享有工伤保险和补偿；而且按照法律规定，这项权利必须以劳动合同必要条款的书面形式加以确认。

（七）批评、检举、控告的权利

《中华人民共和国劳动法》规定：职工"对危害生产安全和身体健康的行为，有权提出批评、检举和控告"。《安全生产法》规定："从业人员有权对本单位安全生产工作中存在的问题提出批评、检举、控告"，生产经营单位不得因此"而降低其工资、福利等待遇或者解除与其订立的劳动合同"。《职业病防治法》规定：职工享有"对违反职业病防治法律、法规以及危及生命健康的行为提出批评、检举和控告"的权利。

对用人单位违反劳动安全卫生法律、法规和标准，或者不履行安全卫生保障责任的情况，职工有直接对用人单位提出批评，或向有关部门检举和控告的权利。

（八）依法解除劳动合同的权利

根据《中华人民共和国劳动合同法实施条例》的规定，有下列情形之一的，劳动者可以依据劳动合同法规定的条件、程序与用人单位解除固定期限劳动合同、无固定期限劳动合同或者以完成一定工作任务为期限的劳动合同：

（1）劳动者与用人单位协商一致的。

（2）劳动者提前30日以书面形式通知用人单位的。

（3）劳动者在试用期内提前3日通知用人单位的。

（4）用人单位未按照劳动合同约定提供劳动保护或者劳动条件的。

（5）用人单位未及时定额支付劳动报酬的。

（6）用人单位未依法为劳动者缴纳社会保险费的。

（7）用人单位的规章制度违反法律、法规的规定，损害劳动者利益的。

（8）用人单位以欺诈、胁迫的手段或者乘人之危，使劳动者在违背真实意思的情况下订立或者变更劳动合同的。

（9）用人单位在劳动合同中免除自己的法定责任、排除劳动者权利的。

（10）用人单位违反法律、行政法规强制性规定的。

（11）用人单位以暴力、威胁或者非法限制人身自由的手段强迫劳动者劳动的。

（12）用人单位违章指挥、强令冒险作业危及劳动者人身安全的。

（13）法律、行政法规规定劳动者可以解除劳动合同的其他情形。

二、从业人员的义务

从业人员在享有安全健康权利的同时，应履行一定的义务。《中华人民共和国劳动法》中规定："劳动者应当……执行劳动安全卫生规程，遵守劳动纪律和职业道德。"从业人员认真履行自己的义务，是为了保障自己和他人的安全和健康。

根据有关法律、法规，在劳动安全健康方面，从业人员的义务有：

（一）遵守安全生产规章制度和操作规程的义务

《中华人民共和国劳动法》中规定：职工应当"执行劳动安全卫生规程，遵守劳动纪律和职业道德"；"在劳动过程中必须严格遵守安全操作规程"。

《安全生产法》规定："从业人员在作业过程中，应当严格遵守本单位安全生产规章制度和操作规程"。《职业病防治法》规定："职工应当遵守职业病防治法律、法规、规章和操作规程"。

安全生产规章制度是用人单位依照国家法律、法规、规章和标准要求，结合本单位的实际情况所制定的有关安全生产、劳动保护的具体制度。由于这些规章制度是根据本单位实际情况制定的，所以针对性和可操作性强，对保障本单位的安全生产具有重要意义。

操作规程是为了保障生产安全，对具体操作技术和程序制定的规定，是具体指导作业人员进行安全生产的技术准则。

（二）服从管理的义务

施工现场影响安全生产的因素很多，需要统一指挥和管理。为了保持良好的生产劳动秩序，保障自身和他人的生命安全和健康，《中华人民共和国劳动法》中规定：职工应当"遵守劳动纪律和职业道德"；《安全生产法》规定："从业人员在作业过程中，应当严格遵守本单位的安全生产规章制度和操作规程，服从管理"。当然，从业人员应当服从正确的管理，对违章指挥、强令冒险作业是应拒绝的。

（三）正确佩戴和使用劳动防护用品的义务

《安全生产法》规定："从业人员在作业过程中，应当……正确佩戴和使用劳动防护用品。"《职业病防治法》规定：职工应当"正确使用、维护职业病防护设备和个人使用的职业病防护用品"。

尽管生产劳动过程中采取了安全防护措施，但由于条件限制，仍会存在一些不安全和不卫生的因素，对操作人员的安全和健康构成威胁。因此，个人防护用品就成为保护职工安全健康的最后一道防线。不同的防护用品，具有特定的佩戴和使用规则、方法，只有正确佩戴和使用，才能发挥它的防护作用。

（四）掌握安全卫生知识和提高操作技能的义务

《中华人民共和国劳动法》规定：职工应当"提高职业技能"。《安全生产法》规定："从业人员应当接受安全生产教育和培训，掌握本职工作所需的安全生产知识，提高安全生产技能，增强事故预防和应急处理能力"。《职业病防治法》规定：职工应当"学习和掌握相关职业卫生知识"。

掌握安全卫生知识和提高操作技能是职工的义务。为了预防伤亡事故和职业危害、职业病，保障职工的安全和健康，职工必须具备相关的知识和技能，以及事故预防和应急处理能力。因此，有关法律规定了用人单位对职工进行劳动卫生安全教育培训的同时，也规定了从业人员的义务，提高自身安全素质，增强自我保护意识，提高操作技能和技术水平。

（五）事故隐患和职业病危害及时报告的义务

《安全生产法》规定："从业人员发现事故隐患或者其他不安全因素，应当立即向现场安全生产管理人员或者本单位负责人报告。"《职业病防治法》规定：职工"发现职业病危害事故隐患应当及时报告"。

由于作业人员承担具体操作任务，处于生产劳动第一线，更容易发现事故隐患和其他不安全、不卫生的因素。因此，根据有关法律规定，职工一旦发现事故隐患等情况，有义务立即向现场管理人员或者本单位负责人报告，不得隐瞒不报或者拖延报告，而且要求如实报告。报告事故隐患,重在及时,报告的越早,造成的危害越小。接到报告的人员应当及时给予处理,消除隐患。

第三节　登高架设作业基础知识

一、高处作业概述

(一)高处作业的有关定义

1. 高处作业

凡在坠落高度基准面 2 m 以上(含 2 m)有可能坠落的高处进行的作业。

2. 坠落高度基准面

通过可能坠落范围内最低处的水平面。

3. 高处作业高度

作业区各作业位置至相应坠落高度基准面的垂直距离的最大值。

4. 可能坠落范围半径(R)

为确定可能坠落范围而规定的相对于作业位置的一段水平距离。其大小取决于与作业现场的地形、地势或建筑物分部等有关的基础高度。

5. 基础高度(h_b)

以作业位置为中心、6 m 为半径,画出的垂直于水平面的柱形空间内的最低处与作业位置间的高度差。

6. 作业高度(h_w)

作业区各作业位置至相应坠落高度基准面的垂直距离中的最大值。

7. 可能坠落范围半径(R)与基础高度(h_b)的关系

(1)当基础高度 h_b 为 2~5 m 时,R 为 3 m。

(2)当基础高度 h_b 为 5~15 m 时,R 为 4 m。

(3)当基础高度 h_b 为 15~30 m 时,R 为 5 m。

(4)当基础高度 h_b>30 m 时,R 为 6 m。

作业高度与坠落半径的关系,如图 1-3-1 所示。

(二)高处作业的区段和分级

1. 高处作业高度的区段

高处作业高度分为 2 m 至 5 m、5 m 以上至 15 m、15 m 以上至 30 m 及 30 m 以上四个区段。

2. 直接引起坠落的客观危险因素

直接引起坠落的客观危险因素可分为如下 11 种:

(1)阵风风力五级(风速 8.0 m/s)以上。

(2)《高温作业分级》(GB/T 4200—2008)规定的Ⅱ级或Ⅱ级以上的高温条件。

(3)平均气温等于或低于 5 ℃ 的作业环境。

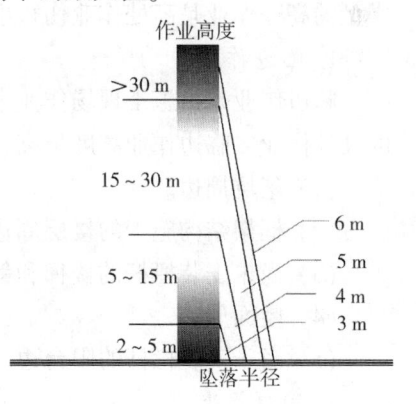

图 1-3-1　作业高度与坠落半径示意图

(4) 接触冷水温度等于或低于 12 ℃ 的作业。
(5) 作业场所有冰、雪、霜、水、油等易滑物。
(6) 作业场所光线不足，能见度差。
(7) 摆动，立足处不是平面或只有很小的平面，即任一边小于 500 mm 的矩形平面、直径小于 500 mm 的圆形平面或具有类似尺寸的其他形状的平面，致使作业者无法维持正常姿势。
(8) 存在有毒气体或空气中含氧量低于 0.195 的作业环境。
(9) 可能会引起各种灾害事故的作业环境和抢救突然发生的各种灾害事故。
(10) 接近或接触危险电压带电体。
(11)《体力劳动强度分级》(GB 3869—1997) 规定的 Ⅲ 级或 Ⅲ 级以上的体力劳动强度。

3. 高处作业分级

不存在上述任何一种直接引起坠落的客观危险因素的高处作业按表 1-3-1 规定的 A 类法分级；对存在上述任何一种或一种以上直接引起坠落的客观危险因素的高处作业按表 1-3-1 规定的 B 类法分级。

表 1-3-1　　　　　　　　　　高处作业分级

分类法	高处作业高度/m			
	$2 \leq h_w \leq 5$	$5 < h_w \leq 15$	$15 < h_w \leq 30$	$h_w > 30$
A	Ⅰ	Ⅱ	Ⅲ	Ⅳ
B	Ⅱ	Ⅲ	Ⅳ	Ⅳ

(三) 高处作业的基本类型

建筑施工中的高处作业主要包括临边、洞口、攀登、悬空、交叉五种基本类型，这些类型的高处作业是高处作业伤亡事故可能发生的主要地点。

1. 临边作业

临边作业是指施工现场作业中，工作面边沿无围护设施或围护设施高度低于 80 cm 时的高处作业。临边作业高度越高、危险性就越大。下列作业条件属于临边作业：

(1) 基坑周边。
(2) 框架结构施工的楼层周边。
(3) 尚未安装栏杆的楼梯和斜道侧边。
(4) 屋面周边。
(5) 尚未安装栏杆的阳台边、各种垂直运输卸料平台侧边、水箱水塔周边等作业。

2. 洞口作业

洞口作业是指孔与洞口旁边的高处作业，包括施工现场及通道旁深度在 2 m 及 2 m 以上的桩孔、沟槽与管道孔洞等边沿上的作业。

建筑物的楼梯口、电梯口及设备安装预留洞口等，在建筑物建成前，不能安装正式栏杆、门窗等围护结构；还有一些施工需要预留的上料口、通道口、施工口等，没有防护时，有造成作业人员高处坠落的危险。若不慎将物体从这些洞口坠落时，还可能造成下面的人员发生物体打击事故。

3. 攀登作业

攀登作业是指借助建筑结构、脚手架上的登高设施、采用梯子或其他登高设施在攀登条件下进行的高处作业。

在建筑物周围搭设脚手架、张挂安全网、装拆塔机、龙门架、井字架、施工电梯、登高安装钢结构构件等作业都属于攀登作业。

进行攀登作业时作业人员由于没有作业平台，只能攀登在可借助物或架子上作业，要借助一手攀，一只脚勾或用腰绳来保持平衡，身体重心垂线不通过脚下，作业难度大，危险性大，若有不慎就有可能发生坠落。

4. 悬空作业

悬空作业是指在周边临空状态下进行高处作业。其特点是在操作者无立足点或无牢靠立足点条件下进行高处作业。

建筑施工中的构件吊装，利用吊篮进行外装修，悬挑或悬空梁板、雨棚等特殊部位支拆模板、绑扎钢筋、浇灌混凝土等作业都属于悬空作业，由于是在不稳定的条件下施工作业，危险性很大。

5. 交叉作业

交叉作业是指在施工现场的上下不同层次，在空间贯通状态下同时进行的高处作业。

现场施工上部搭设脚手架、吊运物料，地面上的人员搬运材料、制作钢筋；或外墙装修下面打底抹灰，上面进行面层装饰等，都属于施工现场的交叉作业。交叉作业中，若不慎掉落物料，失手掉下工具或吊运物体散落，都可能砸伤地面作业人员，发生物体打击事故。

（四）高处作业时的注意事项

（1）发现安全措施有隐患时，立即采取措施、消除隐患，必要时停止作业。

（2）遇到恶劣天气时，必须对各类安全设施进行检查校正、修理使之完善。

（3）现场的水、冰、霜、雨、雪等均需清除。

（4）搭拆防护棚和安全设施，需设警戒区、有专人防护。

二、登高架设作业的职业特点

（一）登高架设作业常见的危险、危害因素

高处作业事故主要是高处坠落事故和物体打击事故。

1. 高处坠落事故

登高搭设和拆除过程中，坠落对象主要是登高架设作业人员。常见的坠落类型如下：

（1）作业时身体失稳坠落。登高架设作业人员一般是在狭窄、光滑的横杆上站立、行走，在两杆之间移动进行操作。如果操作不熟练，掌握不好身体平衡，手抓握不准或抓握不牢固等，会因身体失去平衡跌倒或脚底滑动而发生坠落事故。

（2）脚手架失稳坠落。在不合格的地面上或者悬挑支架上搭设脚手架，立杆的垂直度得不到保证，作业人员在这种脚手架上作业时，脚手架晃动幅度大，且没有临时支撑和拉结，就会发生脚手架倾斜倒塌事故。

（3）杆件脱开坠落。各杆件之间绑扎不紧或扣件不紧固，作业人员站在横杆或脚手板上，绑扎松开或下滑，或者架子散开，容易导致作业人员坠落。

（4）围护残缺坠落。未按规定设置防护栏杆或挡脚板，未挂安全网，未架层间作业脚手板和防护脚手板少铺、间隙过大、不平、不稳、有探头、固定不牢；脚手架与墙面距离过大，且没有防护措施等，作业人员一旦行为失误或操作失误，就会发生高处坠落事故。

（5）操作失误坠落。搭拆架子时用力过猛，身体失去平衡或两人操作配合不默契，突然失手等，在架子作业层上操作的人员，倒退踩空、被构件挂住失稳、接收吊运材料被碰撞等，都会造成坠落事故。

（6）违章操作坠落。在脚手架上睡觉、打闹，攀登杆件上下、跳跃；凌空搭设时不用安全带；饮酒后作业；穿硬底鞋、皮鞋作业；未扎紧裤腿口、袖口；在不宜作业的大风、雨雪天操作；在石棉瓦等易碎轻型屋面、棚顶上踩踏，或者在不能上人的装饰物上踩踏等，都会导致高处坠落事故。

（7）架子塌垮坠落。架子倒塌会造成群死群伤，损失特别巨大。主要原因有：脚手架上荷载严重超出允许承载值；或荷载过分集中，引起扣件断裂或绑扎崩裂；任意撤去或减少连墙拉结、抛撑、缆风绳等；支撑地面沉陷，脚手架倾斜失稳；悬挑式脚手架没有分段卸荷；不同性质的支架连在一起；起重机械的吊臂挂、碰脚手架；车辆碰撞脚手架等。

（8）"口"、"边"失足坠落。施工现场的预留孔口、电梯井口、通道口、楼梯口、上料口、框架楼层周边、层面周边、阳台周边等没有设置围栏或加盖板以及警示标志，操作人员因滑、碰、用力过猛等踩空坠落。

（9）梯上作业坠落。梯子是一种常用的辅助登高攀登或直接作为登高作业的工具。如果倚靠不稳、斜度过大，或者梯脚无防滑措施，或垫高物倒塌均会因梯子倾倒而造成人员坠落事故。另外，使用缺档梯子，或者负荷过重使梯档断裂，人字梯中间没有用绳子拉牢，也会造成坠落事故。

2. 物体打击事故

（1）失手坠落，打击伤害。登高架设作业人员在攀登或搭拆操作时，扳手、钢丝钳等手动工具失手坠落或在工具袋中滑脱坠下击伤他人。其他作业人员失手伤人，如泥工砌筑时砍砖头，断砖坠落；木工手中的榔头等工具不慎掉下，击伤他人。

（2）堆放不稳，坠落伤人。因脚手架防护不严或没有防护措施，堆放的砖头、模板、钢材等材料不平稳或没有垫平，被人碰倒或搬动时坠落，均会击伤他人。

（3）违章抛扔物料伤人。作业人员盲目求快，不按规定向下顺递或吊下物料，而是将高处拆下的钢管、扣件、脚手板或者模板、垃圾等从高处向下抛扔，发生击中他人或被抛下物反弹间接伤人的事故。

（4）吊运物体坠落伤人。使用起重机械吊运物件时没有捆紧，大、小物件混杂，或者起重机操作不规范等，造成物体散落击伤他人。

（二）登高架设作业中存在的问题

（1）作业人员的安全生产岗位责任制不明确。

（2）对广大职工进行预防高处坠落事故发生的技术知识教育不够，职工不熟悉高处作业的操作方法，不熟悉高处作业时必须使用的工具和防护用具。

（3）没有坚持对从事高处作业的职工进行健康检查，致使患有高血压、心脏病、癫痫病、精神病、严重贫血病的人员从事高处作业。

(4)防护措施不落实,如未按要求设置护栏、立网、铺满架板、盖好洞口,未按规程规定架设安全平网。

(5)未使用个人防护用品,有的施工企业未按规定给作业人员发放合格的安全带、安全帽,有的职工未按规定正确使用或根本不使用安全带、安全帽等必备的防护用品。

(6)职工安全意识差,建筑业作业人员文化程度参差不齐,大部分未经专业培训,专业技术素质低,安全意识差,违章冒险蛮干现象相当普遍。

(三)高处作业时的安全防护技术措施

(1)凡进行高处作业施工时,对使用的脚手架、平台、梯子、防护围栏、挡脚板和安全网等防护设施,作业前应认真检查其是否牢固、可靠。

(2)高处作业人员应接受安全教育和培训并持证上岗,上岗前应依据有关规定进行安全技术交底。采用新工艺、新技术、新材料和新设备的,应按规定对作业人员进行相关安全技术教育。

(3)施工单位应为作业人员提供合格的安全帽、安全带、防滑鞋和紧口工作服等必备的个人安全防护用品、用具,作业人员应按规定正确佩戴和使用。

(4)施工单位应按类别,有针对性地将各类安全警示标志悬挂于施工现场相应部位,夜间应设红灯警示。

(5)高处作业所用的工具、材料严禁投掷,上下立体交叉作业确有需要时,中间须设隔离设施。

(6)高处作业应设置可靠扶梯,作业人员应沿着扶梯上下,不得沿着立杆与栏杆攀登。

(7)在风雪天应采取防滑措施,当阵风风力六级(风速 10.8 m/s)以上和雷电、暴雨、大雾和大雪等气候条件下,不得进行露天高处作业。

(8)应设置联系信号或通讯装置,并指定专人负责。

(9)高处作业时,工程项目部应组织有关部门对安全防护设施进行验收,经验收合格签字后方可作业。需要临时拆除或变动安全设施的,应经项目技术负责人审批签字,并组织有关部门审核批准后方可进行。

(四)登高架设作业人员的基本条件、职业道德和安全职责

1. 登高架设作业人员的基本条件

(1)年满18周岁,且不超过国家法定退休年龄。

(2)经社区或者县级以上医疗机构体检健康合格,并无妨碍从事相应特种作业的器质性心脏病、癫痫病、美尼尔氏症、眩晕症、癔病、震颤麻痹症、精神病、痴呆症以及其他疾病和生理缺陷。

(3)具有初中及以上文化程度。

(4)具备必要的安全技术知识与技能。

(5)相应特种作业规定的其他条件。

2. 登高架设作业人员的职业道德要求

(1)强烈的职业责任感。登高架设作业危险性大,如果登高架设作业人员失职,搭设的脚手架质量低劣,发生倾斜倒塌事故,就会造成群死群伤,给工程施工造成重大经济损失。因此,登高架设作业人员必须有为他人着想,为使用脚手架人员安全负责的责任感。

(2)团结协作精神。安装工程的多工种、多工序交叉作业的特点要求各工种之间应密切配合、衔接。作为"先头部队"的登高架设作业人员,要满足后续工种的需要,主动、及时地搭设或拆除脚手架。在脚手架搭设过程中,要互相关心、及时提醒,按照作业规程和要求,避免发生伤亡事故。并且要多与其他相关工种沟通,为他们创造一个舒适、实用、安全的登高操作面。

(3)自觉遵守职业纪律。现场施工是多工种、交叉的立体作业。在这种场合,个人的行为必然会涉及他人的利益、企业的利益和社会的利益。因此,个人必须服从分配,遵守劳动纪律,执行规章制度,保证搭设或拆除进度,确保安全施工。这是建筑登高架设作业人员的一项基本职业道德要求。

(4)讲究职业信誉。"百年大计,质量第一"。登高架设作业人员只有保质、保量按时完成搭设或拆除脚手架的任务,才能确保后续各项施工工序的开展。脚手架坚固、耐用,不仅能延长脚手架使用的周期,而且可以避免发生伤亡事故。

(5)健康的体魄。登高架设作业人员是在高处作业,操作所持的材料较重,这就要求从事这项特种作业的人员有健康的心理素质和体质。凡患高血压、心脏病、贫血、癫痫病以及其他不适于高处作业的人员,不得从事登高架设作业或其他高处作业。登高架设作业人员要定期体检,避免由于健康原因发生安全事故。

(6)较高的技术素质。登高架设作业人员的技术素质是登高架设作业和确保脚手架满足安全施工的重要条件。主要表现在以下四个方面:

① 能较好地掌握并自觉地执行施工要求。包括根据工程实际编制的搭设脚手架专项施工方案、安全管理要求、脚手架质量要求和进度要求等,做到文明施工。

② 熟悉脚手架搭设作业工艺和操作技术。包括力学知识、识图和房屋构造基本知识、设备和材料知识、安全操作规程、施工验收规范和质量评定标准等。

③ 有较强的自我保护意识和遇到异常情况时的应变、处置能力。

④ 有一定的创造能力和计算能力。这依赖于具有相当的文化程度和科技知识,肯学习、肯动脑。文化素质低、安全意识淡薄、缺乏必要的安全保护知识,极易发生伤亡事故。

3. 登高架设作业人员的安全职责

脚手架的搭设和拆除是一项专业性、技术性、责任性较强的工作。登高架设作业人员的主要安全职责包括:

(1)严格遵守国家有关安全生产的规定和本单位的规章制度,遵守操作规程。

保护劳动者在生产过程中的安全和健康,是我们党和国家的一项基本政策。新中国成立以来,我国制定和实施了一系列保护劳动者安全和健康的方针、政策,并把不断改善劳动者的劳动条件、防止事故和职业病,作为一项严肃的政治任务和保证经济建设顺利进行的一个重要条件。每一名劳动者都要认真学习,不折不扣地贯彻执行国家职业安全卫生的一系列法律,以及各级地方政府、上级主管部门和企业根据国家法规制定的行政规章制度,这是确保安全作业的必要条件。

(2)正确使用劳动防护用品、作业工具和设备,认真进行维护保养。

劳动防护用品是保障劳动者作业安全和身体健康的必要防护用品。登高架设作业人员的主要个人劳动防护用品是合格的安全帽和安全带。进入施工现场必须戴好安全帽,按规定使用安全带。正确佩戴安全帽，必须注意安全帽的帽衬不能随便拆除，因为它起着减缓帽壳受到冲击力的作用，同时必须系紧下颏带。安全带应高挂低用，注意防止绳子磨损、挂钩断裂。安全帽和安全带要按国家标准定期进行检验，不合格的安全帽和安全带必须报废。

登高架设作业需要专用工具和必要的辅助设备。登高架设作业人员要正确使用专用工具，了解和掌握设备的一般性能、安全操作注意事项等，按要求做好维修保养，使设备始终保持良好状态。

（3）作业工具、设备发生故障影响安全作业或发生险情时，应采取有效措施，并立即报告有关部门和人员。

登高架设作业人员应按规定经常检查自己的作业工具、使用的辅助设备，一旦发现安全隐患，必须如实、及时地向责任部门和相关人员报告，采取切实有效的措施，不得冒险作业。并应如实向接班人员说明存在的安全隐患和已采取的措施。未经专项培训并且未持有相应的操作证书者，不得擅自动手排险。

定期安全检查制度，是防范安全事故的重要措施和有效办法。班组每星期应进行不少于一次的安全检查。每次安全检查（包括被检）都应有记录，对查出的事故隐患应做到定人、定时、定措施进行整改，并要有复查情况记录。被检查的单位必须如期整改并将整改情况上报检查部门，现场应有整改执行单。对重大事故的整改必须如期完成，并上报企业和政府有关部门。

（4）努力学习安全技术知识和操作技能，不断提高技术水平。

缺乏专业知识、安全技术知识和操作技能，必然会盲目作业、冒险蛮干，从而导致不该发生的事故。登高架设作业人员所需的安全技术知识和操作技能，一方面靠学习获得，另一方面靠在操作实践中总结经验，积累经验获得。登高架设作业人员在独立上岗作业前，必须参加与本工种相适应的安全技术理论学习和实际操作训练。

（5）拒绝违章指挥，制止他人违章作业。

违章指挥、违章作业、违反劳动纪律是造成事故的重要原因。违章指挥和违章作业是危害社会和公民人身安全的违法行为。《刑法》、《安全生产法》、《建设工程安全生产管理条例》等规定，对安全生产违法行为要追究法律责任或刑事责任。登高架设作业人员对用人单位管理人员违章指挥、强令冒险作业，有权拒绝执行；对危害生命安全和身体健康的行为、违章作业的行为，有权提出批评、检举和控告。总之，发现安全事故隐患，应及时向项目负责人和安全生产管理机构报告；对违章指挥、违章作业的，应当立即制止。

第四节　登高架设作业个人安全防护用品和用具的使用

安全帽、安全带和安全网称为"三宝"，是登高架设施工常用的安全防护用品。安全帽、安全带等属于个人防护用品，它是保护劳动者在生产过程中安全和健康的重要器具，如果使用不正确，这些安全防护用品就起不到应有的保护作用，因此，应注意正确使用。

一、安全帽

根据国家标准《安全帽》(GB 2811—2007)的规定,安全帽是"对人头部受坠落物及其他特定因素引起的伤害起防护作用的帽"。

(一)安全帽的构造

安全帽由帽壳、帽衬、下颏带和附件组成。制造安全帽的材料有很多种,帽壳可用玻璃钢、塑料、藤条等制作,帽衬可用塑料或棉织带制作。安全帽所用塑料,以高密度低压聚乙烯为好。

(二)安全帽的规格要求

(1)垂直间距:即在戴帽情况下,帽的顶衬顶端与帽壳内顶面的垂直距离。其塑料衬的规定值为 5~50 mm,棉织衬或化纤带的规定值为 30~50 mm。

(2)水平间距:即在戴帽情况下,帽箍与帽壳内每一侧面的水平间距。其规定值为 5~20 mm。

(3)佩戴高度:即在戴帽情况下,帽箍底边至头模(试验安全帽时,使用木制人头模型)顶端的垂直间距。其规定值为 80~90 mm。

(4)帽壳内部尺寸:长为 195~250 mm,宽为 170~220 mm,高为 120~150 mm。

(5)帽的质量:普通安全帽不超过 430 g,防寒安全帽不超过 600 g。

(6)帽舌:10~70 mm。

(7)帽沿≤70 mm。

(8)帽壳内侧与帽衬之间存在的突出物高度不得超过 6 mm,突出物应有软垫覆盖。

(9)当帽壳留有通气孔时,通气孔总面积为 150~450 mm^2。

(10)安全帽上应有以下永久性标记:制造标准编号;制造厂名;生产日期(年、月);产品名称(由生产厂命名);产品的特殊技术性能(如果有)。

(三)安全帽的性能

安全帽的基本性能主要包括冲击吸收性能、耐穿透性能、下颏带的强度、特殊技术性能、防静电性能、电绝缘性能、侧向刚性、阻燃性能及耐低温性能。

(四)安全帽的使用要求

1. 使用前的检查

安全帽在佩戴前,应对以下主要项目进行检查,发现不符合要求的,应立即更换:

(1)是否有产品合格证。

(2)帽壳是否有破损。

(3)帽衬的帽箍、吸汗带、缓冲垫和衬带等部件是否齐全有效。

(4)下颏带的系带、锁紧卡等部件是否齐全有效。

2. 使用注意事项

(1)使用前应根据自己头型将帽箍调效至适当位置,避免过松或过紧。

(2)将帽衬衬带位置调节好并系牢,帽衬的顶端与帽壳内顶之间应保持 20~50 mm 的空间。

(3)安全帽的下颏带必须扣在颏下并系牢,松紧要适度,以防帽子滑落、碰掉。

（4）帽壳设有通气孔的安全帽，使用时不能为了透气而随便再行开孔。

（5）安全帽不得擅自改装。

（6）不得在安全帽内再佩戴其他帽子。

（7）安全帽不用时，不宜长时间地在阳光下暴晒，需放置在干燥通风的地方，远离热源。

（8）低压聚乙烯、ABS（工程塑料）安全帽不得用热水浸泡，不得放在暖气片上、火炉上烘烤，以防帽体变形。

（9）使用过程中要经常进行外观检查，如果发现帽壳与帽衬有异常损伤或裂痕，或帽衬与帽壳内顶之间的间距达不到标准要求的，不得继续使用。

二、安全带

（一）安全带的定义与分类

安全带是防止高处作业人员发生坠落或坠落后将作业人员安全悬挂的个体防护装备，由带子、绳子和金属配件等组成。高处作业人员由于设备的不安全状态或人的不安全行为，会造成高处坠落事故的发生。但如果有安全带的保护，就能避免造成严重伤害。

登高作业人员常用的安全带根据使用条件的不同，分为围杆作业安全带、区域限制安全带、坠落悬挂安全带；按照类型不同，分为双背式安全带、单钩式安全带、双钩式安全带以及速差自控器安全带等，如图1-4-1所示。

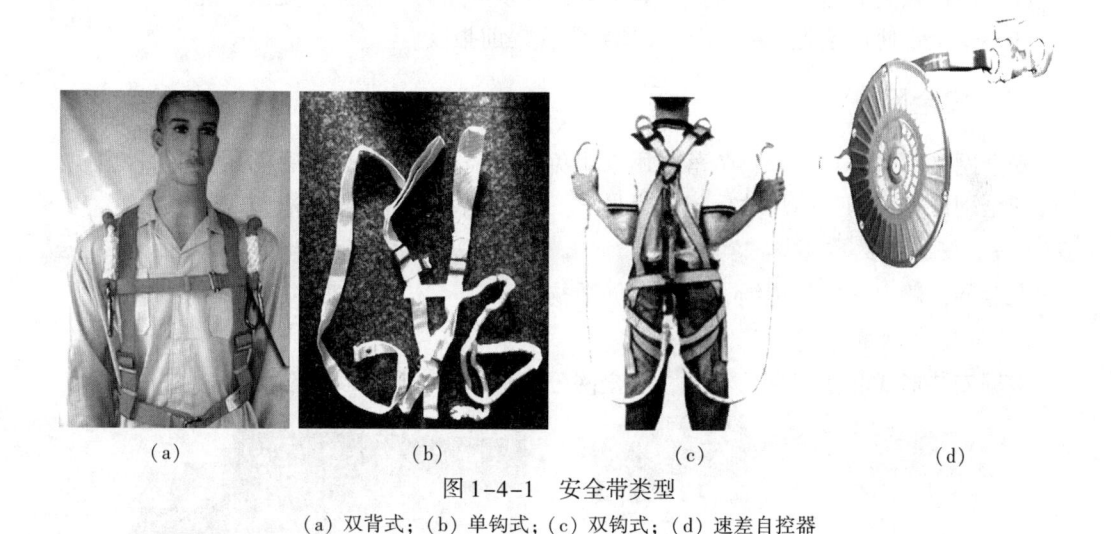

图1-4-1 安全带类型
(a) 双背式；(b) 单钩式；(c) 双钩式；(d) 速差自控器

（二）安全带的构造

登高架设作业人员常用的安全带有两种：一种是J·XY—架子工Ⅰ型悬挂单腰带式（大挂钩）；另一种是J·XY—架子工Ⅱ型悬挂单腰带式（小挂钩）。J代表架子工，X代表悬挂作业，Y代表单腰带式。

（三）安全带的有关技术要求

（1）主带必须是整根，不能有接头，其宽度不小于40 mm，坠落悬挂安全带应带有一个足以装下连接器及安全绳的口袋。

(2) 护腰带宽度不小于 80 mm，长度不小于 600 mm，接触腰的一面应有柔软、吸汗、透气的材料。

(3) 缝纫线应采用与织带无化学反应的材料，颜色与织带应有区别。

(4) 织带折头连接应使用线缝，不应使用铆钉、胶粘、热合等工艺。

(5) 安全带不应使用回料或再生料，使用皮革不应有接缝。

（四）安全带使用要求

安全带主要是用于防止人体坠落的防护用品，它是同安全帽一样适用于个人的防护用品，由带子、绳子和金属配件组成。使用时应注意以下事项：

(1) 使用安全带时，应检查安全带的部件是否完整，有无损伤；安全绳是否存在断股、烫伤等现象。

(2) 安全带应高挂低用，挂钩应扣在不低于作业者所处水平位置的固定牢靠处，不得将安全带挂在活动的物体上，并注意防止摆动碰撞。

(3) 使用安全带时，不允许打结，以免发生坠落受冲击时将绳从绳结处切断；也不准将钩直接挂在安全绳上使用，应挂在连接环上使用。

(4) 当工作的上方有发热作业，其下方不得使用安全带，以防止烧灼安全带。

(5) 不得将安全带挂在管件的自由端、安全网上。

(6) 使用 3 m 以上长绳应加缓冲器。

(7) 安全带上的各种部件不得任意拆掉，更换新绳时要注意加绳套。

(8) 使用频繁的绳，要经常做外观检查，发现异常时，应立即更换新绳。

(9) 安全带使用期为 3～5 年，发现异常应提前报废。

三、安全网

安全网是用来防止人、物坠落或用来避免、减轻坠落及物体伤害的用具。

安全网以类别和公称尺寸标记，字母 P、L 分别表示平网和立网。

（一）安全网的构造

安全网一般由网体、边绳、系绳和筋绳构成。

（二）安全网的分类标记

根据安装形式和使用目的不同，安全网分为平网和立网两类(图 1-4-2)。

图 1-4-2　安全网示意图
(a) 平网；(b) 立网

平网：安装平面不垂直于水平面，主要用来挡住坠落人和物的安全网，又称大眼网。

立网：安装平面垂直于水平面，主要用来防止人或物坠落的安全网，又称小眼网或安全密目网。

平网的分类标记由产品材料、产品分类和产品规格尺寸三部分组成。立网的分类标记由产品分类、产品规格尺寸和产品级别三部分组成。

（三）安全网的技术要求

1. 安全平(立)网

(1) 材料：平网可采用锦纶、维纶、涤纶或其他材料制成，其物理性能、耐候性应符合安全网标准的相关规定。

(2) 质量：单张平网质量不宜超过15 kg。

(3) 绳结构：平网所用的网绳、边绳、系绳、筋绳均应由不小于3股单绳制成。

(4) 节点：平网上的所有节点应固定。

2. 密目式安全立网

(1) 缝线不应有跳针、漏缝，缝边应均匀。

(2) 每张密目网允许有一个缝接，缝接部位应端正牢固。

(3) 网体上不应有断纱、破洞、变形及妨碍使用的编制缺陷。

(4) 密目网各边缘部位的开眼环扣应牢固可靠。

(5) 开眼环扣孔径不应小于8 mm。

(6) 安全立网的质量大于或等于3 kg。

(7) 安全网的目数为在网上任意一处的10 cm×10 cm面积上，不少于2 000目。

（四）安全网的安装、使用、管理和拆除

1. 安装

(1) 安装平网时，要遵守下列规则：

① 安装平网应外高里低，一般以15°为宜，网不要绷紧。

② 网的负载高度，一般宜在6 m(含6 m)内。因施工需要，最大不得超过12 m，并设附加钢丝绳缓冲器等安全措施。负载高度5 m(含5 m)以下时，网应至少伸出建筑物最边缘作业点2.5 m；负载高度5 m以上12 m以下时，应至少伸出3 m。

③ 网与其下方物体表面的最小距离不得小于3 m。

(2) 安装立网时，要遵守下列规则：

① 安装立网的平面应与水平面垂直。

② 网平面与支撑作业人员的平面边缘处的最大间隙不得超过10 cm。

2. 使用

(1) 安全网安装后，必须经专人检查验收合格签字后，才能使用。

(2) 对使用中的安全网，必须每星期进行一次定期检查。当受到较大冲击(人体或其他物体冲击)后，应及时检查其是否有严重的变形、磨损、断裂，连接部位是否有松脱，是否有霉变等情况，以便及时更换或修整。

(3) 如使用过程中需对局部进行修理时，所用的材料、编结方法应与原网相同。修理完毕后必须经专人检查合格才可继续使用。

(4) 经常清理网上落物。当网受到化学品的污染，或风绳嵌入粗砂粒及其他可能引起磨损的异物时，应及时处理和清洗，并让其自然干燥。

（5）必须保证试验绳始终穿在网上。安全网使用后，每隔3个月必须进行试验绳强力试验。试验完毕，应填写试验记录。如多张网一起使用，只需从其中任意抽取不少于5根试验绳进行试验即可。当安全网上没有试验绳供试验时，安全网即应报废。

3．管理

（1）每个安全网必须有国家指定监督检验部门批量检验证和工厂检验合格证，才能进库和领用。

（2）安全网必须由专人保管、发放。暂时不用的网要存放在仓库或专用场所，但平网和立网要分隔存放。安全网在贮运中，必须避风、遮光、隔热，同时要避免化学物品的侵蚀。搬运中，禁止使用带钩子的工具。

（3）旧安全网在重新使用前，应由专人负责进行全面的检查，作出详细检查记录，并由检查人员签发允许使用证明。

（4）安全网力学性能应按《安全网》（GB 5725—2009）的规定，进行以下三种试验：

① 安全网绳（线）断裂强力试验。每次试验需要三段试样。剪取试样前，绳端须先扎紧，不允许有解捻、松捻现象。试样的有效长度为25 cm。要进行干态和湿态的强力试验。试验时，破坏必须发生在试样中间，以三段试样最低值作为试验绳（线）的断裂强力。

② 安全网的冲击试验。试验样品应从供使用的安全网中随机抽取2个，尺寸为3 m×6 m。制成长100 cm、宽30 cm、底面积为2 800 cm^2、重100 kg的模拟人形沙包一个。利用提升装置，将模拟人形沙包提升到网试验点的上方，使沙包底面与安装平面距离等于冲击试验高度。然后释放沙包，使之自由落下至试验点。每张网有两个试验点：一是网中心试验点，二是网角试验点。平网，冲击高度10 m。试验结果要求网绳、边绳、系绳都不断裂为合格。立网，冲击高度2 m。试验结果要求网绳、系绳都不断裂为合格。

③ 安全网缓冲试验应符合《安全网》（GB 5725—2009）的规定。

4．拆除

（1）安全网在被保护区域的作业停止后，经研究方可拆除。

（2）特殊部位的安全网拆除，须有措施方案。拆除安全网必须在有经验人员的严密监督下进行。

（3）拆除安全网应自上而下，同时要根据现场条件采取防坠落和防物体打击措施，如戴安全帽、系挂安全带等。

四、劳保鞋

（1）根据作业条件及防护要求的不同，选用适合防护性能的防护鞋，特别是登高作业人员，一定要穿防护鞋作业。

（2）防护鞋的大小应合脚，穿起来要感到舒适，以免影响作业，危及安全。

五、登高架设作业的常用工具

扳手是一种旋紧或拧松有角螺栓、螺钉或螺母的开口或套孔固件的手工工具，通常用碳素结构钢或合金结构钢制造。使用时沿螺纹旋转方向在柄部施加外力，即可拧紧螺栓或螺母。

扳手是架子工在作业时常用到的工具。常用的扳手类型主要有活动扳手、开口扳手、梅花扳手、扭力扳手等。

1. 活动扳手

活动扳手，又叫活扳手，由呆扳唇、活扳唇、蜗轮、轴销和手柄组成。常用 250 mm、300 mm 两种规格，使用时应根据螺母的大小调节。

使用活动扳手时应注意以下事项：

（1）扳动小螺母时，因需要不断地转动蜗轮，调节扳口的大小，所以手应靠近呆扳唇，并用大拇指调节蜗轮，以适应螺母的大小。

（2）活动扳手的扳口夹持螺母时，呆扳唇在上，活扳唇在下，切不可反过来使用。

（3）扳动生锈的螺母时，可在螺母上滴几滴煤油或机油。

（4）拧不动时，切不可采用钢管套在活动扳手的手柄上来增加扭力，这样极易损伤活扳唇。

（5）不得用活动扳手代替锤子使用。

2. 其他常见的扳手

（1）开口扳手

开口扳手，也称呆扳手，有单头和双头两种，其开口与螺钉头、螺母尺寸相适应，并根据标准尺寸做成一套。

（2）梅花扳手

梅花扳手的两端具有带六角孔或十二角孔的工作端，它只要转过 30°，就可改变扳动方向，所以在狭窄的地方工作较为方便。

（3）两用扳手

两用扳手的一端与呆扳手相同，另一端与梅花扳手相同，两端拧转相同规格的螺栓或螺母。

（4）扭力扳手

扭力扳手，又叫力矩扳手、扭矩扳手、扭矩可调扳手等，分为定值式和预置式两种。定值式扭力扳手，在拧转螺栓或螺母时，能显示出所施加的扭矩；预置式扭力扳手，当施加的扭矩达到规定值后，发出信号。

预置可调式扭矩扳手是指扭矩的预紧值是可调的，使用时根据需要进行调整，使用扳手前，先将需要的实际拧紧扭矩值预置到扳手上，当拧紧螺纹紧固件时，若实际扭矩与预紧扭矩值相等时，扳手发出"咔嗒"报警响声，此时立即停止扳动，释放后扳手自动为下一次自动设定预紧扭矩值。

扭力扳手手柄上有窗口，窗口内有标尺，标尺显示扭矩值的大小，窗口边上有标准线。当标尺上的线与标准线对齐时，扭矩值代表当前的扭矩预紧值。设定预紧扭矩值的方法：先松开扭矩扳手尾部的尾盖，然后旋转扳手尾部手轮。管内标尺随之移动，将标尺的刻线与管壳窗口上的标准线对齐。

（5）套筒扳手

套筒扳手由多个带六角孔或十二角孔的套筒并配有手柄、接杆等多种附件组成，特别适合于拧转狭小或凹陷处的螺栓或螺母。使用时用弓形的手柄连续转动，工作效率较高。

六、事故案例

（一）事故概况

2001年5月8日，某管理局所在新建的110 kV马牵线N61塔进行线路参数测试，由本局线路管理所配合在该线路末端进行短路和接地等工作。当进行到C相线中测绝缘时，在铁塔横担主材内侧角铁上待命的检修班工作人员受令去解开C相线接地线。当其解开扣于角铁上的安全带，起立并用手去取身旁已解开的转移防坠保险绳时，因站立不稳，从18 m高处坠落，所戴安全帽在下坠过程中脱落，致使头部撞击在塔基上，受重伤医治无效死亡。

（二）原因分析

（1）作业人员在高处作业时，因解开扣于角铁上的安全带，致使失稳从高处坠落，这是导致事故发生的直接原因。

（2）作业人员安全意识淡薄，自我保护意识不强。

（3）安全帽及其佩戴方法不符合要求。佩戴安全帽时，下颏带没有扎紧系好，以至于下落时安全帽脱落。

（4）安全技术措施还没有真正落实到班组，施工现场管理中缺乏全面的安全防护措施。在塔上作业时，没有明确工作监护人，对现场的习惯性违章行为未能及时纠正。

（5）对施工现场安全用具、劳动保护用品的购置、发放、使用未制定统一的管理规定，并进行监督检查。

习题一

一、判断题

1. 我国现行的安全生产方针是：安全第一，预防为主，综合治理。
2. 企业必须为从事危险作业的职工办理意外伤害保险，支付保险费。
3. 生产经营单位应当按国家标准或者行业标准为从业人员无偿提供合格的劳动保护用品，或以货币形式及其他物品替代。
4. 特种作业人员安全技术考核分为安全技术理论考核和实际操作考核。
5. 凡是患有高血压、心脏病、恐高症和视力不足的人员不得从事脚手架作业。
6. 对于本人或他人随时有生命危险的作业，架子工可以拒绝操作。
7. 架子工在有稳定立足点的情况下，可以不系安全带。
8. 安全带按批量购入，使用2年后，抽检一次。
9. 安全带应高挂低用，注意防止摆动碰撞。
10. 安全带应挂在已绑牢固的立杆或横杆上，不得挂在有剪切性或不牢固的物体上。
11. 安装脚手架人员作业时应系安全带，可站立在起重机械上操作。
12. 在无可靠立足点的条件下进行的高处作业统称为悬空高处作业。
13. 高处作业分为 2~5 m、5~15 m、15~30 m 及 35 m 以上四个区段。
14. 安全防护用品，是指在施工作业过程中能够对作业人员的人身起保护作用，使作业人员免遭或减轻各种人身伤害或职业危害的用品。
15. 安全防护用品分为防坠落安全防护用品、防触电安全防护用品和其他安全防护用品三大类。
16. 防坠落安全防护用品主要有：安全带、安全帽、安全网、安全自锁器、速差自控器、水平安全绳、防滑鞋等。
17. 安全网是用来防止人、物坠落，或用来避免、减轻坠落及物体打击伤害的网具，包括安全平网和安全立网。
18. 安全自锁器，是高处作业人员上下攀登使用的个体防坠落用品。
19. 防触电安全防护用品主要有：电容型验电器、绝缘杆、绝缘胶垫、绝缘靴、绝缘手套、防静电服等。
20. 绝缘胶垫是由特种橡胶制成的，用于加强工作人员对地绝缘的橡胶板。
21. 绝缘靴是由特种橡胶制成的，用于人体与地面绝缘的靴子。
22. 绝缘手套是由特种橡胶制成的，具有电气绝缘作用的手套。
23. 攀登作业安全用具主要有：脚扣、登高板、梯子、安全围栏、临时遮挡和安全标志等。
24. 安全防护用品要定期进行检查，发现不合格产品应及时进行更换。
25. 安全带是指高处作业人员预防坠落的防护用品，由带子、绳子和金属配件组成。
26. 安全带按使用方式分为围杆安全带、悬挂安全带和攀登安全带三种。
27. 安全带主带必须是整根，不能有接头，宽度不应小于 40 mm。
28. 安全带护腰带宽度不应小于 80 mm，长度不应小于 600 mm，接触腰的一面应有柔软、吸汗、透气的材料。

29. 安全带缝纫线应采用与织带有化学反应的物质,颜色与织带不应有区别。
30. 织带折头连接使用线缝,可使用铆钉、胶粘、热合等工艺。
31. 安全带和绳必须用钢丝绳包裹绳子的套要用皮革、维纶或者橡胶。
32. 使用安全带时,应检查安全带的部件是否完整,有无损伤;安全绳是否存在断股、烫伤的现象。
33. 安全带应高挂低用,挂钩应扣在不低于作业者所处水平位置的固定牢靠处,不得将安全带挂在活动的物体上,并注意防止摆动碰撞。
34. 使用安全带时,允许打结,将钩子直接挂在安全绳上使用,不应挂在连接环上使用。
35. 当工作的上方有发热作业,其下方不得使用安全带,防止灼伤安全带。
36. 使用 3 m 以上的长绳可以不加缓冲器。
37. 安全带上各种部件不得任意拆掉。更换新绳时要注意加绳套。
38. 安全带使用期限为 5~8 年。
39. 安全帽里可以再佩戴其他帽子。
40. 安全帽不用时,不易长时间在阳光下暴晒,需放置在干燥通风的地方,远离热源。
41. 自锁器应专人专用,不用时妥善保管,每两年检验一次,经过严重碰撞、挤压或高处坠落后的自锁器要重新检验方可使用。
42. 工作人员可以自行拆卸和改装速差自控器。
43. 高处作业具体危险有害因素与工作环境关系很大。
44. 从事高处作业人员由于长期处于精神紧张的状态,容易引发身体内部的不良变化。
45. 高处作业的人数较多,基数大,即使发生伤亡的几率较小,其发生伤亡事故的人次数也较多。
46. 从高处往下望时,心情紧张甚至产生恐惧心理,此时更容易发生失误行为。
47. 通过坠落事故分析,可以知道事故多发的平台口、井架口等处,其原因均与精神极度紧张所致的行为失误有很大关系。
48. 长期从事高处作业的人群中,高血压发病率会随着工龄的增长而增加。
49. 特种作业是指容易发生人员伤亡事故,对操作者本人、他人以及周围设施的安全可能造成重大危害的作业。
50. 登高架设与拆除作业最常见的事故是高处坠落、物体打击、雷电等。
51. 在未做基础处理的地面上支搭脚手架或悬挑支架设置不牢固,就会发生脚手架倾斜倒塌、人员坠落事故等危害。
52. 高处作业时,打闹、睡觉、攀登杆件上下、跳跃凌空状态不用安全带等都是违规操作。
53. 高处作业时可以适当的饮酒,不影响操作。
54. 梯角必须使用防滑措施。
55. 在攀登或者拆除作业时,扳手、钢丝钳等工具一定要管理好,勿坠落伤人。
56. 高处作业中,禁止抛投物料。

57. 使用起重机吊物时，必须捆紧。严禁大小物夹杂、不规范起重操作。
58. 登高平台内设梯子或加高凳可加快施工的进度，提前完工。
59. 浓雾天气可以进行露天高处作业。
60. 对高处临时设备未进行安全处理完成后，不准操作人员私自离开操作岗位。
61. 高处安装、维护、拆除人员必须做到认真做好工器具和安全防护用品的日常检查和保养工作。
62. 高处作业的设备不用经常检查，隔一段时间维护即可。
63. 坠落基准面 2 m 以下，不属于我国规定的高处作业范围。
64. 建筑施工中的高处作业主要包括临边、洞口、攀登、悬空等基本类型。

二、填空题

65. 二级以上的高处作业高度是指超过_____m 以上。
66. 人字梯中间的的绳子要_____，方可作业。
67. 自锁器应该专人专用，每_____年检验一次。
68. 安全帽的帽衬、衬带的顶部与帽壳内顶之间应保持_____mm 的空间。
69. 从业人员发现直接危及人身安全的紧急情况时，有权停止作业或者撤离作业现场，这种权力属于_____。
70. 高处作业的级别可分为_____级。

三、单选题

71. 根据《建设工程安全生产管理条例》，施工单位应当向作业人员提供安全防护用具和安全防护服装，并( )危险岗位的操作规程和违章操作的危害。
   A. 告知　　　　B. 书面告知　　　C. 口头告知
72. 特级高处作业是指作业高度在( )m 以上的作业。
   A. 20　　　　　B. 30　　　　　　C. 50
73. 高处作业不准穿的鞋子是( )。
   A. 软底鞋　　　B. 皮鞋　　　　　C. 防滑鞋
74. 从事脚手架支搭作业的人员必须年满( )周岁。
   A. 18　　　　　B. 20　　　　　　C. 22
75. 安全帽标准中规定的塑料安全帽的使用期限不超过( )。
   A. 一年　　　　B. 二年　　　　　C. 二年半
76. 下列( )材料不适合做水平安全网材料。
   A. 锦纶　　　　B. 丙纶　　　　　C. 涤纶
77. 特种作业操作证有效期为( )年，在全国范围内有效。
   A. 6　　　　　 B. 8　　　　　　 C. 10
78. 劳动合同是劳动者与( )单位确立劳动关系、明确双方权力和义务的协议。
   A. 施工　　　　B. 用人　　　　　C. 劳务
79. 直接引起坠落的客观危险因素指平均温度低于( )℃。
   A. 0　　　　　 B. 3　　　　　　 C. 5
80. 接触冷水温度等于或低于( )℃的作业容易发生高处坠落事故。
   A. −1　　　　　B. −10　　　　　C. 12

81. 高处作业的基础高度是指以作业位置为中心,( )m为半径,划出的的垂直水平面的柱形空间内的最低处与作业位置间的最高差。
   A. 3　　　　　　B. 4　　　　　　C. 6
82. 高处作业高度是指作业区各作业位置至相应坠落高度基准面的垂直距离的( )。
   A. 最大值　　　　B. 最小值　　　　C. 相对值
83. 登高板又称踏板,是用来攀登( )的工具。
   A. 楼宇　　　　　B. 电杆　　　　　C. 高塔
84. 使用频繁的绳,要经常做外观检查,发现异常时,应立即( )。
   A. 继续使用　　　B. 更换新绳　　　C. 自己维修
85. 普通安全帽质量应不超过( )g。
   A. 350　　　　　B. 430　　　　　C. 550
86. 水平安全绳仅作为高处作业人员行走时保持重心平衡的扶绳,严禁作为( )悬挂点、钩挂点使用。
   A. 安全带　　　　B. 安全网　　　　C. 安全锁
87. 安全网包括安全平网和( )。
   A. 安全带　　　　B. 安全绳　　　　C. 安全立网
88. 安全绳的破坏负荷低于( )kN时,该批安全绳应报废或更换相应部件。
   A. 5　　　　　　B. 10　　　　　　C. 15
89. 安全帽使用时,帽壳( )有破损。
   A. 不能　　　　　B. 允许　　　　　C. 可能
90. 安全绳使用前,应该将( )压入主绳试拉。
   A. U形环　　　　B. 自锁器　　　　C. 圆环
91. 安全带上各种部件不得任意拆掉。更换新绳时要注意加( )。
   A. 塑料　　　　　B. 绳套　　　　　C. 聚乙烯
92. 安全防护栏杆应能承受可能的( ),防止人员、物料坠落。
   A. 突然冲击　　　B. 惯性冲击　　　C. 瞬间冲击
93. 速差自控器的水平活动应该控制在以垂直线为中心半径的( )m范围内。
   A. 3　　　　　　B. 2　　　　　　C. 1.5
94. 安全绳有效长度不应大于( )m。
   A. 2.0　　　　　B. 2.5　　　　　C. 3.0
95. 梯子应该能承受工作人员携带工具攀登时的( )重量。
   A. 总　　　　　　B. 三分之一　　　C. 四分之一
96. 遇有六级以上强风、( )等恶劣气候,不得进行露天高处架设作业。
   A. 浓雾　　　　　B. 温暖　　　　　C. 潮湿
97. 搭设落地式脚手架时,( )一定要做处理。
   A. 墙面　　　　　B. 地面　　　　　C. 路面
98. 高处坠落、物体打击、( )是高处作业中最常见的事故。
   A. 跌落　　　　　B. 触电　　　　　C. 掉落
99. 在( )安全防护措施或防护不到位的情况下禁止高处作业。

A. 没有　　　　　B. 乱用　　　　　C. 使用

100. 搭设脚手架时，如果未按规定做好必要的临时( )或拉结，会发生脚手架倾斜倒塌事故。

A. 支撑　　　　　B. 立杆　　　　　C. 处理

101. 高处作业时，发现安全设施有松动、变形( )等应立即修理完善。

A. 损坏　　　　　B. 潮湿　　　　　C. 完整

102. 未扎紧( )腿口，属于违规操作。

A. 腰带　　　　　B. 袖口　　　　　C. 围巾

103. 临边防护必须要按规定设置防护栏杆和( )网。

A. 塑料　　　　　B. 纤维　　　　　C. 安全

104. 用梯子登高作业时，梯脚必须要有( )措施。

A. 防水　　　　　B. 防风　　　　　C. 防滑

105. 梯子使用时，缺档、负荷( )使梯子断裂，会引起梯上人员坠落。

A. 过重　　　　　B. 过轻　　　　　C. 一般

106. 由于特种作业人员的违章操作造成的安全事故，占生产经营单位事故的( )左右。

A. 80%　　　　　B. 90%　　　　　C. 70%

107. 高处坠落发生点以平台口、井架口、楼梯口、预留洞口、电梯口、( )占首位。

A. 窗台口　　　　B. 屋顶　　　　　C. 墙头

108. 临边、洞口、攀登、悬空、交叉等五种基本类型的高处作业，是高处坠落事故可能发生的( )地点。

A. 大多　　　　　B. 稀少　　　　　C. 主要

109. 最常见的工伤事故之一是从高处坠落造成( )、死亡。

A. 病故　　　　　B. 病痛　　　　　C. 伤残

110. 在高处坠亡的统计中，2 m 以下的坠亡率仍占( )。

A. 5%　　　　　B. 6%　　　　　C. 7.1%

111. 使用起重机吊物时，要严格规范( )，不得造成物体散落伤人。

A. 操作　　　　　B. 执行　　　　　C. 行动

112. 使用起重机吊物，没有捆紧、( )物夹杂都是违规行为。

A. 长、短　　　　B. 铁、木　　　　C. 整齐

113. 防护栏杆和安全网( )按照规定设置。

A. 无需　　　　　B. 必须　　　　　C. 不一定

114. 如没有按照规定设置安全网和防护栏杆，作业人员一旦操作失误，就会因无防护或防护不到位从( )坠落。

A. 高处　　　　　B. 楼板　　　　　C. 窗台

四、多项选择题

115. 劳动者对用人单位管理人员违章指挥、强令冒险作业，有权拒绝执行，对危害生命安全和人身健康的行为，有权提出( )。

A. 批评　　　　B. 疑问　　　　C. 检举　　　　D. 控告

116. 从业人员应按照规则( )劳动防护用品。
   A. 佩戴   B. 自带   C. 使用   D. 监督

117. 根据安全生产法,从业人员享有的权利是( )、遇险停撤权。
   A. 知情、建议权   B. 拒绝违章指挥权
   C. 批评、检举、控告权   D. 保险外索赔权

118. 根据安全生产法,从业人员应当遵守的义务是( )。
   A. 佩戴和使用劳保用品   B. 接受安全教育培训
   C. 安全隐患报告   D. 遵章作业

119. 凡经医生诊断患有( )的人员,不得从事高处作业。
   A. 高血压   B. 心脏病   C. 癫痫病   D. 近视眼

120. 建筑施工中通常所说的"三宝"是指( )。
   A. 安全带   B. 安全帽   C. 安全鞋   D. 安全网

121. 雨天和雪天进行高处作业时,必须采取( )措施。
   A. 防滑   B. 防寒   C. 防冻   D. 防火

122. 高处作业的种类有( )。
   A. 临边高处作业   B. 洞口高处作业
   C. 悬空高处作业   D. 攀登高处作业

123. 安全带接触腰的一面应有( )的材料。
   A. 柔软   B. 吸汗   C. 透气   D. 坚硬

124. 安全绳应完好无损,不得有( ),不得有断股、霉变、损伤。
   A. 接头   B. 打结   C. 绞接   D. 缠绕

125. 防静服装(屏蔽服)包括( )、鞋等。
   A. 上衣   B. 袜子   C. 帽   D. 手套

126. 使用登高杆时,为了保证杆上作业时( ),站立时两腿前掌内测夹紧电杆。
   A. 人体平稳 B. 人体晃动 C. 踏板不摇晃 D. 平衡

127. 安全防护用品分为( )三大类。
   A. 防坠落安全防护用品   B. 防触电安全防护用品
   C. 其他安全防护用品   D. 所有防护用品

128. 登高架设和拆除过程中,常见的坠落类型有( )。
   A. 脚手架失稳坠落   B. 操作失误坠落
   C. 违章操作坠落   D. 架子垮塌坠落

129. 高处作业过程中存在的危险有害因素很多,在作业中有可能发生( )等。
   A. 高处坠落 B. 物体打击 C. 触电   D. 机械伤害

130. 施工班组每天上岗前的班前活动包括( )。
   A. 前一天安全生产工作小结   B. 当天的工作任务以及安全要求
   C. 班前安全教育   D. 岗前安全隐患检查整改

131. 高处作业人员必须做到"四懂","四懂"就是懂原理,( )。
   A. 懂安全   B. 懂构造   C. 懂性能   D. 懂工艺流程

132. 高处作业人员要求做到三不伤害,即( )。

— 30 —

A．不伤害机器　　　B．不伤害自己　　　C．不伤害他人　　　D．不被他人伤害

133．建筑施工中的高处作业主要包括(　)等基本类型。
A．临边　　　　　　B．洞口　　　　　　C．攀登　　　　　　D．悬空

134．高处作业时，发现安全设施有隐患应立即(　)，必要时停止作业。
A．采取措施　　　　B．继续施工　　　　C．避开隐患　　　　D．消除隐患

135．搭拆防护棚和安全设施需(　)。
A．设警戒区　　　　B．停止其他作业　　C．有专人监护　　　D．有信号指挥

136．登高架设作业人员的主要安全职责包括(　)等。
A．遵守规章制度　　　　　　　　　　　B．遵守操作规程
C．正确使用劳动防护用品　　　　　　　D．听从一切指挥

137．登高作业人员常用的坠落悬挂安全带由(　)等组成。
A．带子　　　　　　B．安全器　　　　　C．绳子　　　　　　D．金属配件

五、简答题

138．安全带的标志一定要齐全，它一般包括哪些内容？

139．绝缘靴使用前应检查什么？

140．建筑施工临边作业指在哪些位置施工？

第二章　脚手架安全知识

第一节　脚手架基础知识

一、一般知识

（一）力的基本知识

1. 力的作用效应

(1) 对物体的作用效应

力是物体间的相互机械作用，其作用效应包括：使物体的运动状态发生改变（称为力的运动效应或外效应）或使物体发生变形（称为力的变形效应或内效应）。

(2) 二力平衡公理与二力构件

二力平衡公理：作用于刚体上的两个力，如果大小相等、方向相反，且沿同一作用线，则他们的合力为零。此时，刚体处于静止或做匀速直线运动状态。

二力构件：只受两个力作用而平衡的物体。

二力杆：只受两个力作用而平衡的杆件。

(3) 作用与反作用公理

两个物体间相互作用的力，总是大小相等、方向相反，同时分别作用在两个不同的物体上。

(4) 力的国际单位是牛顿，简称牛，符号是 N。

2. 力的合成与分解

(1) 力的平行四边形法则与力的三角形法则

力的平行四边形法则：同一个点作用两个力的效应可用它们的合力来等效。该合力作用于同一点，方向和大小由平行四边形的对角线确定[图 2-1-1(a)]。平行四边形法则可以简化为三角形法则[图 2-1-1(b)]。

推论：物体受到三个力作用而平衡时，这三个力必位于同一平面内，且这三个力的作用线要么均相互平行（可看做是相交于无穷远处），要么交于同一点。

(2) 力系的等效、合力与分力、平面问题与空间问题

力系的等效：若两个力系对物体的作用效应完全一样，则这两个力系互为等效力系。

力系的合力：如果一个力系与另一个力等效，则这个力就称为该力系的合力。力系中的各力就成为合力的分力。

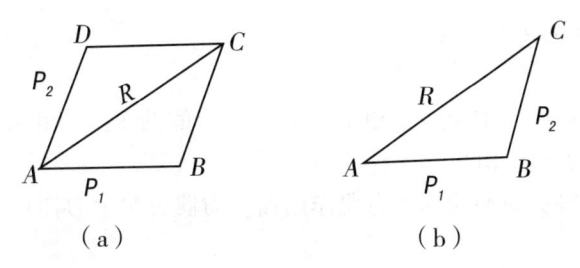

图 2-1-1　力的平行四边形法则与力的三角形法则

平衡力系：一个物体受到某力系作用而处于平衡，则此力系称为平衡力系。平衡力系没有合力。

平面问题：若所研究各力的作用线都在同一平面内，则这类问题称为平面问题。可放在平面坐标系内进行研究。

空间问题：若所研究各力的作用线不在同一平面内，则这类问题称为空间问题。应放在平面坐标系内进行研究。

(3) 力的分解

由于力是矢量，因此可以按照矢量的运算规则将一个力分解成两个或两个以上的分力。

把一个力分解为两个力时，只有在给定两个分力的作用线方位的情况下解答是唯一的，否则解答有无穷多组。

把一个力分解为两个已知作用线方位的力时，应该应用平行四边形法则求解。最常见的力的分解是将一个力在直角坐标系中分解为沿直角坐标轴的分力。

3. 力矩的概念

力对物体的运动效应，包括使物体移动和转动两个方面。其中，力使刚体转动的效应用力矩来量度。

(1) 力对点之矩。力对点之矩是力使物体绕某点转动效应的量度。平面力系问题中力对点之矩的定义：平面问题中力对点之矩可看作是代数量，其大小等于力的大小与矩心到力作用线距离的乘积，正负号按力使静止物体绕矩心转动的方向确定，如果力使静止物体绕矩心转动的方向是逆时针时取正号，反之取负号。在空间力系问题里，力矩视为矢量。因为，在空间力系问题里，各个力分别和矩心构成不同的平面，各力对于物体绕矩心转动的效应，不仅与各力矩的大小及其在各自平面内的转向有关，而且与各力和矩心所构成的平面的方位有关。也就是说，为了表明力对物体绕矩心转动的效应，须表示出三个因素：力矩的大小、力和矩心所构成的平面、在该平面内力矩的转向。这三个要素，须用一个矢量来表示。

(2) 力对轴之矩与力矩关系定理。力对轴之矩等于该力在垂直于轴的平面上的投影对轴与平面交点之矩。力对一点的矩与对一轴的矩两者既有区别，又有联系。力矩关系定理：一个力对于一点的矩在经过该点的任一轴上的投影等于该轴之矩。

(3) 合力矩定理。若力系存在合力，则合力对某一点之矩等于力系中所有力对同一点之矩的矢量和，即合力矩定理。对于力对轴之矩，合力矩定理则为：合力对某一轴之矩，等于力系中所有力对同一轴之矩的代数和。

4．力偶的概念与性质

（1）力偶

大小相等、方向相反、作用线互相平行但不重合的两个力所组成的力系，称为力偶。力偶是一种最基本的力系，但也是一种特殊力系。

力偶中两个力所组成的平面称为力偶作用面。力偶中两个力作用线之间的垂直距离称为力偶臂。

（2）力偶的性质

① 力偶没有合力，它不能用一个力来代替，也不能和一个力平衡。

② 力偶对于任一点的矩等于力偶矩，而与矩心的位置无关。

③ 力偶矩相等的两力偶等效。

④ 只要力偶矩保持不变，可将力偶的力和臂作相应的改变而不致改变其对物体的效应。

5．力的三要素

力的三要素是指力的大小、方向和作用点。

（二）杆件的受力

1．强度、刚度和稳定性的概念

日常使用过程中的建筑物或构筑物都处在稳定与平衡状态，凡是处在稳定与平衡状态的结构必须同时满足以下三个方面的要求：

（1）结构构件在荷载作用下不会发生破坏，要求构件具有足够的强度。所谓强度就是结构或构件在外力作用下抵抗破坏的一种能力，破坏的形式有断裂、不可恢复的永久变形等。

（2）结构构件在荷载作用下所产生的变形应在工程允许范围内，要求结构构件必须具有足够的刚度。所谓刚度是指结构或构件在外力的作用下抵抗变形的能力。

如钢筋混凝土楼板或梁在荷载作用下，下面的抹灰层开裂、脱落等现象出现时，表明临时梁的变形太大，即梁用以支撑荷载的强度够而刚度不够，如果梁的强度不够，就会发生断裂破坏，因此说结构构件的强度和刚度是相互联系又必不可少的因素。

（3）结构构件在荷载的作用下，应能保持其原有形态下的平衡，即稳定的平衡，也就是结构构件必须具有足够的稳定性。所谓稳定性，是指结构或构件保持其原有平衡状态的能力，构件发生不能保持原有平衡状态的情况为失稳。如房屋中承重的柱子如果过于细长，就可能由原来的直线形状变成弯曲形状，柱子失稳而导致整个房屋倒塌。

2．杆件的变形

一个方向尺寸比其他两个方向尺寸大得多的构件称为杆件，简称杆。由于作用在杆件上的外力的形式不同，使杆件产生的变形也各不相同，但有以下基本形式。

（1）（轴向）拉伸、压缩

直杆两端承受一对方向相反、作用线与轴线重合的拉力或压力时产生的变形，主要是长度的改变(伸长或缩短)，称为轴向的拉伸或压缩。

单位横截面上的内力叫应力，垂直于横截面的应力称为正应力。拉伸与压缩时横截面上的内力等于外力，应力在横截面内是均匀分布的。

（2）剪切

杆件承受与杆轴线垂直、方向相反、互相平衡的合力的作用时，构件的主要变形是在平行力之间产生的横截面沿外力作用方向发生错动,称为剪切变形。剪切时截面内产生的应力与截面平行,称为剪应力。

(3) 弯曲

在杆件的轴向对称面内有横向力或力偶作用时,杆件的轴线由直线变为曲线时的变形为弯曲变形。弯曲是工程常见的受力变形形式。如混凝土梁在弯曲时,梁的下部伸长,受拉应力作用;上部缩短,受压应力作用。截面内无伸长、缩短部位称为中性轴。在弯曲变形时截面内中性轴两侧产生符号相反的正应力,应力的大小与所在点到中性轴的距离成正比。在杆件的上下表面有最大正应力和最小正应力。

(4) 扭转

在一对方向相反、位于垂直物件的两个平面内的外力偶作用下,构件的任意两截面将绕轴线发生相对转动,而轴线仍维持直线,这种变形称为扭转。

二、脚手架的基本知识

(一) 脚手架的概念、种类

1. 脚手架的概念

脚手架指为作业人员操作并解决垂直和水平运输而搭设的各种支架。脚手架制作材料通常有竹、木、钢管或合成材料等。脚手架在广告业、市政、交通路桥、矿山等部门也广泛使用。

目前很多项目都涉及高处作业,脚手架的作用显得尤为重要。脚手架是建筑施工中必不可少的临时设施,比如砌筑、浇筑混凝土、墙面抹灰、装饰和粉刷、结构构件的安装等,都需在其旁边搭设脚手架,以便施工操作、堆放施工材料和必要时的短距离水平运输。

脚手架对施工速度、工作效率、工程质量以及工人的人身安全有着直接的影响。如果脚手架搭设不及时,势必会影响施工速度、工作效率以及工程质量;脚手架搭设不牢固、不稳定,就容易造成施工中的伤亡事故。脚手架的选型、构造、搭设、质量等因素,必须认真处理。

2. 脚手架的种类

随着技术的发展,脚手架的种类愈来愈多,主要有以下几种:

(1) 按照用途划分

① 操作(作业)脚手架:为施工操作提供高处作业的脚手架,分为结构脚手架和装修脚手架,其架面施工荷载标准值规定为 $3\ kN/m^2$(270 kg)和 $2\ kN/m^2$(200 kg)。

② 防护用脚手架:只用做安全防护的脚手架。

③ 承重、支撑用脚手架:用于材料的周转、存放、支撑、模板支架和安装支架等。

(2) 按脚手架的设置形式划分

① 单排脚手架:只有一排立杆的脚手架,其横向水平杆的另一端搁置在墙体结构上。

② 双排脚手架:有两排立杆的脚手架。

③ 满堂脚手架:按施工作业范围满设的,两个方向各有3排以上立杆的脚手架。

④ 封闭脚手架:沿建筑物或作业范围周边设置并相互交圈连接的脚手架。

⑤ 特殊脚手架:具有特殊平面和空间造型的脚手架,如烟囱、冷却塔、多边形等。

(3) 按搭设方式划分

① 落地式脚手架：搭设在地面、楼面、屋面或其他结构上的脚手架。
② 悬挑脚手架：采用悬挑方式搭设的脚手架。
③ 附着升降脚手架：附着于工程结构，依靠自身提升设备实现升降的脚手架。
④ 移动脚手架：带行走装置的脚手架或操作平台架。

(4) 按脚手架杆件连接方式划分

① 承插式脚手架：在横杆和立杆之间采用承插连接的脚手架。
② 扣接式脚手架：使用扣件连接的脚手架。
③ 碗扣式脚手架：采用碗扣方式连接的钢管脚手架。
④ 门式脚手架：采用专用门式构件搭设的钢管脚手架。
⑤ 杆件组合式脚手架。

(5) 按脚手架材料划分

① 木脚手架：使用木杆搭设的脚手架。
② 钢管脚手架：使用钢管搭设的脚手架。钢管脚手架又可分为扣件式、碗扣式、门式、承插式等。
③ 竹脚手架：使用竹材料搭设的脚手架。

(6) 按使用场合划分

① 外脚手架：设于建筑物外部的脚手架。
② 里脚手架：设于建筑物内部的脚手架。

(二) 脚手架专用术语

脚手架是为施工而搭设的上料、堆料与施工作业用的临时结构架，其专用术语如下：

(1) 单排脚手架（单排架）：只有一排立杆，横向水平杆的一端搁置在墙体上的脚手架。
(2) 双排脚手架（双排架）：由内外两排立杆和水平杆等构成的脚手架。
(3) 结构脚手架：用于砌筑和结构工程施工作业的脚手架。
(4) 装修脚手架：用于装修工程施工作业的脚手架。
(5) 满堂支撑架：在纵、横方向，由不少于三排立杆并与水平杆、水平剪刀撑、竖向剪刀撑、扣件等构成的承力支架。该架体顶部的钢结构安装等（同类工程）施工荷载通过可调托撑轴心传力给立杆，顶部立杆呈轴心受压状态，简称满堂支撑架。
(6) 开口型脚手架：沿建筑周边非交圈设置的脚手架。其中呈直线型的脚手架为"一"字形脚手架。
(7) 封圈型脚手架：沿建筑周边交圈设置的脚手架。
(8) 扣件：采用螺栓紧固的扣接连接件，包括直角扣件、旋转扣件和对接扣件。
(9) 防滑扣件：根据防滑要求增设的非连接用途扣件。
(10) 底座：设于立杆底部的垫座，包括固定底座和可调底座。
(11) 可调托撑：插入立杆钢管顶部，可调节高度的顶撑。
(12) 水平杆：脚手架中的水平杆件。沿脚手架纵向设置的水平杆为纵向水平杆，沿脚手架横向设置的水平杆为横向水平杆。
(13) 扫地杆：贴近楼（地）面设置，连接立杆根部的纵、横向水平杆，包括纵向扫地杆、横向扫地杆。

(14) 连墙件：将脚手架架体与建筑物主体结构连接，能够传递拉力和压力的构件。

(15) 连墙件间距：脚手架相邻连墙件之间的距离，包括连墙件竖距和连墙件横距。

(16) 横向斜撑：与双排脚手架内、外立杆或水平杆斜交，呈"之"字形的斜杆。

(17) 剪刀撑：在脚手架竖向或水平向成对设置的交叉斜杆。

(18) 抛撑：用于脚手架侧面支撑，与脚手架外侧斜交的杆件。

(19) 脚手架高度：自立杆底座下皮至架顶栏杆上皮之间的垂直距离。

(20) 脚手架长度：脚手架纵向两端立杆外皮间的水平距离。

(21) 脚手架宽度：脚手架横向两端立杆外皮之间的水平距离，单排脚手架为外立杆外皮至墙面的距离。

(22) 步距(步)：上下水平杆轴线间的距离。

(23) 立杆间距：脚手架相邻立杆之间的轴线距离。

(24) 立杆纵(跨)距：脚手架纵向相邻立杆之间的轴线距离。

(25) 立杆横距：脚手架横向相邻立杆之间的轴线距离，单排脚手架为外立杆轴线至墙面的距离。

(26) 主节点：立杆、纵向水平杆、横向水平杆三杆紧靠的扣接点。

(三) 脚手架构配件的种类、规格及材质要求

脚手架制作材料通常有竹、木、钢管或合成材料等。

钢管脚手架材料应符合下列要求：

(1) 钢管

脚手架钢管应采用现行国家标准《直缝电焊钢管》(GB/T 13793—2008)、《低压流体输送用焊接钢管》(GB/T 3091—2008)规定的Q235普通钢管，钢管的钢材质量应符合现行国家标准《碳素结构钢》(GB/T 700—2006)中Q235级钢的规定。

脚手架钢管宜采用 $\phi 48.3$ mm×3.6 mm 钢管。钢管应平直光滑，无裂缝、分层、错位、硬弯、毛刺、压痕和深的划道。钢管应有产品质量合格证，钢管必须涂有防锈漆并严禁打孔，每根脚手架钢管的最大质量不应大于25 kg。

(2) 扣件

采用可锻造铸铁或铸钢制作，其质量和性能应符合现行国家标准《钢管脚手架扣件》(GB 15831—2006)的规定。采用其他材质制作的扣件，应经试验证明质量符合该标准的规定后方可使用。新扣件必须有产品合格证，旧扣件使用前应进行质量检查，如有变形严禁使用，出现滑丝的螺栓必须更换。扣件在螺栓拧紧扭力矩达到 65 N·m 时，不得发生破坏。

(3) 脚手板

脚手板可采用钢、木、竹材料制作，单块脚手板的质量不宜大于30 kg。冲压钢脚手板钢板必须有产品质量合格证，材质应符合现行国家标准《碳素结构钢》(GB/T 700—2006)中Q235级钢的规定。板长度为1.5～3.6 m，厚2～3 mm，肋高5 cm，宽23～25 cm，其表面锈蚀斑点直径不大于5 mm，并沿横截面方向不得多于三处。脚手板的一端应压有连接卡口，以便铺设时扣住另一块板的端部，板面应冲有防滑圆孔。

木脚手板材质应符合现行国家标准《木结构设计规范》(GB 50005—2003)的规定。脚

手板厚度不应小于50 mm，两端宜各设置直径不小于4 mm的镀锌钢丝箍两道。木脚手板应采用杉木或松木制作，长度为2~6 m，厚5 cm，宽23~25 cm，不得使用有腐朽、裂缝、斜纹及大横透节的板材。

竹脚手板宜采用毛竹或南竹制作的竹串片板、竹笆板。竹串片脚手板应符合现行行业标准的相关规定。竹脚手板的板厚不得小于5 cm，螺栓孔不得大于1 cm，其两边的竹竿直径不得小于4.5 cm，长度一般为2.2~3 m，宽度以40 cm为宜，螺栓必须拧紧。

(4) 可调托撑

可调托撑螺杆外径不得小于36 mm，直径与螺距应符合现行国家标准《梯形螺纹　第2部分：直径与螺距系列》(GB/T 5796.2—2005)和《梯形螺纹　第3部分：基本尺寸》(GB/T 5796.3—2005)的规定。

可调托撑的螺杆与支托焊接应牢固，焊缝高度不得小于6 mm；可调托撑螺杆与螺母旋合长度不得小于5扣，螺母厚度不得小于30 mm。

可调托撑的受压承载力设计值不应小于40 kN，支托板厚不应小于5 mm。

(四) 脚手架荷载

1. 荷载类型

作用于脚手架的荷载可分为永久荷载(恒荷载)与可变荷载(活荷载)。

永久荷载(恒荷载)是长期作用在结构上的不变的荷载，如自重荷载，包括各种墙体材料及构件等；可变荷载(活荷载)是指作用在结构上可以变化的荷载，如人、器具、设备、风、雪等荷载。使用的脚手架，如立杆、大横杆、小横杆以及连墙杆等杆件都是受力杆件，也就是脚手架的结构部分，脚手架的自重为永久荷载，上面的作业人员、放置在上面的建筑材料、各种设备以及风、雪等都是可变荷载。风荷载也称风的动压力，是空气流动对工程结构所产生的压力。

2. 脚手架受力

脚手架除用做安全防护以外，主要是作为施工运输和堆放物料、工具以及施工人员操作之用。脚手架的受力情况，除了构成脚手架的钢管、扣件、脚手板等材料自重外，还要承受施工物料的运输、堆放荷载、施工人员和机具的荷载以及自然界风、雨、雪的荷载等。这些荷载是由脚手架的立杆，大、小横杆，剪刀撑和连墙件等组成的构架来承受的。

脚手架承受的施工荷载，是将荷载由脚手板传递给小横杆，通过小横杆传递给大横杆(只指钢、木脚手架，竹脚手架不同)，由大横杆传递到立杆，通过立杆传递到基础上。如果是悬挑架或其他特殊脚手架，其荷载由悬挑或连墙杆传递到结构上。脚手架上的剪刀撑、斜支撑和连墙件应保证脚手架的整体稳固和承受额定荷载，并增强构架抵抗风、雪、雨荷载等产生的水平推力作用。

十字扣、转扣和连接扣件等脚手架的连接件和传力件，能承受额定的重力和弯曲扭力作用。大横杆将施工荷载传递给立杆，主要靠大横杆与立杆连接的扣件产生摩擦阻力来实现。

扣件的紧固程度很关键(规程规定扣件螺栓紧固的扭力矩在40~65 N·m之间)。在正常情况下，扣件承受的垂直荷载在500 N以内时，不产生明显的下滑位移，即为合格的连接。小横杆要搭设在靠近立杆和大横杆交点处的位置，并且要求搭设在大横杆上，如果出现与铺设脚手板的要求发生冲突的情况，那么就要在适当的位置加设小横杆，但必须保证立杆与大横杆的交点处有一个小横杆,才能保证荷载按设计的部位顺利传递,使整个脚手架处于正确受力状态。

立杆受力的理想状态是承受垂直轴向重力。当立杆受压并考虑其稳定条件,在两端铰支座间距为 1~1.5 m 时,单根立杆受压可达 5 000~6 500 N。但施工现场搭设的脚手架与理想轴向荷载要求有很大差异。一般搭设脚手架是将大横杆用扣件拧在立杆同一侧面,则立杆受到偏心轴向荷载的作用。这样,立杆在偏心轴向荷载作用下,其承载稳定的能力降低很多,大约为轴向承载能力的 25%,即单根钢管所受压力约为 1 200~1 500 N。考虑到脚手架的稳定性和立杆的受力性能,规定搭设脚手架时将大横杆固定在立杆的内侧面。

当脚手架为双排架时,里外两排立杆同时承受向内的偏心弯矩方向相反,又因小横杆的连结,产生弯矩抵消作用。这样,就能提高立杆承压强度,增强脚手架的稳定性。

了解脚手架荷载和杆件受力、传递情况后,应正确理解脚手架能承受额定荷载的关键。如果在施工中不按脚手架设计方案去搭设,或违反脚手架额定荷载去使用,就可能使脚手架出现以下三种类型的破坏:

(1)脚手架在搭设完毕后,虽经验收合格,但在使用中,局部超过额定荷载,脚手架受力不均,造成局部杆件变形。这种现象多出现在吊装施工,吊笼或小钢模、脚手管等直接堆放在脚手架上(指未经特殊设计搭设的架子或上料平台),以致荷载集中而超负荷,使杆件变形。

(2)脚手架在搭设中,虽然整体构架比较牢固,但拉结缺少或连接不牢,或外力作用,致使脚手架整体失稳向外或向内倾倒。

(3)由于地基在回填土时,不按规范施工、地基软弱或承受荷载能力差,搭设不符合规程要求,架设拉结差,整体不稳固,其承受能力严重不足,在施工中可能会出现脚手架整体坍塌的现象。

3. 脚手架承载破坏的主要原因

(1)脚手架的构造形式或钢管承受能力不符合规程要求。

(2)脚手架没有形成稳定牢靠的架体,整体稳固性差。

(3)脚手架与建筑物的拉结间距过大,数量不足,或是拉结的质量不符合要求。

(4)在施工中,没有合理使用脚手架,造成脚手架局部或整体超载,或者超过偏心受压的限度。

(5)由于基础回填土质量不高,架设地基不坚实,造成悬空承载或下沉。

(五)脚手架的更新、改造及发展方向

1. 我国脚手架发展历程

脚手架是重要的施工工具,20 世纪 60 年代以来,我国研究和开发了各种形式的脚手架,其中扣件式钢管脚手架具有加工简便、搬运方便、通用性强等优点,已成为当前我国使用量最多、应用最普遍的一种脚手架,占脚手架使用总量的绝大部分,在今后较长时间内,这种脚手架仍将占主导地位。

20 世纪 70 年代以来,我国先后从日本、美国、英国等国家引进门式脚手架体系,在一些高层建筑工程施工中应用。它不但能用做建筑施工的内外脚手架,又能用做楼板、梁模板支架和移动式脚手架等,具有较多的功能,所以又称多功能脚手架。

20 世纪 80 年代初,国内一些生产厂家开始仿制门式脚手架,到 1985 年,已有 10 家企业生产门式脚手架，在部分地区的工程中，开始大量推广应用，并且得到了广大施工单位的欢迎。但是，由于各厂的产品规格不同，质量标准不一致，给施工单位使用和管理工作带来一定困难。同时，由于有些厂家采用的钢管材质和规格不符合设计要求，门架的刚度小、重量大，运输和使用中易变形，加工精度差，使用寿命短，严重影响了这项新技术的推广。20世纪90年代，门式脚手架没有得到发展，在施工中应用反而越来越少，不少门式脚手架厂关闭或转产，只有少数加工质量好的单位继续生产。因此，有必要结合我国建筑特点，研制新型的门式脚手架。自1994年"新型模板和脚手架应用技术"项目被建设部选定为建筑业重点推广应用10项新技术之一以来，新型脚手架的研究开发和推广应用工作取得了重大进展。新型脚手架是指碗扣式脚手架、门式脚手架、整体爬架和悬挑式脚手架。

随着中国建筑市场的日益成熟和完善，竹、木式脚手架已逐步淘汰，只有一些盛产竹、木的地区仍有少量在使用，而门式脚手架、碗扣式脚手架等只在市政、桥梁等少量工程中使用，初步估计，普通扣件式钢管脚手架因其维修简单和使用寿命长以及投入成本低等诸多优点，目前仍占据国内70%以上的市场份额，并有较大的发展空间。

2. 我国脚手架与发达国家的差距

我国脚手架的技术水平与国外发达国家的差距很大。以日本为例，日本在20世纪50年代以单管扣件脚手架为主，由于不断发生施工伤亡事故，到20世纪60年代大量推广应用门式脚手架。由于门式脚手架装拆方便、承载性能好、安全可靠，尤其是劳动省对脚手架的安全使用作出了规定，使门式脚手架成为施工企业的主导脚手架，在各类脚手架中，其使用量占50%左右。日本对脚手架的安全性非常重视，根据不同工程要求采用不同用途脚手架和支撑，能为施工工人提供良好的工作环境和保证施工安全，同时要求脚手架周围有严密的栏杆和网栏，脚手板接头之间不能有缝隙，防止杂物掉落伤人。目前，日本已开发和研究了多种规格的脚手架和附件，脚手架和附件生产厂家有460多家。如框式脚手架有门式脚手架、H型脚手架、折叠式脚手架；承插式脚手架有碗扣式脚手架、圆盘式脚手架、插孔式脚手架、插槽式脚手架等；此外还有扣件式脚手架。脚手架扣件大部分采用钢板扣件，并且种类很多，应用范围较广。上述各类脚手架中，仍以门式脚手架为主，使用量约占50%左右。据日本建设工业会介绍，在近10年内，日本没有因脚手架质量安全问题造成伤亡事故。

我国脚手架以扣件式钢管脚手架为主，专业脚手架厂很少，技术水平低，生产工艺落后，尤其在盛产竹、木的地区竹、木脚手架还在使用，安全性得不到保证。门式脚手架在国内许多工程中曾大量应用，取得较好效果，但是后来使用越来越少，主要原因是产品质量问题，如采用的钢管规格不符合设计要求、门架刚度小、运输和使用中易变形、加工精度差、使用寿命短等。

另外，最近国内爬架施工方法也大量应用，但安全管理措施未到位，事故不断发生。碗扣式脚手架是当前重点推广应用的脚手架之一，全国已建立生产厂家40多个，这些厂家大部分设备简陋、生产工艺落后、产品质量差。另外，生产上、下碗扣插头部件的厂家有几十家，其中不少厂家为了降低成本，任意改变碗扣插头的设计，使部件受力性能达不到设计要求，导致施工中发生事故。

3. 我国脚手架发展的方向

(1) 提升脚手架的安全性。脚手架和脚手板在设计上不仅要求装拆方便,更要求安全可靠,在脚手架搭设时,周围要有安全栏杆和网栏,脚手板接头之间不能有缝隙,防止杂物掉落伤人。生产一种新式的安全性能较好的脚手架是我国脚手架发展的最终目标。

(2) 发展脚手架的多样化。同类型的工程施工选用不同用途的模板和脚手架,有多种框式脚手架、直插式脚手架、承插式脚手架、扣件式脚手架和专用脚手架,可按工程要求选用。

(3) 实现脚手架的轻型化。为减轻工人的劳动强度,脚手架的设计要趋向轻型化,装拆方便、外表美观。如目前国内市场上最新开发的业大牌"ZSDJ"直插式双自锁型多功能钢管脚手架非常先进,能适应各种多样化脚手架的拼装和支护体系的应用。

(4) 提升脚手架的环保要求。目前我国对环保的要求日益加强,废旧脚手架的处理必须符合环保要求。

(5) 成立专业化的脚手架承包公司。目前在我国施工过程中,脚手架的施工形式是多样的,不同地区有所不同。如在浙江一般直接由项目租赁钢管及扣件,然后委托给有资质的公司进行施工。在安徽则由专业的架业公司负责材料及施工全过程。其他地区市场习惯也各有不同,但专业化的脚手架承包公司是发展方向。

(六) 脚手架专项施工方案的主要内容

1. 适用范围

根据《危险性较大的分部分项工程安全管理办法》(建设部建质〔2009〕87号)要求,脚手架工程属于危险性较大的分部分项工程,在施工前必须编制专项方案,对于超过一定规模的危险性较大的脚手架工程,还应当组织专家对专项方案进行论证。脚手架工程安全专项方案编制范围适用于:

(1) 危险性较大的脚手架工程

① 搭设高度 24 m 及以上的落地式钢管脚手架工程;

② 附着式整体和分片提升脚手架工程;

③ 悬挑式脚手架工程;

④ 吊篮脚手架工程;

⑤ 自制卸料平台、移动操作平台工程;

⑥ 新型及异型脚手架工程。

(2) 超过一定规模的危险性较大的脚手架工程

① 搭设高度 50 m 及以上落地式钢管脚手架工程;

② 提升高度 150 m 及以上附着式整体和分片提升脚手架工程;

③ 架体高度 20 m 及以上悬挑式脚手架工程。

2. 脚手架工程安全专项施工方案编制内容

(1) 工程概况:危险性较大的分部分项工程概况、施工平面布置、施工要求和技术保证条件。

(2) 编制依据:相关法律、法规、规范性文件、标准、规范及图纸(国标图集)、施工组织设计。

(3) 施工计划:包括施工进度计划、材料与设备计划。

（4）施工工艺技术：技术参数、工艺流程、施工方法、检查验收等。
（5）施工安全保证措施：组织保障、技术措施、应急预案、监测监控等。
（6）劳动力计划：专职安全生产管理人员、特种作业人员等。
（7）计划书和相关图纸。

3．专家进行论证审查

（1）安全专项施工方案由企业专业技术人员编制，企业技术负责人审查签字后，提交监理单位审查；监理单位由专业监理工程师初审，监理单位总工程师审查签字。超过一定规模的脚手架施工方案必须经专家论证，依据专家论证会的意见和建议修改完善后方可实施。

（2）安全专项施工方案是施工组织设计不可缺少的组成部分，它应是施工组织设计的细化、完善、补充，且自成体系。安全专项施工方案应重点突出分部分项工程的特点、安全技术的要求、特殊质量的要求，重视质量技术与安全技术的统一。

三、事故案例

钢管扣件质量不合格酿成高处坠落事故

（一）事故概况

2003年2月13日上午，在一幢六层住宅楼的工地上，两名工人抬砖从龙门吊吊盘上走出，进入卸料通道时，由于抬杠从一名工人肩上滑落，两人所抬的一摞砖（共76块约192 kg）突然落在出料通道架板上，这瞬间的重力冲击，首先使左侧支撑架管直角扣件断裂，紧接着又使右侧支撑架管直角扣件扭断，卸料通道垮塌，两人随同红砖、架板从18.9 m处坠落。

（二）原因分析

通过对通道支撑架左右两侧断裂扣件的仔细检查，发现扣件的自重比标准自重轻了24.24%，自重轻即说明扣件盖板壁厚减少，不符合规范要求，不能抵抗通道脚手板传递下来的垂直竖向剪切外力，致使扣件盖板根部被剪断，通道支撑架解体，这是事故发生的直接原因。

第二节　常用脚手架安全知识

一、落地式扣件钢管脚手架的安全知识

（一）主要特点及构造

1．主要特点

（1）承载力大。当脚手架搭设的几何尺寸和构造符合扣件式钢管脚手架安全技术规范要求时，一般情况下，脚手架的单根立管承载力可达15~35 kN。

（2）加工、装拆简便。钢管和扣件均有国家标准，加工简单、通用性好，且扣件连接简单、易于操作、装拆灵活、搬运方便。

（3）搭设灵活，适用范围广。钢管长度易于调整，扣件连接不受高度、角度、方向的

限制，因此落地式扣件钢管脚手架适用于各种类型建筑物结构的施工。

（4）落地式扣件钢管脚手架材料用量较大，搭拆耗费人工较多，材料和人工费用也消耗大，施工工效不高，安全性低。

2．主要构造

落地式扣件钢管脚手架由立杆、纵向水平杆（大横杆）、横向水平杆（小横杆）、扫地杆、连墙件、抛撑、剪刀撑与横向斜撑等组成，以双排外脚手架为例说明，如图2-2-1所示。

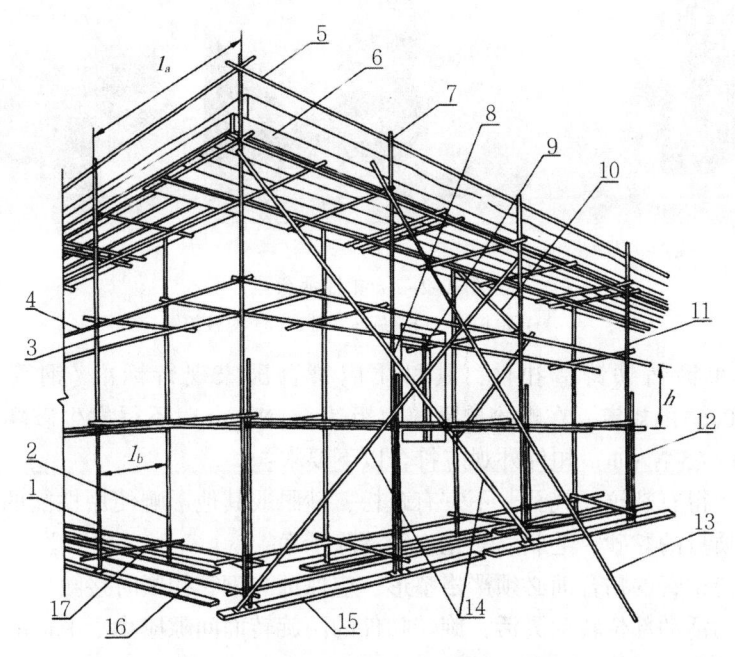

图2-2-1 落地式扣件钢管脚手架主要构造

1——外立杆；2——内立杆；3——横向水平杆；4——纵向水平杆；5——安全防护栏杆；6——挡脚板；7——直角扣件；8——旋转扣件；9——连墙件；10——横向斜撑；11——主立杆；12——副立杆；13——抛撑；14——剪刀撑；15——垫板；16——纵向扫地杆；17——横向扫地杆

（二）构配件的材质和要求

1．钢管

搭设落地式扣件钢管脚手架的钢管宜采用外径为48.3 mm、壁厚为3.6 mm的3号焊接钢管，其力学性能应符合国家现行标准《碳素结构钢》（GB/T 700—2006）中Q235A级钢的规定，并符合以下要求：

（1）必须有产品质量合格证，钢管材质检验报告。

（2）表面应平直光滑，不应有裂纹、分层、压痕、划道和硬弯现象，两端面应平整。

（3）钢管使用前必须进行防锈处理（涂防锈漆）。

（4）钢管使用前必须进行认真检查，外径及壁厚负误差不大于0.5 mm和0.35 mm。

（5）旧钢管在使用前要进行认真检查，锈蚀严重部位应将钢管截断进行检查，不能满足要求的严禁使用。

（6）搭设脚手架所使用的钢管严禁打孔。

— 43 —

2. 扣件

扣件主要有直角扣件、旋(回)转扣件和对接扣件三种基本形式。

直角扣件是用来连接两根垂直相交的杆件,如图2-2-2(a)所示;旋转扣件是用来连接扣紧两根平行或斜交杆件,如图2-2-2(b)所示;对接扣件是用于两根杆件的对接,如图2-2-2(c)所示。

(a)   (b)   (c)

图2-2-2 扣件示意图
(a)直角扣件;(b)旋转扣件;(c)对接扣件

扣件采用可锻铸铁铸造扣件,其材质应符合国家现行标准《钢管脚手架扣件》(GB 15831—2006)的规定,在螺栓拧紧扭力矩达65 N·m时不得发生破坏,使用时扣件扭力矩应为40~65 N·m。扣件外观应符合以下要求:

(1)表面不得有裂纹、气孔,不宜有疏松、砂眼或其他影响使用性能的铸造缺陷,并应将影响外观质量的黏砂、毛刺、氧化皮等清除干净。

(2)扣件与钢管的贴合面必须严格整形,应保证与钢管扣紧时接触良好。

(3)扣件的活动部位转动灵活,旋转扣件的两旋转面间隙应小于1 mm。

(4)当扣件夹紧钢管时,开口处的最小距离小于5 mm。

(5)扣件表面要进行防锈处理。

(6)新扣件进场必须有产品质量合格证、生产许可证、专业检测单位的测试报告。

(7)螺栓不得有滑丝现象。

3. 脚手板

(1)脚手板可采用钢、木、竹材料制作,每块质量不宜大于30 kg。

(2)冲压钢脚手板的材质应符合现行国家标准《碳素结构钢》(GB/T 700—2006)中Q235A级钢的规定,其质量与尺寸允许偏差应符合规范的规定,并应有防滑措施。

(3)木脚手板应采用杉木或松木制作,其材质应符合现行国家标准《木结构设计规范》(GB 50005—2003)的规定。脚手板厚度不应小于50 mm,两端应各设直径为4 mm的镀锌钢丝箍两道。

(4)竹串脚手板宜采用由毛竹或楠竹制作的竹串片板、竹笆板。

(5)冲压钢脚手板、木脚手板、竹串片脚手板和竹笆脚手板自重标准值应符合表2-2-1的规定。

表 2-2-1　　　　　　　　　　　　脚手板自重标准值

类别	标准值/(kN/m²)
冲压钢脚手板	0.30
竹串片脚手板	0.35
木脚手板	0.35
竹笆脚手板	0.10

（6）栏杆与挡脚板自重标准值应符合表 2-2-2 的规定。

表 2-2-2　　　　　　　　　　　栏杆、挡脚板自重标准值

类别	标准值/(kN/m²)
栏杆、冲压钢脚手板挡板	0.16
栏杆、竹串片脚手板挡板	0.17
栏杆、木脚手板挡板	0.17

4．底座和垫板

落地式扣件钢管脚手架的底座用于承受脚手架立柱传递下来的荷载，以保证脚手架的整体稳定，分为可锻铸铁标准底座和焊接底座两种，如图 2-2-3 所示。搭设时，应将木垫板铺平，放好底座，再将立杆放入底座内，不准将立杆直接置于木板上，否则将改变垫板受力状态。底座下设置垫板有利于荷载传递，标准底座下加设木垫板（板厚 5 cm，板长≥200 cm）时，可将地基土的承载能力提高 5 倍以上。当木板长度大于 2 跨时，将有助于克服两立杆间的不均匀沉陷。

垫板宜采用长度不少于 2 跨、厚度不小于 50 mm 的木垫板，也可采用槽钢。

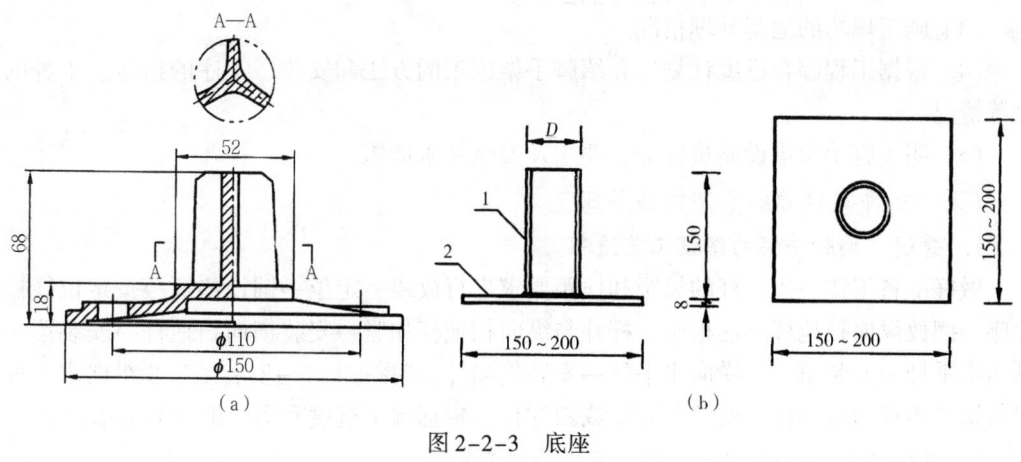

图 2-2-3　底座

（a）标准底座；（b）焊接底座

1——承插或外套钢管；2——钢板底座

（三）荷载

单、双排与满堂脚手架作业层上的施工荷载标准值应根据实际情况确定，且不应大于表 2-2-3 的规定。

表 2-2-3　　　　　　　　　　施工均布荷载标准值

类别	标准值/(kN/m²)
装修脚手架	2.0
混凝土、砌筑结构脚手架	3.0
轻型钢结构及空间网格结构脚手架	2.0
普通钢结构脚手架	3.0

注：斜道均布活荷载标准值不应低于 2 kN/m²。

（四）施工前的准备

1. 脚手架专项施工方案要求

（1）在搭设脚手架前要由技术部门根据施工要求、现场情况以及结构等因素编制方案，方案内容包括脚手架构造、安全要求等。方案必须由施工企业技术部门的专业技术人员及监理单位专业监理工程师进行审核，审核合格由施工企业技术负责人和监理单位总监理工程师签字。

（2）脚手架的施工方案应与施工现场搭设的脚手架相符，当现场改变脚手架类型时，必须重新修改脚手架方案并经重新审批后，方可施工。

2. 安全技术交底要求

工程施工负责人或技术负责人，应按施工组织设计或脚手架专项施工方案中有关脚手架施工的要求，以及国家现行脚手架标准的强制性规定，向搭设和使用人员进行安全技术交底。安全技术交底的主要内容应包括：

（1）工程概况：待建工程的面积、层高、层数、建筑物总高度、建筑结构类型等。

（2）选用的脚手架类型、形式，脚手架的搭设高度、宽度、步距、跨距及连墙杆的布置要求等。

（3）施工现场的地基处理情况。

（4）根据工程综合进度计划，介绍脚手架施工的方法和安排、工序的搭接、工种的配合等情况。

（5）明确脚手架搭设质量标准、要求及安全技术措施。

（五）扣件式钢管脚手架的搭设工艺

1. 普通结构脚手架的搭设工艺流程

做好准备工作→按立杆的纵距和横距要求进行放线、定位→铺设垫板→按定位线摆放底座→摆放纵向扫地杆→逐根竖立杆并与纵向扫地杆扣紧→安装横向扫地杆→安装第一步纵向水平杆→安装第一步横向水平杆→安装连墙件(或抛撑杆)→安装第二步纵向水平杆→安装第二步横向水平杆→安装剪刀撑或斜撑杆→根据施工进度和需要继续向上搭设。

2. 外墙施工用双排(单排)脚手架的搭设工艺

其搭设工艺与普通结构脚手架基本相同，只是在安装连墙件(或抛撑)时开始增加搭设栏杆、挡脚板、脚手板和安全网。具体搭设工艺如下：做好准备工作→按立杆的纵距和横距要求进行放线→定位→铺设垫板→按定位线摆放底座→摆放纵向扫地杆→逐根竖立杆并与纵向扫地杆扣紧→安装横向扫地杆→安装第一步纵向水平杆→安装第一步横向水平杆→安装连墙件(或抛撑杆)→铺设第一步脚手板→搭设外侧栏杆及挡脚板→安装第二步纵向水平杆→安装第二步横向水平杆→安装连墙件→铺设第二步脚手板→搭设外侧栏杆及挡脚板→安装剪刀撑→安装外侧防护安全网→根据施工进度和需要继续向上搭设。

(六) 安全技术要点

1. 脚手架的地基处理

落地式脚手架必须有稳定的基础支承,以免发生过量沉降,特别是不均匀沉降,引起脚手架倒塌。对脚手架地基的要求如下:

(1) 地基应平整夯实。根据脚手架的搭设高度、使用的荷载情况、搭设场地的大致情况,对脚手架立杆基础进行处理,满足脚手架基础承载力的要求,必要时要采取措施增强脚手架基础的整体刚度。脚手架地基与基础应符合现行国家标准《建筑地基基础工程施工质量验收规范》(GB 50202—2002)的有关规定。

(2) 压实填土地基应符合现行国家标准《建筑地基基础设计规范》(GB 50007—2002)的相关规定,灰土地基应符合现行国家标准《建筑地基基础工程施工质量验收规范》的有关规定。

(3) 有可靠的排水措施,防止积水浸泡地基。沿脚手架四周应设置排水沟或在周边浇筑混凝土散水坡,如图2-2-4所示。

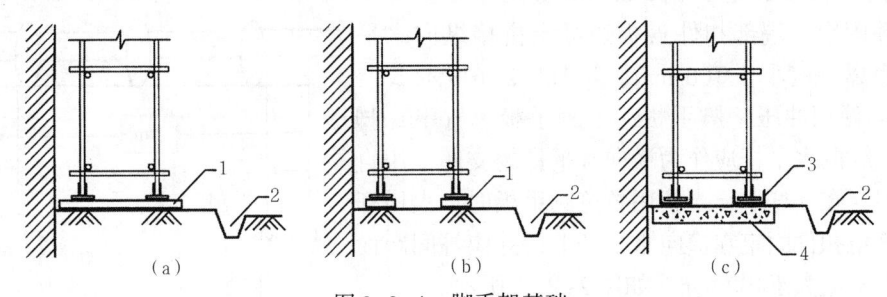

图 2-2-4 脚手架基础
(a) 垫板垂直墙面;(b) 垫板平行墙面;(c) 高层脚手架基底
1——垫板;2——排水沟;3——槽钢;4——混凝土垫层

(4) 脚手架基础施工完毕必须检查验收,经验收合格后,应按施工组织设计和专项方案的要求放线定位。

2. 脚手架的放线定位、垫板的放置

根据脚手架立杆的位置进行放线。脚手架的立杆不能直接立在地面上,立杆下应加设底座和垫板。底座底面标高宜高于自然地坪 50 mm。

3. 纵向水平杆、横向水平杆和脚手板

(1) 纵向水平杆

设置在立杆内侧,单根长度不应小于3跨,设置于小横杆的下方,是约束立杆纵向距离传递荷载的重要杆件。

纵向水平杆接长应采用对接扣件连接或搭接,并应符合下列规定:

① 两根相邻纵向水平杆的接头不应设置在同步或同跨内;不同步或不同跨两个相邻接头在水平方向错开的距离不应小于 500 mm;各接头中心至最近主节点的距离不应大于纵距的1/3。如图2-2-5所示。

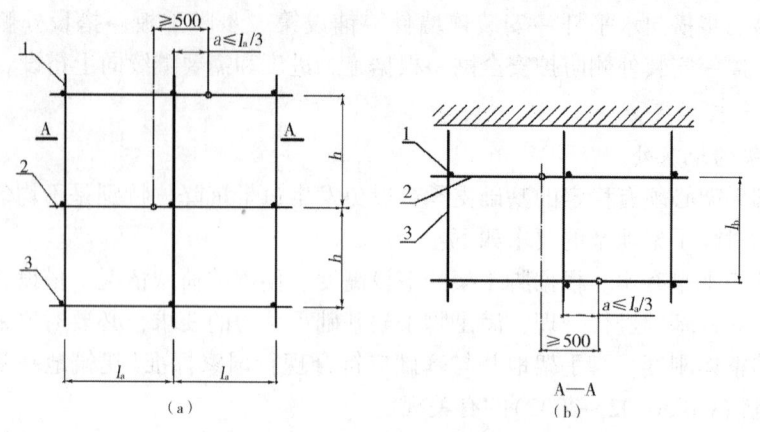

图 2-2-5　纵向水平杆的接头位置
(a) 接头不在同步内(立面)；(b) 接头不在同跨内(平面)
1——立杆；2——纵向水平杆；3——横向水平杆

② 搭接长度不应小于 1 m，应等间距设置 3 个旋转扣件固定，端部扣件盖板边缘至搭接纵向水平杆端的距离不应小于 100 mm。如图 2-2-6 所示。

③ 当使用冲压钢脚手板、木脚手板、竹串片脚手板时，纵向水平杆应作为横向水平杆的支座，用直角扣件固定在立杆上；当使用竹笆脚手板时，大横杆应采用直角扣件固定在横向水平杆上，并应等间距设置，间距不应大于 400 mm。如图 2-2-7 所示。

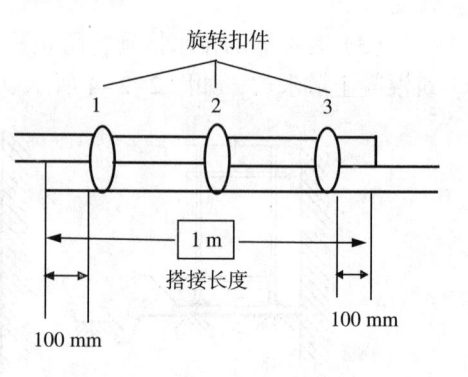

图 2-2-6　搭接杆件图示

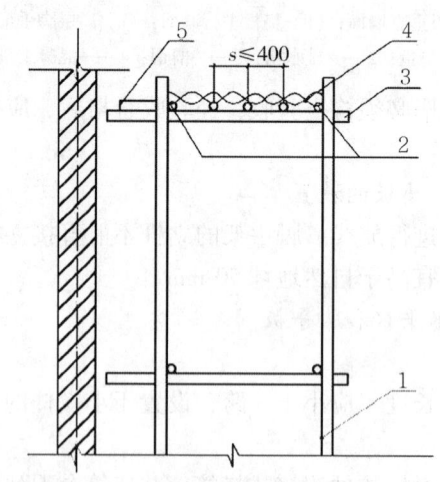

图 2-2-7　铺竹笆脚手板时纵向水平杆的构造
1——立杆；2——纵向水平杆；3——横向水平杆；4——竹笆脚手板；5——其他脚手板

(2) 横向水平杆

作业层上非主节点处的横向水平杆，宜根据支承脚手板的需要等间距设置，最大间距不应大于纵距的 1/2。

当使用冲压钢脚手板、木脚手板、竹串片脚手板时，双排脚手架的横向水平杆的两端均应采用直角扣件固定在纵向水平杆上。单排脚手架的横向水平杆的一端应用直角扣件固定在纵向水平杆上，另一端应插入墙内，插入长度不应小于 180 mm。

当使用竹笆脚手板时，双排脚手架的横向水平杆的两端均应采用直角扣件固定在立杆上。单排脚手架的横向水平杆的一端应用直角扣件固定在立杆上，另一端应插入墙内，插入长度不应小于 180 mm。

主节点处必须设置一根横向水平杆，用直角扣件扣接且严禁拆除，如图 2-2-8 所示。

（3）脚手板的设置规定

① 作业层脚手板应满铺、铺稳、铺实。

② 冲压钢脚手板、木脚手板、竹串片脚手板等，应设置在三根横向水平杆上。当脚手板长度

图 2-2-8 主节点
1——立杆；2——横向水平杆；3——纵向水平杆

小于 2 m 时，可采用两根横向水平杆支承，但应将脚手板两端与其可靠固定，严防倾翻。

脚手板的铺设应采用对接平铺或搭接铺设。脚手板对接平铺时，接头处应设两根横向水平杆，脚手板外伸长度应取 130~150 mm，两块脚手板外伸长度的和不应大于 300 mm［见图 2-2-9（a）］；脚手板搭接铺设时，接头应支在横向水平杆上，搭接长度不应小于 200 mm，其伸出横向水平杆的长度不应小于 100 mm［见图 2-2-9（b）］。

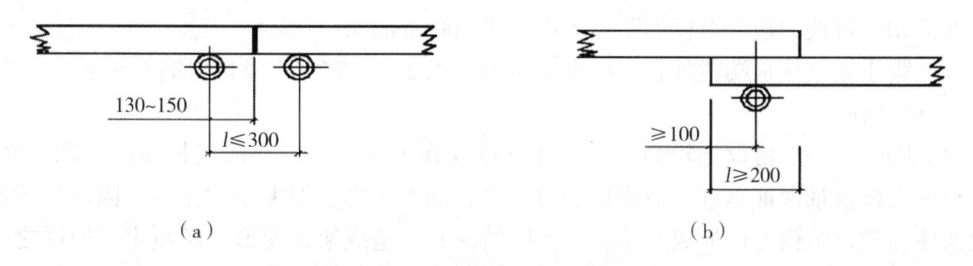

图 2-2-9 脚手板对接、搭接构造
（a）脚手板对接；（b）脚手板搭接

竹笆脚手板应按其主竹筋垂直于纵向水平杆方向铺设，且应对接平铺，四个角应用直径 1.2 mm 的镀锌钢丝固定在纵向水平杆上。

作业层端部脚手板探头长度应取 150 mm，其板长两端均应固定于支承杆件上。

③ 脚手板必须按脚手架的宽度满铺，板与板之间靠紧。脚手架上铺脚手板是方便施工人员进行施工操作、行走、运输材料等，如不满铺脚手板，容易造成空缺，人员在其上行走时容易踏空，造成高处坠落事故。脚手板应铺满、铺稳，离开墙面 120~150 mm。脚手板探头应用直径 3.2 mm 镀锌钢丝固定在支承杆件上。在拐角、斜道平台口处的脚手板，应与横向水平杆可靠连接，防止滑脱。自顶层作业层的脚手板往下，宜每隔 10~12 m 满铺一层脚手板。

4．立杆

（1）每根立杆底部宜设置底座和垫板。

（2）脚手架必须设置纵、横向扫地杆。纵向扫地杆应采用直角扣件固定在距钢管底端不大于 200 mm 处的立杆上。横向扫地杆应采用直角扣件固定在纵向扫地杆下方的立杆上，

当立杆基础不在同一高度上时,必须将高处的纵向扫地杆向低处延长两跨与立杆固定。靠边坡上方的立杆轴线到边坡的距离不应小于 500 mm。如图 2-2-10 所示。

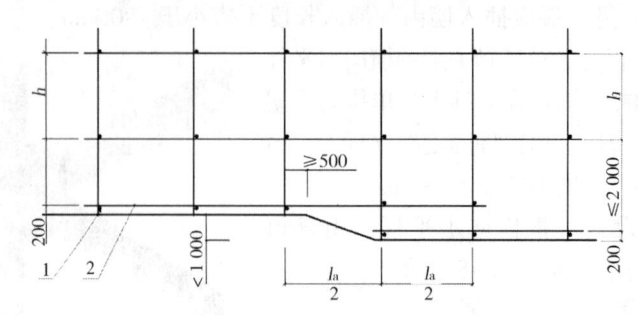

图 2-2-10　纵、横向扫地杆构造
1——横向水平杆；2——纵向水平杆

(3) 单、双排脚手架底层步距均不应大于 2 m。单排、双排与满堂脚手架立杆接长除顶层顶步外,其余各层各步接头必须采用对接扣件连接。

(4) 脚手架立杆的对接、搭接应符合下列规定:

① 当立杆采用对接接长时,立杆的对接扣件应交错布置,两根相邻立杆的接头不应设置在同步内,同步内隔一根立杆的两个相隔接头在高度方向错开的距离不宜小于 500 mm,各接头中心至主节点的距离不宜大于步距的 1/3。

② 当立杆采用搭接接长时,搭接长度不应小于 1 m,并应用不少于 2 个旋转扣件固定,端部扣件盖板的边缘至杆端距离不应小于 100 mm。

(5) 脚手架立杆顶端栏杆宜高出女儿墙上端 1.2 m,宜高出檐口上端 1.5 m。

5. 连墙件

(1) 脚手架一般搭设比较高,而架体宽度仅在 1.2 m 左右,形成长细比失调,而且,搭设中的立杆很难保证垂直,造成偏心力矩大,加大了脚手架失稳的比重,因此设置连墙件使架体与建筑结构连接形成整体。从实际情况看,造成架体变形、倾覆主要原因之一就是连墙件稀少和装修外墙、安装窗口、安装幕墙时乱拆拉结点造成的。所以,连墙杆是保证脚手架稳定、安全、可靠的重要构造和措施,在施工中不允许随意变更或拆除,如影响施工必须移位的,应采取相应的加固措施,方可进行原杆件的移位。

(2) 脚手架连墙件有刚性连墙件和柔性连墙件两种,一般情况下应优先采用刚性连墙件。连墙件设置的位置、数量应按专项施工方案确定。

(3) 脚手架连墙件的设置按表 2-2-4 确定。

表 2-2-4　　　　　　　　连墙件布置最大间距

搭设方法	高度/m	竖向间距	水平间距	每根连墙件覆盖面积/m²
双排落地	≤50	$3h$	$3l_a$	≤40
双排悬挑	>50	$2h$	$3l_a$	≤27
单排	≤24	$3h$	$3l_a$	≤40

注：h——步距；l_a——纵距。

(4) 连墙件布置应符合下列规定:

① 应靠近主节点设置,偏离主节点的距离不应大于 300 mm,应从底层第一步纵向水平杆处开始设置,当该处设置有困难时,应采用其他可靠措施固定。应优先选用菱形布置,或采用方形、矩形布置。

② 开口型脚手架的两端必须设置连墙件,连墙件的垂直间距不应大于建筑物的层高,并且不应大于 4 m。

③ 连墙件中的连墙杆应呈水平设置,当不能水平设置时,应向脚手架一端下斜连接。

④ 连墙件必须采用可承受拉力和压力的构造,对高度 24 m 以上的双排脚手架,应采用刚性连墙件与建筑物连接。

⑤ 当脚手架下部暂不能设连墙件时应采取防倾覆措施。当搭设抛撑时,抛撑应采用通长杆,并用旋转扣件固定在脚手架上,与地面的倾角应在 45°~60°之间;连接点中心至主节点的距离不应大于 300 mm。抛撑应在连墙件搭设后方可拆除。

⑥ 架高超过 40 m 且有风涡流作用时,应采取抗上升翻流作用的连墙措施。

⑦ 连墙件与墙体的拉接如图 2-2-11 所示。

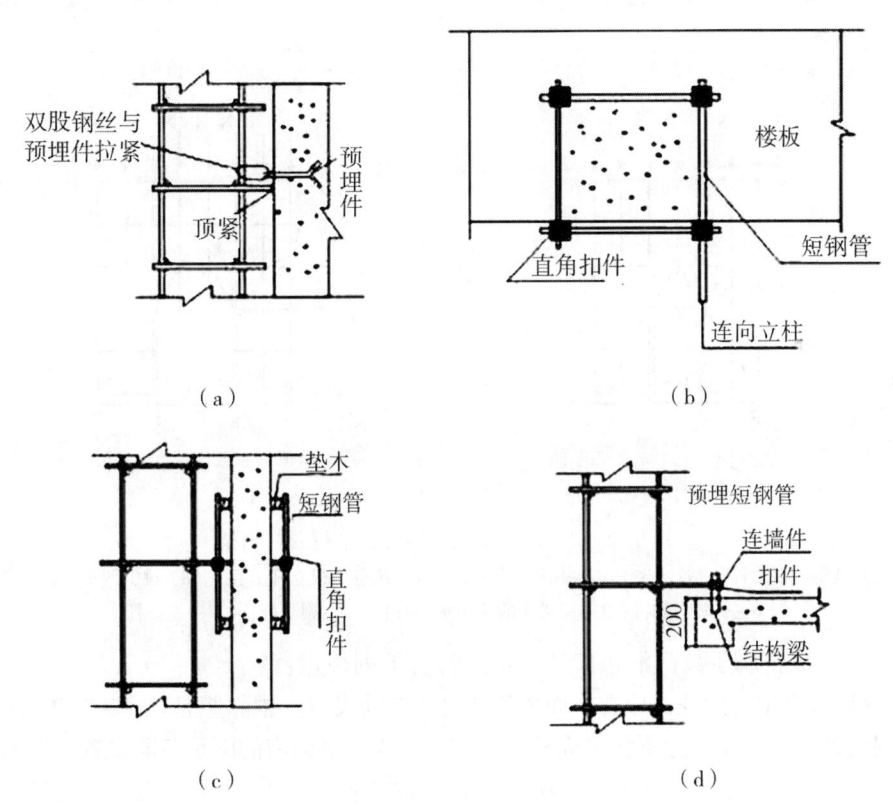

图 2-2-11 连墙件示意图
(a) 柔性拉接示意图;(b)、(c)、(d) 钢管扣件刚性连墙杆示意图

6. 门洞

(1) 单、双排脚手架门洞宜采用上升斜杆、平行弦杆桁架结构形式(图 2-2-12),斜杆与地面的倾角 α 应在 45°~60°之间。门洞桁架的形式按下列要求确定:

① 当步距(h)小于纵距(l_a)时,应采用 A 型。

② 当步距(h)大于纵距(l_a)时,应采用B型,并应符合下列规定:
a. $h=1.8$ m时,纵距不应大于1.5 m;
b. $h=2.0$ m时,纵距不应大于1.2 m。

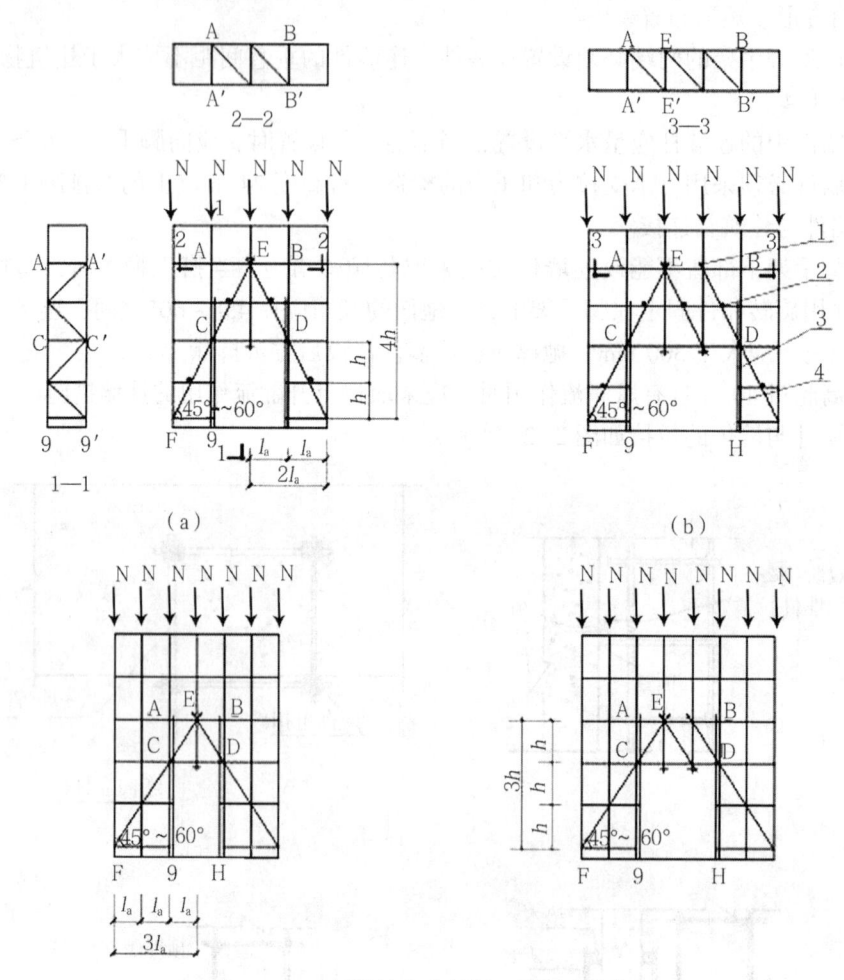

图2-2-12 门洞处上升斜杆、平行弦杆桁架
(a)挑空一根立杆A型;(b)挑空两根立杆A型;(c)挑空一根立杆B型;(d)挑空两根立杆B型
1——防滑扣件;2——增设的横向水平杆;3——副立杆;4——主立杆

(2)单、双排脚手架门洞桁架的构造应符合下列规定:
① 单排脚手架门洞处,应在平面桁架的每一节间设置一根斜腹杆(图2-2-13);双排脚手架门洞处的空间桁架,除下弦平面外,应在其余5个平面内的图示节间设置一根斜腹杆。
② 斜腹杆宜采用旋转扣件固定在与之相交的横向水平杆的伸出端上,旋转扣件中心线至主节点的距离不宜大于150 mm。当斜腹杆在1跨内跨越2个步距时,宜在相交的纵向水平杆处,增设一根横向水平杆,将斜腹杆固定在其伸出端上。
③ 斜腹杆宜采用通长杆件,当必须接长使用时,宜采用对接扣件连接,也可采用搭接,搭接长度不应小于1 m,用不少于2个旋转扣件固定。
(3)单排脚手架过窗洞时应增设立杆或增设一根横向水平杆。

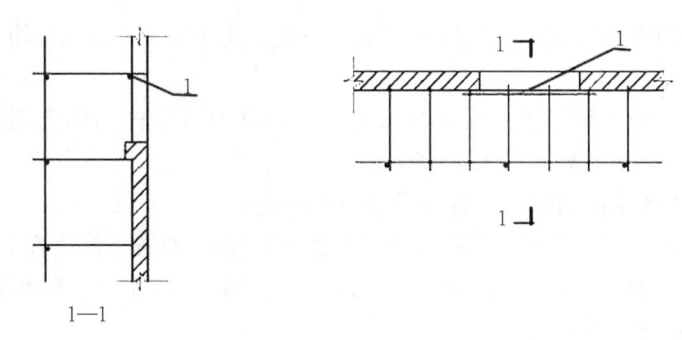

图 2-2-13　单排脚手架过窗洞构造
1——增设的纵向水平杆

（4）门洞桁架下的两侧立杆应为双立杆，副立杆高度应高出门洞口 1~2 步。

（5）门洞桁架中伸出上下弦杆的杆件端头，均应增设一个防滑扣件，该扣件宜紧靠主节点处的扣件。

7．剪刀撑与横向斜撑

剪刀撑是防止脚手架纵向变形的重要杆件和措施，合理设置剪刀撑可以增强脚手架的整体刚度，提高脚手架的承载能力，剪刀撑的设置应符合下列要求：

（1）双排脚手架应设置剪刀撑与横向斜撑，单排脚手架应设置剪刀撑。

（2）单、双排脚手架剪刀撑的设置应符合下列规定：

① 每道剪刀撑跨越立杆的根数应按表 2-2-5 的规定确定。每组剪刀撑的宽度不应小于 4 跨，且不应小于 6 m，斜杆与地面的倾角在 45°~60°之间。

表 2-2-5　　　　　　　　剪刀撑跨越立杆的最多根数

剪刀撑与地面夹角	45°	50°	60°
剪刀撑跨越立杆的最多根数	7	6	5

② 高度在 24 m 及以上的双排脚手架应在外侧全立面连续设置剪刀撑；高度在 24 m 以下的单、双排脚手架，均必须在外侧两端、转角及中间间隔不超过 15 m 的立面上，各设置一道剪刀撑，并应由底至顶连续设置。如图 2-2-14 所示。

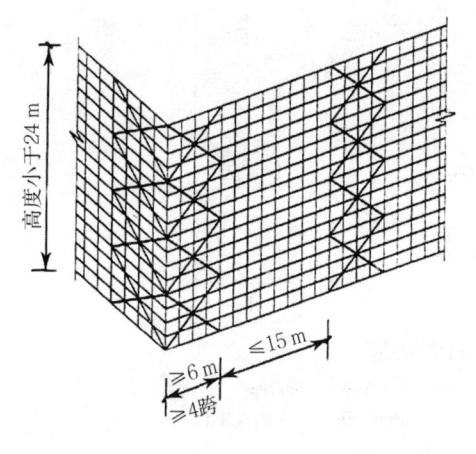

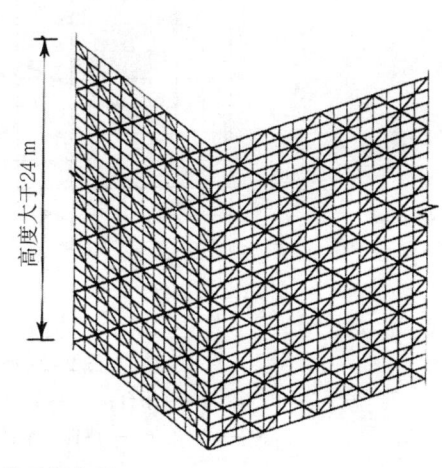

图 2-2-14　剪刀撑布置

③ 剪刀撑的斜杆接长应采用搭接或对接，搭接长度不应小于 1 m，用不少于 2 个旋转扣件固定牢固。

④ 剪刀撑斜杆应用旋转扣件固定在与之相交的横向水平杆的伸出端或立杆上，旋转扣件中心线至主节点的距离不应大于 150 mm。

（3）双排脚手架横向斜撑的设置应符合下列规定：

① 横向斜撑应在同一节间，由底至顶呈"之"字形连续布置。高度在 24 m 以下的封闭型双排脚手架可不设横向斜撑；高度在 24 m 以上的封闭型脚手架，除拐角应设置横向斜撑外，中间每隔 6 跨设置 1 道。

② 开口型双排脚手架的两端均必须设置横向斜撑。

8. 斜道

（1）高度不大于 6 m 的脚手架，宜采用"一"字形斜道；高度大于 6 m 的脚手架，宜采用"之"字形斜道，如图 2-2-15 所示。

（2）斜道应附着外脚手架或建筑物设置；运料斜道宽度不应小于 1.5 m，坡度不应大于 1∶6；人行斜道宽度不应小于 1 m，坡度不应大于 1∶3。

（3）拐弯处应设置平台，其宽度不应小于斜道宽度；斜道两侧及平台外围均应设置栏杆及挡脚板；栏杆高度应为 1.2 m，挡脚板高度不应小于 180 mm。运料斜道两端、平台外围和端部均应设置连墙件，每两步设水平斜杆、剪刀撑和横向斜撑。

（4）斜道脚手板横铺时，应在横向水平杆下增设纵向支托杆，纵向支托杆间距不应大于 500 mm；顺铺时，接头应采用搭接，下面的板头应压住上面的板头，板头的凸棱处应采用三角木填顺。

（5）人行斜道和运料斜道的脚手板上应每隔 250~300 mm 设置一根防滑木条，木条厚度为 20~30 mm。

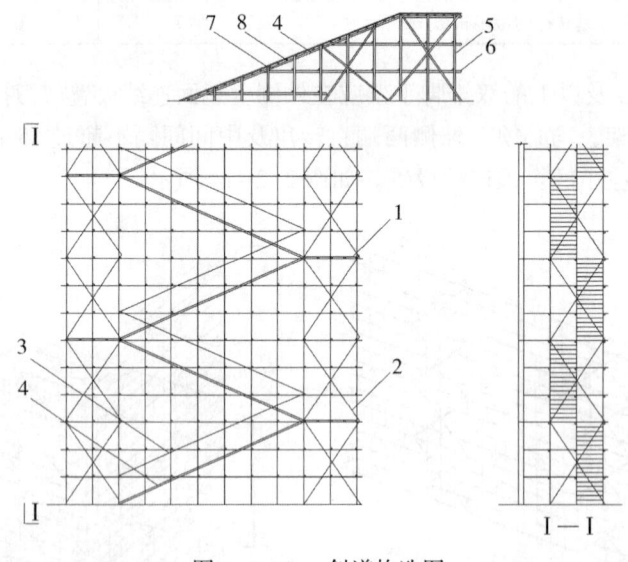

图 2-2-15 斜道构造图

1——平台；2——剪刀撑；3——栏杆；4——斜杆；
5——立杆；6——纵向水平杆；7——斜道板；8——横向水平杆

（七）事故案例

1. 事故概况

2009年3月22日上午7时40分，某小区4名油漆操作工正在6楼处刷外墙涂料，发现施工脚手架有异常，有2人从架体上跳到室内，未受伤，另2人随坍塌架体坠落地面，造成1人死亡，1人重伤。坍塌的脚手架为落地式扣件钢管脚手架，坍塌的部分处于该建筑物背立面两部井架之间，约占建筑物背立面脚手架总长的2/3，长约40 m，高约22 m。

2. 原因分析

（1）根据施工方案，该脚手架采用柔性连墙件，拉顶结合，拉结用ϕ8 mm钢筋。但该工程在进行外墙抹灰时，为便于施工，把架体与墙体的拉结钢筋全数剪除，又不采取补救措施，造成架体失稳坍塌，是造成这起事故的直接原因。

（2）该施工现场管理混乱，安全隐患未及时消除。项目监理部先后对该工程下发7次质量安全整改通知，其中有5次涉及脚手架的安全隐患问题。3月18日，质量安全监督站的监督员到工地检查，并于当天下达了整改通知书。但对于这些隐患，施工单位未及时整改。

（3）该工程由多批队伍施工，主体、外墙抹灰、外墙涂料施工、脚手架搭设分属不同的施工队伍，工种之间的交接、交底未做好。

（4）未严格履行安全生产教育制度，未对新进场的作业人员进行安全教育。

二、型钢悬挑脚手架的安全知识

随着高层建筑的日益增多，传统落地式钢管脚手架已不能很好地发挥辅助施工的作用，悬挑式脚手架因具有构造简单、投入低、周转快等优点，使用频率越来越高。

（一）施工前的准备

（1）悬挑脚手架在搭设之前，应制订搭设方案并绘制施工图指导施工。对于多层悬挑的脚手架，必须经设计计算确定。其内容包括：悬挑梁或悬挑架的选材及搭设方法，悬挑梁的强度、刚度、抗倾覆验算，建筑结构节点的验算，建筑结构连接做法及要求，上部脚手架立杆与悬挑梁的连接等。悬挑架的节点应该采用焊接或螺栓连接，不得采用扣件连接。其计算书及施工方案应经企业技术部门的专业技术人员审核，技术负责人批准。

（2）施工方案应对立杆的稳定措施、悬挑梁与建筑结构的连接等关键部位，绘制节点大样图指导施工。

（3）施工前必须按原建设部《危险性较大工程安全专项施工方案编制及专家论证审查办法》（建质〔2004〕213号）的规定，单独编制安全专项施工方案，并按规定的审核程序进行审核批准。

（4）悬挑式脚手架搭设之前，搭设方案编制人员必须参加对搭设人员的安全技术交底，并履行签字手续。搭设人员必须持证上岗。

（二）搭设工艺和程序

悬挑层施工预埋→穿插工字钢→焊接底部定位钢筋→搭设架体→加斜拉钢丝绳→铺钢筋网、安全网。

（三）型钢悬挑脚手架主要特点及构造

（1）悬挑脚手架是指其垂直方向荷载通过底部型钢支撑架传递到主体工程上的施工脚

手架。一次悬挑脚手架高度不宜超过 20 m。

（2）型钢悬挑梁宜采用双轴对称截面的型钢。悬挑钢梁型号及锚固件应按设计确定，钢梁截面高度不应小于 160 mm。悬挑梁尾端应在两处及以上固定于钢筋混凝土梁板结构上。锚固型钢悬挑梁的 U 型钢筋拉环或锚固螺栓直径不宜小于 16 mm（图 2-2-16）。

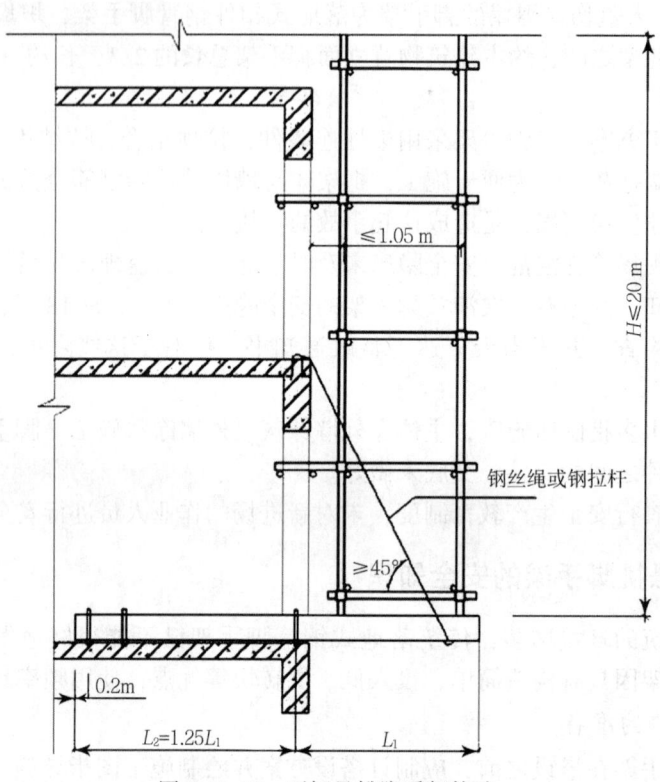

图 2-2-16 型钢悬挑脚手架构造

（3）用于锚固的 U 型钢筋拉环或螺栓应采用冷弯成型。U 型钢筋拉环、锚固螺栓与型钢间隙应用钢楔和木楔楔紧。

（4）每个型钢悬挑梁外端宜设置钢丝绳或钢拉杆与上一层结构斜拉结。钢丝绳、钢拉杆不参与悬挑梁的受力计算；钢丝绳与结构拉结的吊环应使用 HPB235 级钢筋，其直径不宜小于 20 mm，吊环预埋锚固长度符合国家标准《混凝土结构设计规范》（GB 50010—2010）中钢筋锚固规定。

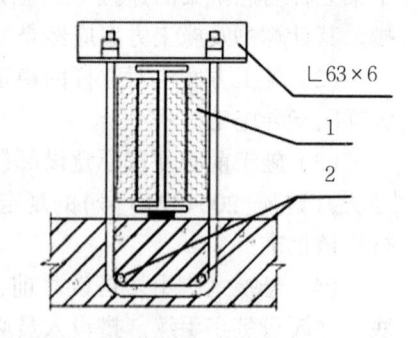

（5）悬挑钢梁悬挑长度应按设计确定，固定段长度不应小于悬挑段长度的 1.25 倍。型钢悬挑梁固定端应采用 2 个(对)及以上 U 型钢筋拉环或锚固螺栓与结构梁板固定，U 型钢筋拉环或锚固螺栓应预埋在混凝土梁、板底层钢筋位置，并应与混凝土梁、板底层钢筋焊接或绑扎牢固，其锚固长度符合现行国家标准《混凝土结构设计规范》中钢筋锚固规定。如图 2-2-17～图 2-2-19 所示。

图 2-2-17 悬挑钢梁 U 形螺栓固定构造
1——木楔侧向楔紧；
2——两根 1.5 m 长 ϕ18 mmHRB335 钢筋

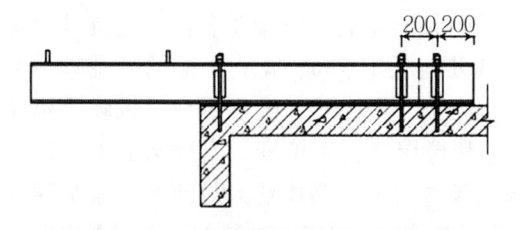

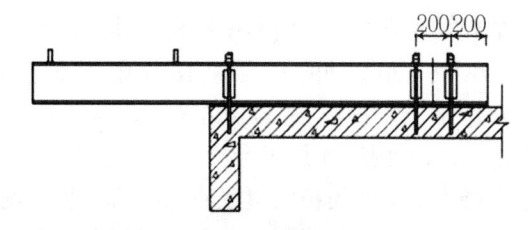

图 2-2-18　悬挑钢梁穿墙构造　　　　　图 2-2-19　悬挑钢梁楼面构造

（6）当型钢悬挑梁与结构采用螺栓钢压板连接固定时，钢压板尺寸应不小于 100 mm× 10 mm（宽×厚）；当采用螺栓角钢压板连接时，角钢的规格应不小于 63 mm×63 mm×6 mm。

（7）型钢悬挑梁悬挑端应设置能使脚手架立杆与钢梁可靠固定的定位点，定位点离悬挑梁端部不应小于 100 mm。

（8）锚固位置设置在楼板上时，楼板的厚度不宜小于 120 mm。悬挑梁间距应按悬挑架架体立杆纵距设置，每一纵距设置一根。

（9）悬挑架的外立面剪刀撑应自下而上连续设置。剪刀撑和横向斜撑的设置应符合《建筑施工扣件式钢管脚手架安全技术规范》（JGJ 130—2011）的规定。

（10）纵向水平杆、立杆、横向水平杆、扫地杆、连墙件设置、脚手板铺设应符合《建筑施工扣件式钢管脚手架安全技术规范》（JGJ 130—2011）的规定。

（11）锚固型钢的主体结构混凝土强度等级不得低于 C20。

（四）架体防护

（1）悬挑脚手架的作业层外侧，应按照临边防护的规定设置防护栏杆和挡脚板，防止人、物的坠落。

（2）架体外侧用密目式安全网封闭。

（3）单层斜挑架包括防护栏杆及斜立杆部分，全部用密目式安全网封闭。

（4）多层悬挑架上搭设的脚手架，仍按落地式脚手架的要求，用密目式安全网封闭。

（5）按照规定作业层下应有一道防护层，防止作业层人或物的坠落。

① 单层斜挑架一般只搭设一层脚手板为作业层，故须在紧贴脚手板下部挂一道平网作为防护层。当在脚手板下挂平网有困难时，也可沿外挑斜立杆的密目网里侧斜挂一道平网，作为人员坠落的防护层。

② 多层悬挑搭设的脚手架，仍按落地式脚手架的要求，不但有作业层下部的防护，还应在作业层脚手架与建筑物墙体缝隙过大时增加防护，特别是在悬挑梁上应按作业层的要求满铺脚手板，板下部挂一道平网，并将与建筑物之间的缝隙封严，作为空间隔离，防止人或物的坠落。

（6）安全网作防护层必须封挂严密、牢靠，密目式安全网用于立网防护，水平防护时必须采用平网，不准用立网代替平网。

（五）事故案例

违章拆除悬挑脚手架，造成架体失稳倾覆酿成事故

1. 事故概况

2001 年 3 月 4 日下午，某建设总承包公司总包、某建筑公司主承包、某装饰公司专业分包的某高层住宅工程工地上，因 12 层以上的外粉刷施工基本完成，主承包公司的脚手

架工程专业分包单位的架子班班长谭某征得分队长孙某同意后,安排3名作业人员进行Ⅲ段19A轴~20A轴的12层至16层阳台外立面高5步、长1.5 m、宽0.9 m的悬挑脚手架拆除作业。下午15时50分左右,3人拆除了16层至15层全部和14层部分悬挑脚手架外立面,以及连接14层阳台栏杆上固定脚手架拉杆和楼层立杆、拉杆。当拆至近13层时,悬挑脚手架突然失稳倾覆致使正在第三步悬挑脚手架体上的2名作业人员何某、喻某随悬挑脚手架体分别坠落到地面和3层阳台平台上(坠落高度分别为39 m和31 m)。事故发生后,项目部立即将两人送往医院抢救,因2人伤势过重,经抢救无效死亡。

2. 原因分析

(1) 作业前何某等3人,未对将拆除的悬挑脚手架进行检查、加固,在上部将水平拉杆拆除,以致架体失稳倾覆,是造成本次事故的直接原因。

(2) 专业分包单位分队长孙某,在拆除前未认真按规定进行安全技术交底,作业人员未按规定佩带和使用安全带以及未落实危险作业的监护,是造成本次事故的间接原因。

(3) 专业分包单位的另一位架子工何某,作为经培训考核持证的架子工特种作业人员,在作业时负责楼层内水平拉杆和连杆的拆除工作,但未按规定进行作业,先将水平拉杆、连杆予以拆除,导致架体失稳倾覆,是造成本次事故的主要原因。

三、碗扣式脚手架的安全知识

碗扣式脚手架,又称多功能碗扣式脚手架,是采用定型的钢管杆件和碗扣接头连接的一种承插锁固式多立杆脚手架,是我国科技人员在20世纪80年代中期根据国外的经验开发出来的一种新型多功能脚手架,具有结构简单、轴向连接、力学性能好、承载力大、接头构造合理、作业强度低、零部件少、损耗率低、便于管理、易于运输和多种功能等优点。现已广泛应用于房屋、桥梁、涵洞、烟囱、水塔、大坝、大跨度网架等多种工程施工中。

碗扣式脚手架在操作上省去了人工拧紧螺栓的过程,它的节点构造完全是杆件和扣件的旋转、承插,不像扣件式脚手架需要人工拧紧螺栓。

(一) 主要特点

(1) 承载力大:立杆连接是同轴心承插,横杆同立杆靠碗扣接头连接,接头具有可靠的抗弯、抗剪、抗扭力学性能,而且各杆件轴心线交于一点,节点在框架平面内。因此,结构稳固可靠,不易发生失稳坍塌,承载力大,比同等情况的扣件式钢管脚手架承载力提高15%以上。

(2) 安全可靠:接头设计时,考虑到上碗扣螺旋摩擦力和自重力作用,使接头具有可靠的自锁能力。作用于横杆上的荷载通过下碗扣传递给立杆,下碗扣具有很强的抗剪能力(最大为199 kN),上碗扣即使未被压紧,横杆接头也不致脱出而造成事故。同时配备有安全网支架、间横杆、脚手板、挡脚板、架梯、挑梁、连墙撑等杆配件,使用安全可靠。

(3) 便于管理:构件系列标准化,构件堆放整齐,便于现场材料管理,满足文明施工要求。

(4) 高功效:常用杆件中最长为3 130 mm,重17.07 kg。装拆效率高,减轻了劳动强度,拼拆速度比常规扣件式脚手架快3~5倍,拼拆快速省力,作业人员使用一把铁锤即可完成全部作业,避免了螺栓操作带来的诸多不便。

(5) 组架形式灵活：根据施工需要，能组成模数为 0.6 m 的多种组架尺寸和荷载的单排、双排脚手架、支撑架、物料提升脚手架等多功能的施工装备，并能进行曲线布置，可在任意高差地面上使用，根据不同的负载要求，可灵活调整支架间距。

(6) 碗扣脚手架各构件尺寸统一，搭设的脚手架具有规范化、标准化的特点。

(7) 完全避免了螺栓作业，不易丢失散件，构件轻便、牢固、使用安全可靠，一般锈蚀不影响装拆作业，维护简单，运输方便。

(二) 主要构造及构配件

(1) 立杆的碗扣节点应由上碗扣、下碗扣、横杆接头、斜杆接头和上碗扣限位销等组成，如图 2-2-20 所示。立杆碗扣节点间距应按 0.6 m 模数设置。

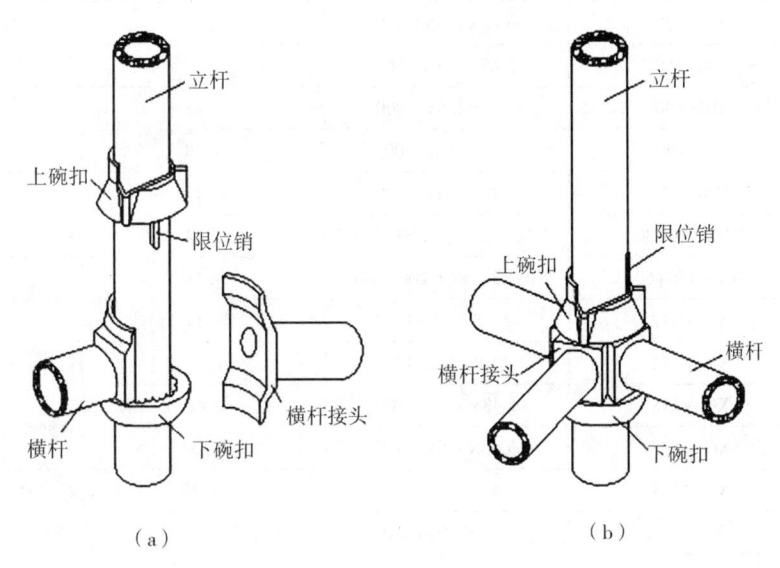

图 2-2-20 碗扣节点构成
(a) 连接前；(b) 连接后

(2) 碗扣式钢管脚手架用钢管应符合现行国家标准《直缝电焊钢管》(GB/T 13793—2003)、《低压流体输送用焊接钢管》(GB/T 3091—2008) 中的 Q235A 级普通钢管的要求，其材质性能应符合现行国家标准《碳素结构钢》(GB/T 700—2006) 的规定。

(3) 上碗扣、可调底座及可调托撑螺母应用可锻铸铁或铸钢制造，其材料机械性能应符合国家标准《可锻铸铁件》(GB/T 9440—2010) 中 KTH330-80 及《一般工程用铸造碳钢件》(GB/T 11352—2009) 中 ZG270-500 的规定。

(4) 下碗扣、横杆接头、斜杆接头应采用碳素铸钢制造，其材料机械性能应符合现行国家标准《一般工程用铸造碳钢件》中 ZG230-450 的规定。

(5) 采用钢板热冲压整体成型的下碗扣，钢板应符合现行国家标准《碳素结构钢》(GB/T 700—2006) 中 Q235A 级钢的要求，板材厚度不得小于 6 mm，并应经 600~650 ℃ 的时效处理，严禁利用废旧锈蚀钢板改制。

(6) 碗扣式钢管脚手架主要构配件种类、规格及质量应符合表 2-2-6 的规定。

表 2-2-6　　　　　　　　　主要构配件种类、规格及质量

名称	型号	规格/mm	市场质量/kg	设计质量/kg
立杆	LG-120	φ48×3.5×1 200	7.41	7.05
	LG-180	φ48×3.5×1 800	10.67	10.19
	LG-240	φ48×3.5×2 400	14.02	13.34
	LG-300	φ48×3.5×3 000	17.31	16.48
横杆	HG-30	φ48×3.5×300	1.67	1.32
	HG-60	φ48×3.5×600	2.82	2.47
	HG-90	φ48×3.5×900	3.97	3.63
	HG-120	φ48×3.5×1 200	5.12	4.78
	HG-150	φ48×3.5×1 500	6.28	5.93
	HG-180	φ48×3.5×1 800	7.43	7.08
间横杆	JHG-90	φ48×3.5×900	5.28	4.37
	JHG-120	φ48×3.5×1 200	6.43	5.52
	JHG-120+30	φ48×3.5×(1 200+300)	7.74	6.85
	JHG-120+60	φ48×3.5×(1 200+600)	9.69	8.16
斜杆	XG-0912	φ48×3.5×150	7.11	6.33
	XG-1212	φ48×3.5×170	7.87	7.03
	XG-1218	φ48×3.5×2 160	9.66	8.66
	XG-1518	φ48×3.5×2 340	10.34	9.30
	XG-1818	φ48×3.5×2 550	11.13	10.04
专用斜杆	ZXG-0912	φ48×3.5×1 270		5.89
	ZXG-1212	φ48×3.5×1 500		6.76
	ZXG-1218	φ48×3.5×1 920		8.73
十字撑	XZC-0912	φ30×2.5×1 390		4.72
	XZC-1212	φ30×2.5×1 560		5.31
	XZC-1218	φ30×2.5×2 060		7
	TL-30	宽度300	1.68	1.53
	L-60	宽度600	9.30	8.60
	LLX	φ12		0.18
	KTZ-45	可调范围≤300		5.82
	KTZ-60	可调范围≤450		8.31
	KTZ-75	可调范围≤600		9.69
	KTC-45	可调范围≤300		7.01
	KTC-60	可调范围≤450		8.31
	KTC-75	可调范围≤600		9.69
	JB-120	1 200×270		12.8
	JB-150	1 500×270		15
	JB-180	1 800×270		17.9
	JT-255	2 546×530		24.7

（7）碗扣式钢管脚手架钢管规格应为 ϕ 48.3 mm×3.6 mm；立杆连接处外套管与立杆间隙应小于或等于 2 mm，外套管长度不得小于 160 mm，外伸长度不得小于 110 mm；钢管焊接前应进行调直除锈，钢管直线度应小于 $1.5L/1\,000$（L 为使用钢管的长度）；焊接应在专用工装上进行。

（8）构配件外观质量应符合下列要求：

① 钢管平直光滑、无裂纹、无锈蚀、无分层、无结疤、无毛刺等，不得采用横断面接长的钢管。

② 铸造件表面应光整，不得有砂眼、缩孔、裂纹、浇冒口残余等缺陷，表面粘砂应清除干净。

③ 冲压件不得有毛刺、裂纹、氧化皮等缺陷。

④ 各焊缝应饱满，焊药应清除干净，不得有未焊透、夹砂、咬肉、裂纹等缺陷。

⑤ 构配件防锈漆涂层应均匀，附着应牢固。

⑥ 主要构配件上的生产厂标识应清晰。

（9）架体组装质量应符合下列要求：

① 立杆的上碗扣应能上下窜动、转动灵活，不得有卡滞现象。

② 立杆与立杆的连接孔处应能插入 ϕ 10 mm 连接销。

③ 碗扣节点上在安装 1~4 个横杆时，上碗扣均能锁紧。

④ 当搭设不少于二步三跨 1.8 m×1.8 m×1.2 m（步距×纵距×横距）的整体脚手架时，每一框架内横杆与立杆的垂直度偏差小于 5 mm。

（10）可调底座底板的钢板厚度不得小于 6 mm，可调托撑钢板厚度不得小于 5 mm。

（11）可调底座及可调托撑丝杆与调节螺母啮合长度不得少于 6 扣，插入立杆内的长度不得小于 150 mm。

（12）主要构配件性能指标应符合下列要求：

① 上碗扣抗拉强度不应小于 30 kN。

② 下碗扣组焊后剪切强度不应小于 60 kN。

③ 横杆接头剪切强度不应小于 50 kN。

④ 横杆接头焊接剪切强度不应小于 25 kN。

⑤ 底座抗压强度不应小于 100 kN。

（三）荷载

1. 荷载分类

（1）作用于碗扣式钢管脚手架上的荷载可分为永久荷载（恒荷载）和可变荷载（活荷载）。永久荷载的分项系数应取 1.2，有利结构时取 1.0；可变荷载的分项系数应取 1.4。

（2）双排脚手架的永久荷载应根据脚手架实际情况进行计算，包括：

① 组成双排脚手架结构的杆系自重，如立杆、横杆、斜杆、水平斜杆等。

② 脚手板、挡脚板、栏杆、安全网等附加构件自重。

（3）双排脚手架的可变荷载包括：

① 作业层上的操作人员、器具及材料等施工荷载。

② 风荷载。

③ 其他荷载。

(4) 模板支架的永久荷载包括：

① 作用在模板支撑架结构的结构自重，如新浇筑混凝土、钢筋、模板及支撑梁（楞）等自重。

② 组成模板支撑架结构的杆系自重，如立杆、纵向及横向水平杆、垂直及水平斜杆等自重。

③ 脚手板、栏杆、挡脚板、安全网等防护设施及附加构件的自重。

(5) 模板支撑架的可变荷载包括：

① 施工人员、材料及施工设备荷载。

② 浇筑和振捣混凝土时产生的荷载。

③ 风荷载。

④ 其他荷载。

2. 荷载标准值

(1) 双排脚手架结构杆系自重标准值，参照表2-2-6。

(2) 双排脚手架其他构件自重标准值可采用下列规定：

① 双排脚手板自重标准值按 0.35 kN/m² 取值。

② 作业层的栏杆与挡脚板自重标准值可按 0.14 kN/m² 取值。

③ 双排脚手架外侧密目网自重标准值可按 0.01 kN/m² 取值。

(3) 双排脚手架施工荷载标准值可采用下列规定：

① 作业层均布施工荷载标准值(Q)根据脚手架的用途，参照表2-2-7采用。

表2-2-7　　　　　　　　　　　作业层施工荷载标准值

类别	标准值/(kN/m²)
结构脚手架	3.0
装修脚手架	2.0

② 双排脚手架作业层不宜超过2层。

(4) 模板支撑架永久荷载标准值应符合下列规定：

① 模板及支撑架自重标准值(Q)应根据模板及支撑架施工设计方案确定。10 m以下的支撑架可不计算架体自重；对一般肋形楼板及无梁楼板模板自重标准值，参照表2-2-8采用。

表2-2-8　　　　　　　　　　　水平自重标准值　　　　　　　　　　　单位：kN/m²

序号	模板的构件名称	竹、木胶合板及木模板	定型钢模板
1	平面模板及小楞	0.30	0.50
2	楼板模板（其中包括梁模板）	0.50	0.75

② 新浇筑混凝土自重（包括钢筋）标准值(Q_2)对普通钢筋混凝土可采用25 kN/m²，对特殊混凝土应根据实际情况确定。

(5) 模板支撑架施工荷载标准值应符合下列规定：

① 施工人员及设备荷载标准值(Q_3)按均布荷载标准值取1.0 kN/m²。

② 浇筑和振捣混凝土时产生的荷载标准值(Q_4)可采用1.0 kN/m²。

(四)施工前的准备

(1)脚手架施工前必须编制专项施工方案,并经技术审核批准后,方可实施。

(2)脚手架搭设前,施工管理人员应按脚手架专项施工方案的要求对操作人员进行技术交底。

(3)对经检验合格的构配件应按品种、规格分类放置在堆料区内或码放在专用架上,清点好数量备用;堆放场地排水应畅通,不得有积水。

(4)对进入现场的脚手架构配件,必须经检验合格后方能投入使用。

(5)当连墙件采用预埋方式时,应提前与相关部门协商,按设计要求预埋。

(6)脚手架搭设场地必须平整、坚实、有排水措施。脚手架搭设前,首先根据荷载等情况计算地基承载力,确定地基的处理方法。为保证脚手架搭设后安全、牢固、规整,平整后的地面必须夯实,并根据季节、地势情况,设置排水沟,以防地基积水,引起脚手架不均匀沉陷。当地基高差较大时,可利用立杆0.6 m节点差进行调整。

(7)一般立杆底座位置沿架体纵向通长放置50 mm厚的立杆垫板,要求垫板与地面间接触坚实,按立杆的间距要求放线确定立杆的位置,并用笔标出,将立杆底座放在标好的位置上,要求底座放在垫板中间位置上。

(8)土壤地基上的立杆必须采用可调底座。

(9)脚手架基础经验收合格后,应按施工设计或专项方案的要求放线定位。

(五)碗扣式脚手架的主要尺寸和一般规定

(1)受压杆件长细比不得大于230,受拉杆件长细比不得大于350。

(2)架体方案设计应包括下列内容:

① 工程概况:工程名称、工程结构、面积、高度、平面形状及尺寸等;模板支撑架应按标准楼层平面图,说明梁板结构的断面尺寸。

② 架体结构设计和计算顺序:制订方案、绘制架体结构图及计算简图、最不利立杆、横杆及斜杆承载力验算,连墙件及地基承载力验算。

③ 确定各个部位斜杆的技术措施及要求,模板支撑架应绘制立杆顶端及底部节点构造图。

④ 说明结构施工流水步骤,架体搭设、使用和拆除方法。

⑤ 编制构配件用料表及供应计划。

⑥ 搭设质量及安全技术措施。

(六)搭设工艺和程序

碗扣式钢管脚手架的搭设顺序是:安放立杆底座或立杆可调底座→竖立杆→安放扫地杆→安装底层(第一步)横杆→安装斜杆→接头收紧→铺放脚手板→安装上层立杆→紧立杆连接销→安装横杆→设置连墙件→设置人行梯→设置剪刀撑→挂设安全网。

(七)搭设安全技术要点

1. 双排脚手架

(1)双排脚手架应按构造要求搭设,当连墙件按二步三跨设置,二层装修作业、二层脚手板、外挂密目网封闭,且符合下列基本风压值时,允许搭设高度符合表2-2-9的规定。

表 2-2-9　　　　　　　　　　双排落地脚手架允许搭设高度

步距/m	横距/m	纵距/m	允许搭设高度/m 允许基本风压值 W_0/(kN/m²)		
			0.4	0.5	0.6
1.8	0.9	1.2	68	62	52
		1.5	51	43	36
	1.2	1.2	59	53	46
		1.5	41	34	26

（2）当曲线布置的双排脚手架组架时，应按曲率要求使用不同长度的内外横杆组架，曲率半径应大于 2.4 m。当双排外脚手架拐角为直角时，宜采用横杆直接组架，如图 2-2-21(a) 所示；当双排脚手架拐角为非直角时，可采用钢管扣件组架，如图 2-2-21(b) 所示。

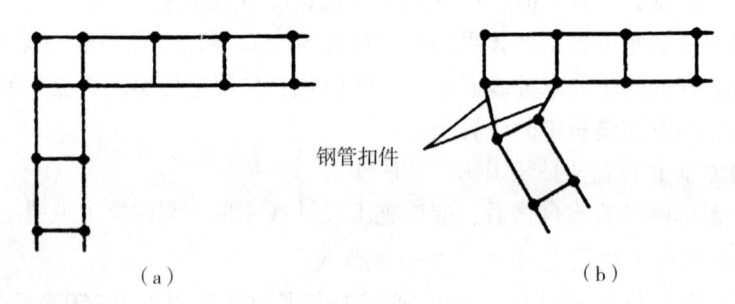

图 2-2-21　拐角组架图
(a) 横杆直接组架；(b) 钢管扣件组架

（3）双排脚手架首层立杆应采用不同长度交错布置，底层纵、横向横杆作为扫地杆距地面高度不应小于或等于 350 mm，严禁施工中擅自拆除扫地杆，立杆应配置可调底座或固定底座，如图 2-2-22 所示。

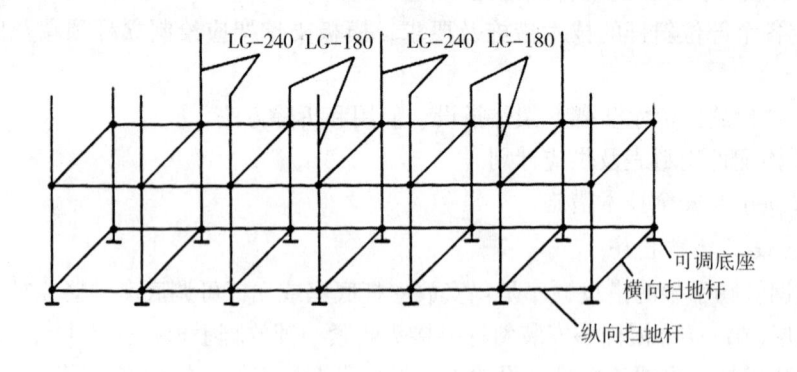

图 2-2-22　首层立杆布置图

（4）双排脚手架专用外斜杆设置（图 2-2-23）应符合下列规定：
① 斜杆应设置在纵、横杆的碗扣节点上。
② 封圈的脚手架拐角处及"一"字形脚手架端部应设置一组竖向通高斜杆。
③ 当脚手架高度小于或等于 24 m 时，每隔 5 跨应设置一组竖向通高斜杆；当脚手架

大于 24 m 时，每隔 3 跨设置一组竖向通高斜杆；斜杆应对称设置。

④ 当斜杆临时拆除时，拆除前应在相邻立杆间设置相同数量的斜杆。

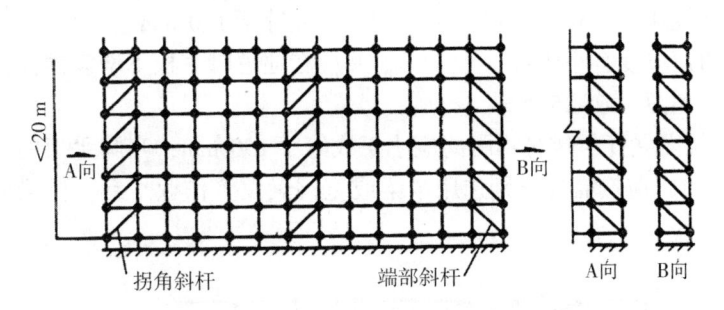

图 2-2-23　专用斜杆设置图

(5) 当采用钢管扣件做斜杆时应符合下列规定：

① 斜杆应每步与立杆扣接，扣接点距碗扣节点的距离不应大于 150 mm；当出现不能与立杆扣接时，应与横杆扣接，扣件扭力矩应为 40~65 N·m。

② 纵向斜杆应在全高方向设置成"八"字形且内外对称，斜杆间距不应大于 2 跨，如图 2-2-24 所示。

(6) 连墙件的设置应符合下列规定：

① 连墙件应呈水平设置，当不能呈水平设置时，与脚手架连接的一端应下斜连接。

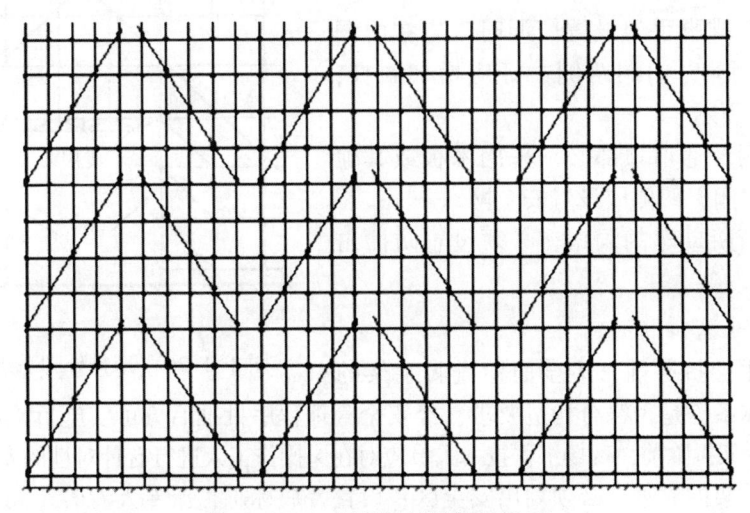

图 2-2-24　钢管扣件做斜杆设置

② 每层连墙件应在同一平面，其位置应由建筑结构和风荷载计算确定，且水平间距不应大于 4.5 m。

③ 连墙件应设置在横向横杆的碗扣节点处，当采用钢管扣件做连墙件时，连墙件应与立杆连接，连接点距碗扣节点距离不应大于 150 mm。

④ 连墙件应采用可承受拉、压荷载的刚性结构，连接应牢固可靠。

(7) 当脚手架高度大于 24 m 时，顶部 24 m 以下所有的连墙件层必须设置水平斜杆，水平斜杆应设置在纵向横杆之下。

(8) 脚手板设置应符合下列规定：

① 工具式钢脚手板必须有挂钩，并带有自锁装置与廊道横杆锁紧，严禁浮放。

② 冲压钢脚手板、木脚手板、竹串片脚手板，两端应与横杆绑牢，作业层相邻两根廊道横杆间应加设横杆，脚手板探头长度应小于或等于150 mm。

（9）人行通道坡度宜小于或等于1：3，并应在通道脚手板下增设横杆，通道可沿"之"字形折线上升，如图2-2-25所示。

（10）脚手架内立杆与建筑物距离应小于或等于150 mm；当脚手架内立杆与建筑物距离大于150 mm时，应按需要分别选用窄梁或宽挑梁设置作业平台。挑梁应单层挑出，严禁增加层数。

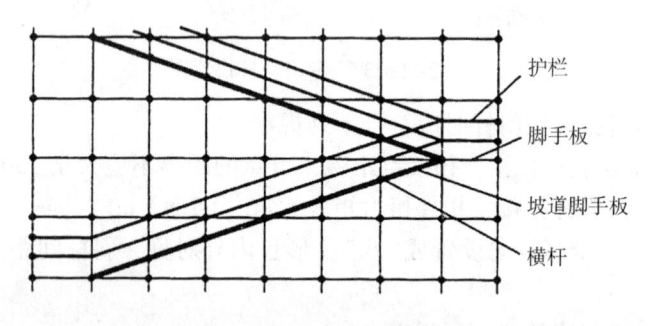

图2-2-25 人行通道设置

2. 门洞设置要求

（1）当双排脚手架设置门洞时，应在门洞上部架设专用梁，门洞两侧立杆应增加斜杆，如图2-2-26所示。

（2）门洞及通道顶部必须采用木板或其他硬质材料全封闭，两侧应设置安全网。

（3）通行机动车的洞口，必须设置防撞击设施。

（八）脚手架拆除

（1）脚手架拆除前，应全面检查脚手架的连接、支撑体系等是否符合构造要求，经安全管理程序批准后方可实施拆除作业。

图2-2-26 双排外脚手架门洞设置

（2）脚手架拆除前，现场工程技术人员应对在岗操作工人进行有针对性的安全技术交底。

（3）脚手架拆除时，必须划出安全区，设置警戒标志，派专人看管。

（4）拆除前，应清理脚手架上的器具及多余的材料和杂物。

（5）拆除作业应从顶层开始，逐层向下进行，严禁上下层同时拆除。

（6）连墙件必须拆到当前层时方可拆除，严禁提前拆除。

（7）拆除的构配件应成捆用起重设备吊运或人工传递到地面，严禁抛掷。

（8）脚手架采取分段、分立面拆除时，必须事先确定分界处的技术处理方案。

（9）拆除的构配件应分类堆放，以便于运输、维护和保管。

（九）检查与验收

（1）进入现场的碗扣架构配件应具备的资料：

① 主要构配件应有产品标识及产品质量合格证。

② 供应商应配套提供管材、零件、铸件、冲压件等材质、产品性能检验报告。

（2）构配件进场质量检查内容：钢管管壁厚度，焊接质量，外观质量，可调底座和可调托撑丝杆直径、与螺母配合间隙及材质。

（3）脚手架搭设质量应按阶段进行检验：

① 首段以高度为 6 m 进行第一阶段的检查与验收。

② 架体应随施工进度定期进行检查，达到设计高度后进行全面的检查与验收。

③ 遇 6 级以上大风、大雨、大雪后特殊情况的检查。

④ 停工超过一个月恢复使用前检查。

（4）对整体脚手架应重点检查的内容：

① 保证架体几何不变性的斜杆、连墙件、十字撑等设置是否完善。

② 基础是否有不均匀沉降，立杆底座与基础面的接触有无松动或悬空情况。

③ 立杆上碗扣是否可靠锁紧。

④ 立杆连接销是否安装、斜杆扣接点是否符合要求以及扣件拧紧程度。

（5）搭设高度在 20 m(含 20 m)以下的脚手架，应由项目负责人组织技术、安全及监理人员进行验收；对于高度超过 20 m 的脚手架，超高、超重、大跨度的模板支撑架，应由其上级安全生产主管部门负责人组织架体设计及监理等人员进行检查验收。

（6）脚手架验收时，应具备下列技术文件：

① 施工组织设计及变更文件。

② 高度超过 20 m 的脚手架的专项施工设计方案。

③ 周转使用的脚手架构配件使用前的复验合格记录。

④ 搭设的施工记录和质量检查记录。

（7）高度大于 8 m 的模板支撑架的检查、验收要求与脚手架相同。

（十）安全管理与维护

（1）脚手架搭设、拆除作业时，作业区域必须进行隔离，并指派专人进行监护，避免无关人员进入作业区域。

（2）作业层上的施工荷载应符合设计要求，不得超载，不得在脚手架上集中堆放模板、钢筋等物料。

（3）混凝土输送管、布料杆及塔架拉结缆风绳不得固定在脚手架上。

（4）大模板不得直接墩放在脚手架上。

（5）遇 6 级及以上大风、雨雪、大雾天气时应停止脚手架的搭设与拆除作业。

（6）脚手架使用期间，严禁擅自拆除架体结构杆件，如需拆除必须报请技术主管同意，确定补救措施后方可实施。

（7）严禁在脚手架基础及邻近处进行挖掘作业。

（8）脚手架应与架空输电线路保持安全距离，工地临时用电线路架设及脚手架接地防雷措施等应按现行行业标准的有关规定执行。

（9）使用后的脚手架构配件应清除表面黏结的灰渣，校正杆件变形，表面做防锈处理后待用。

（十一）事故案例

1. 事故概况（探头板上的安全事故）

2006年7月11日下午，某框架结构工程施工过程中，木工吴某、杨某进行竖井支模作业，采取人工传递三根槽钢。下午4时10分左右，吴某站在二层搭设的碗扣式架子1.8 m高处铺设的一块探头板上，从二层向三层传递槽钢，杨某在三层准备接收时，吴某脚下踩的脚手板一侧突然翘起，吴某从架体上滑落下来，摔在二层地面。由于杨某没有接到槽钢，致使槽钢随吴某一起坠落，砸到吴某的胸部，致其死亡。

2. 原因分析

（1）违规采用探头板铺设脚手板，按照脚手架作业人员操作规程，脚手板必须满铺、铺严、铺稳，不得有探头板和飞跳板。

（2）班组在安排工人作业时，未预见人工隔层传递槽钢的危险性。

（3）作业人员缺乏安全知识，对探头板的危险性缺乏了解。

第三节　工具式脚手架安全知识

自20世纪60年代以来，扣件式钢管脚手架因其加工简便、搬运方便、拆装灵活、通用性强等优点，在我国应用十分广泛。在脚手架工程中，其使用量占总量的60%左右。但是，这种脚手架在搭设时因作业人员技术水平高低不一、安全意识薄弱等原因，搭设时随意性较大，安全可靠程度较低，且在搭拆时耗时、费力，劳动强度大，施工效率低，在一定程度上已不能适应当前建设工程高速发展的需要。工具式脚手架因其安装标准化、装拆简单、承载能力高、使用安全可靠等优点，已越来越受到广大建筑施工企业的青睐。其中以附着式升降脚手架、高处作业吊篮和外挂脚手架应用较为广泛。

一、附着式升降脚手架

附着式升降脚手架为高层施工的外脚手架，可以进行升降作业，从下至上提升一层、施工一层主体，当主体施工完毕，再从上至下装修一层下降一层，直至将底层装修施工完毕。由于具有沿工程结构爬升（降）的状态属性，因此也可简称为"爬架"。附着式升降脚手架由于具有良好的经济效益和社会效益，现今已被高层施工广泛采用。目前使用的主要形式有导轨式、主套架式、悬挑式、吊拉式等。

（一）主要特点及构造

1. 主要特点

附着升降脚手架的出现，为高层建筑外脚手架施工提供了更多的选择，同其他类型的脚手架相比，附着升降脚手架具有如下特点：

（1）节省材料：由于无论多少层建筑物，仅需搭设4~5倍楼层高度的脚手架，同落地式脚手架相比可节约大量的脚手架材料。

（2）节省人力：爬架是从地面或者较低的楼层开始一次性组装4~5倍楼层高的脚手架，然后只需进行升降操作，中间不需倒运材料，可节省大量的人力。

（3）保证工期：由于爬架独立升降，可节省塔吊的吊次；爬架爬升后底部即可进行回填作业；爬架爬升到顶后即可下降操作进行装修，屋面工程和装修工程可同时进行，不必像吊篮要等到屋面强度符合要求后才能安装、装修作业。

（4）防护到位：爬架的高度一般为4~5倍楼层高，这一高度刚好覆盖结构施工时支模绑筋和拆模板支承的施工范围，解决了挂架遇到阳台、窗洞和框架结构时拆模板支承无防护的问题。

（5）安全可靠：爬架是在低处组装、低处拆除，并配备防倾覆、防坠落等安全装置，在架体防护内进行升降操作，施工安全可靠，而且避免了挑架反复搭拆可能造成的落物伤人和临空搭设给搭架人员带来的安全隐患。

（6）管理规范：由于爬架设备化程度比较高，可以按设备进行管理，而且，因其只有4~5倍楼层高，附着支承在固定位置，便于检查管理，避免了落地式脚手架因检查不到连墙撑可能被拆而带来的安全隐患。

（7）专业操作：因爬架不仅包含脚手架，而且含有机械、电器设备、起重设备等，要求操作者必须经专门培训，操作专业化提高了施工效率，保证了施工质量和施工安全。

（8）文明施工：爬架是经专门设计、专业施工，且管理规范，极易满足文明施工的要求。

2. 主要结构

（1）架体结构：架体结构是附着升降脚手架的主要组成结构，由水平支承桁架、竖向主框架、附着支座、架体构架、防倾覆装置、防坠装置等组成。架体构架一般采用普通脚手架杆件材料搭设。竖向主框架用于附着升降脚手架架体，垂直于建筑物外立面，与附着支撑结构连接，主要承受和传递竖向和水平荷载。架体水平梁架用于构造附着升降脚手架架体，主要承受架体竖向荷载，并将竖向荷载传递至竖向主框架和附着支撑结构。

（2）附着支撑结构：附着支撑结构是直接与工程结构连接，承受并传递脚手架荷载的支撑结构，是附着升降脚手架的关键结构，由升降机构及其承力结构、固定架体承力结构、防倾覆装置和防坠落装置组成。其中升降机构是控制架体升降运行的机构，防倾覆装置是防止架体在升降和使用过程中发生倾覆的装置，防坠落装置是架体在升降或使用过程中发生意外坠落时的制动装置。

（3）升降动力控制设备：

升降动力控制设备由升降动力设备及其控制系统组成。其中控制系统包括架体升降的同步性控制、荷载控制和动力设备的电气控制等。

（二）主要材料要求

（1）附着式升降脚手架架体用的钢管应采用现行国家标准《直缝电焊钢管》（GB/T 13793—2008）和《低压流体输送用焊接钢管》（GB/T 3091—2008）中的Q235号普通钢管，其质量应符合现行国家标准《焊接钢管尺寸及单位长度重量》（GB/T 21835—2008）的规定，其钢材质量应符合现行《碳素结构钢》（GB/T 700—2006）中Q235A级钢的规定，且应满足下列规定：

① 钢管推荐采用ϕ48.3 mm×3.6 mm的规格，壁厚应符合《直缝电焊钢管》的要求。

② 钢管应具有产品质量合格证和符合现行国家标准《金属材料 室温拉伸试验方法》（GB/T 228—2002）有关规定的检验报告。

③ 钢管表面应平直，其弯曲度不得大于钢管长的1/500，两端端面应平整，不得有斜

口；并严禁使用有裂缝、表面分层硬伤（压扁、硬弯、深划痕）、毛刺和结疤等。

④ 钢管表面的锈蚀深度不得超过0.25 mm。

⑤ 钢管在使用前应涂刷防锈漆。

（2）钢管脚手架的连接口应符合现行国家标准《钢管脚手架扣件》（GB 15831—2006）的规定。在螺栓扭力矩达到65 N·m时，不得发生破坏。

（3）架体结构的连接材料应符合下列规定：

① 手工焊接所采用的焊条，应符合现行国家标准《非合金钢及细晶粒钢焊条》（GB/T 5117—2012）或《热强钢焊条》（GB/T 5118—2012）的规定，焊条型号应与结构主体金属力学性能相适应，对于承受动力荷载或振动荷载的桁架结构宜采用低氢型焊条。

② 自动焊接或半自动焊接采用的焊丝和焊剂，应与结构主体金属强度相适应。焊丝应符合国家现行有关标准规定。

③ 普通螺栓应符合现行国家标准《六角头螺栓 C 级》（GB/T 5780—2000）和《六角头螺栓》（GB/T 5782—2000）的规定。

④ 锚栓可采用现行标准《碳素结构钢》（GB/T 700—2006）中规定的 Q235 钢或《低合金高强度结构钢》（GB/T 1591—2008）中规定的 Q345 钢制成。

（4）脚手板可采用钢、木、竹材料制作，其材质应符合下列规定：

① 冲压钢板和钢板网脚手板，其材质应符合现行国家标准《碳素结构钢》（GB/T 700—2006）中 Q235A 级钢的规定。新脚手板应有产品质量合格证；板面挠曲不得大于 12 mm 和板面任一角翘起不得大于 5 mm；不得有裂纹、开焊和硬弯；使用前应涂刷防锈漆；钢板网脚手板的网孔应小于 25 mm。

② 竹脚手板有三种，即竹胶板、竹笆板和竹串片脚手板。可采用毛竹或楠竹制成竹胶板、竹笆板，宽度不宜小于 600 mm，板片厚不得小于 8 mm。但腐朽、发霉的竹笆板不得使用；竹串片脚手板的厚度不应小于 50 mm。

③ 木脚手板应采用杉木或松木制作，其材质应符合现行国家标准《木结构设计规范》（GB 50005—2003）中Ⅱ级材质的规定。板宽不得小于 200 mm，厚度不得小于 50 mm，两端应用 4 mm 镀锌钢丝各绑扎两道。

④ 胶合板脚手板，应选用《胶合板 第3部分：普通胶合板通用技术条件》（GB/T 9846.3—2004）中Ⅱ类普通胶合板，厚度应不小于 18 mm，底部木方间距应不大于 400 mm，木方与脚手架杆件应用铁丝绑扎牢固，胶合板脚手板与木方用钉子钉牢。

（三）荷载

（1）作用于附着式升降脚手架的荷载可分为永久荷载（恒载）和可变荷载（活载）两类。

（2）脚手板自重标准值按表 2-3-1 选用。

表 2-3-1　　　　　　　　　　　　脚手板自重标准值

类别	标准值/（kN/m²）
冲压钢脚手板	0.30
竹笆板	0.06
木脚手板	0.35
竹串片脚手板	0.35
胶合板	0.15

（3）栏杆、挡脚板线荷载标准值按表2-3-2选用。

表2-3-2　　　　　　　　栏杆、挡脚板线荷载标准值

类别	标准值/(kN/m²)
栏杆、冲压钢脚手板挡板	0.11
栏杆、竹串片脚手板挡板	0.14
栏杆、木脚手板挡板	0.14

（4）施工活荷载包括施工人员、材料及施工机具的荷载，应根据施工具体情况按使用、升降及坠落三种工况确定控制荷载标准值，但是其值不得小于表2-3-3所列数值。

表2-3-3　　　　　　　　　施工活荷载标准值

工况类别		同时作业层数	每层活荷载标准值/(kN/m²)	备注
使用工况	结构施工	2	3.0	
	装修施工	3	2.0	
升降工况	结构和装修施工	2	0.5	施工人员、材料、机具全部撤离
坠落工况	结构施工	2	0.5；3.0	在使用工况下坠落时，其瞬间标准荷载应为3.0 kN/m²；升降工况下坠落其标准值应为0.5 kN/m²
	装修施工	3	0.5；2.0	在使用工况下坠落时，其标准荷载应为2.0 kN/m²；升降工况下坠落其标准值应为0.5 kN/m²

（5）恒荷载标准值包括整个架体结构、围护设施、作业层设施以及固定于架体结构上的升降机构和其他设备、装置的自重，其值可按现行的《建筑结构荷载规范》(GB 50009—2012)确定。

（6）附着式升降脚手架应按最不利荷载组合进行计算，其荷载效应组合应按表2-3-4采用。

表2-3-4　　　　　　　　　荷载效应组合

计算项目	荷载效应组合
纵、横向水平杆，水平支承桁架，使用过程中的固定吊拉杆和竖向主框架，附墙支座、防倾及防坠落装置	永久荷载+施工活荷载
竖向主框架 脚手架立杆稳定	(1)永久荷载+施工荷载 (2)永久荷载+0.9(施工荷载+风荷载)
选择升降动力设备时 选择钢丝绳及索吊具时 横吊梁及吊拉杆计算	永久荷载+升降过程的施工活荷载
连墙杆及连墙件	风荷载+5.0 kN

（四）施工前的准备

（1）附着式升降脚手架的使用具有比较大的危险性，它不单纯是一种单项施工技术，而且是形成定型化反复使用的工具或载人设备，所以应该有足够的安全保障，必须对使用

和生产附着式升降脚手架的厂家和施工企业实行认证制度。

① 对生产或经营附着式升降脚手架产品的，要经建设部组织鉴定并发放生产和使用证，只有具备使用证后，方可提供使用此产品。

② 在持有建设部发放的使用证的同时，还需要再经使用本产品的当地安全监督管理部门审查认定，并发放当地的准用证后，方可向当地使用单位提供此产品。

③ 附着式升降脚手架处于研制阶段和在工程上试用前，应提出该阶段的各项安全措施，经使用单位的上级专业技术部门审核、技术负责人批准，并到当地安全监督管理部门备案。

④ 对承包附着式升降脚手架工程任务的专业施工队伍进行资格认证，合格者发给证书，不合格者不准承接工程任务。

以上规定说明，凡未经过认证或认证不合格的，不准生产制造整体提升脚手架。使用整体提升脚手架的工程项目，必须向当地建筑安全监督管理机构登记备案，并接受监督检查。

(2) 使用附着式升降脚手架必须按规定编制专项施工组织设计和安全专项施工方案。由于附着式升降脚手架是一种新型脚手架，可以整体或分段升降，依靠自身的提升设备完成。不但架体组装需要严格按照设计进行，同时整个施工过程中，在每次提升或下降之前以及上人操作前，都必须严格按照设计要求进行检查验收。

由于施工工艺的特殊性，所以要求不但要结合施工现场作业条件，同时还要针对提升工艺编制专项施工组织设计，其内容应包括附着脚手架的设计、施工及检查、维护、管理等全部内容。施工组织设计必须由项目施工负责人组织编写，经上级技术部门或总工审批。

(3) 由于此种脚手架的操作工艺的特殊性，原有的操作规程已不完全适用，应该针对此种脚手架施工的作业条件和工艺要求进行具体编写，并组织学习贯彻。

(4) 施工组织设计还应对如何加强附着式升降脚手架使用过程中的管理作出规定，建立质量安全保证体系及相关的管理制度。工程项目的总包单位对施工现场的安全工作实行统一监督管理，对具体施工的队伍进行审查；对施工过程进行监督检查，发现问题应及时采取措施解决。分包单位对附着式升降脚手架的使用安全负直接责任。

(5) 安全专项施工方案，应由企业技术部门的专业技术人员及监理单位专业监理工程师进行审核，审核合格，由企业技术负责人、监理单位总监理工程师签字。

(五) 搭设工艺和程序

以工具挑梁套管式爬升脚手架为例说明：

脚手架设计→脚手架制作→挑梁安装→大、小爬片安装→最底层脚手架及防护栏杆安装→张设安全网→校正、紧固、检验→设置转角撑杆→拆除外墙模板和爬架的连接→固定上层挑梁→爬升小爬架→小爬架与工具挑梁固定→爬升大爬架→固定大爬架→重复上一流程程序→下降及拆除

(六) 安全技术要点

1. 架体结构部分

架体高度不得大于5倍楼层高度；架体宽度不大于1.2 m；直线布置的架体支承跨度不得大于7 m，折线或曲线布置的架体，相邻两主框架支撑点处的架体外侧距离不得大于

5.4 m；架体全高与支撑跨度的乘积不大于 110 m^2；架体水平悬挑长度不得大于 2 m，且不得大于跨度的 1/2。

架体结构宜采用扣件式钢管脚手架，其结构构造应符合行业标准《建筑施工扣件式钢管脚手架安全技术规范》(JGJ 130—2011)的规定。架体结构应设置在两竖向主框架之间，并应以纵向水平杆与之连接，其立杆应设置在水平支承桁架的节点上。

水平支承桁架最底层应设置脚手板，并应铺满、铺牢，与建筑物墙面之间也应设置脚手板进行全封闭，宜设置可翻转的密封翻板。在脚手板的下面应采用安全网兜底。

架体悬臂高度不得大于架体高度的 2/5，且不得大于 6 m。

当水平支承桁架不能连续设置时，局部可采用脚手架杆件进行连接，但其长度不得大于 2 m，且应采取加强措施，确保其强度和刚度不得低于原有的桁架。

物料平台不得与附着式升降脚手架各部位和各结构构件相连，其荷载应直接传递给建筑工程结构。

当架体遇到塔吊、施工升降机、物料平台需断开或开洞时，断开处应增加栏杆和封闭，开口处应有可靠的防止人员及物料坠落的措施。

架体外面应沿全高连续设置剪刀撑，并应将竖向主框架、水平支承桁架和架体结构连成整体，剪刀撑斜杆水平夹角应为 45°~60°；应与所有覆盖架体构架上的每个节点的立杆或横向水平杆伸出端扣紧；悬挑端应以竖向主框架为中心成对设置对称斜拉杆，其水平夹角不应小于 45°。

架体结构应在以下部位采取可靠的加强构造措施。

(1) 与附墙支座的连接处。

(2) 架体上提升机构的设置处。

(3) 架体上防坠、防倾装置的设置处。

(4) 架体吊拉点设置处。

(5) 架体平面的转角处。

(6) 架体因碰到塔吊、施工升降机、物料平台等设施而需要断开或开洞处。

(7) 其他有加强要求的部位。

2. 竖向主框架

附着支承结构部位设置与架体高度相等的与墙面垂直的定型的竖向主框架，应是桁架或刚架结构，其杆件连接的节点应采用焊接或螺栓连接，并应与水平支承桁架和架体构架构成有足够强度和支撑刚度的空间几何不变体系的稳定结构。并应符合下列规定：

(1) 竖向主框架可采用整体结构或分段对接式结构。结构形式应为竖向桁架或门型钢架形式等。各杆件的轴线应汇交于节点处，并应采用螺栓或焊接连接，如不交汇于一点，应进行附加弯矩验算。

(2) 当架体升降采用中心吊时，在悬臂梁行程范围内、竖向主框架内侧水平杆去掉部分的断面，应采取可靠的加固措施。

(3) 主框架内应设有导轨。

(4) 竖向主框架宜采用单片式主框架或可采用空间桁架式主框架。

(5) 在竖向主框架的底部应设置水平支承桁架，其宽度应与主框架相同，平行于墙面，其高度不宜小于 1.8 m。水平支承桁架结构构造应符合下列规定：

① 桁架各杆件的轴线应相交于节点上，并宜采用节点板构造连接，节点板的厚度不得小于 6 mm。

② 桁架上下弦杆应采用整根通长杆件或设置刚性接头，腹杆上下弦杆连接应采用焊接或螺栓连接。

③ 桁架与主框架连接处的斜腹杆宜设计成拉杆。

④ 架体构架的立杆底端应放置在上弦节点各轴线的交汇处。

⑤ 内外两片水平桁架的上弦和下弦之间应设置水平支撑杆件，各节点应采用焊接或螺栓连接。

⑥ 水平支承桁架的两端与主框架的连接，可采用杆件轴线交汇于一点，且为能活动的铰接点；或可将水平支承桁架放在竖向主框架底端的桁架底框中。

(6) 附着支承。

附着支承结构应包括附墙支座、悬臂梁及斜拉杆，其构造应符合下列规定：

① 竖向主框架所覆盖的每个楼层处应设置一道附墙支座。

② 在使用工况时，应将竖向主框架固定于附墙支座上。

③ 在升降工况时，附墙支座上应设有防倾、导向的结构装置。

④ 附墙支座应采用锚固螺栓与建筑物连接，受拉螺栓的螺母不得少于两个或采用弹簧垫圈加单螺母，螺杆露出螺母端部的长度不应少于 3 扣，并不得小于 10 mm，垫板尺寸应由设计确定，且不得小于 100 mm×100 mm×10 mm。

⑤ 附墙支座在建筑物上连接处混凝土的强度应按设计要求确定，且不得小于 C10。

(7) 附着支撑。

附着支撑是附着式升降脚手架的主要承载传力装置。附着式升降脚手架在升降和到位后的使用过程中，都是靠附着支撑附着于工程结构上来实现其稳定的。它的作用是：传递荷载，把主框架上的荷载可靠地传给工程结构；保证架体稳定性，确保施工安全；满足提升、防倾、防坠装置的要求，包括能承受坠落时的冲击荷载。

① 要求附着支撑与工程结构每个楼层都必须设连接点，架体主框架沿竖向侧，在任何情况下均不得少于两处。

② 附着支撑或钢挑梁与工程结构的连接质量必须符合设计要求，并应满足下列要求：

a. 做到严密、平整、牢固。

b. 对预埋件或预留孔应按照节点大样图纸做法及位置逐一进行检查，并绘制分层检测平面图，记录各层各点的检查结果和加固措施。

c. 当起用附着支撑或钢挑梁时，其设置处混凝土强度等级应有符合设计规定的强度报告，并不得小于 C10。

③ 钢挑梁的选材制作与焊接质量均按设计要求。连接使用的螺栓不能使用板牙套制的三角形断面螺纹螺栓，必须使用梯型螺纹螺栓，以保证螺纹的受力性能，当与结构连接时应采用双螺母固定，螺杆露出螺母不少于 3 扣。螺栓与混凝土之间垫板的尺寸按计算确定，并使垫板与混凝土表面接触严密。

3. 升降装置

(1) 目前脚手架的升降装置有四种：手动葫芦、电动葫芦、专用卷扬机、穿芯液压千斤顶。用量较大的是电动葫芦，由于手动葫芦是按单个使用设计的，不能群体使用，所以当使用三个或三个以上的葫芦群吊时,手动葫芦操作无法实现同步工作,容易导致事故的发生,故规定手动葫芦只能用于最多同时使用两个吊点的单跨脚手架的升降,因为两个吊点的同步问题相对比较容易控制。

(2) 升降必须有同步装置控制。

① 分析附着升降脚手架的事故,大多是因架体升降过程中不同步差过大造成的。设置防坠装置属于保险装置,设置同步装置是主动的安全装置。当脚手架的整体安全度足够时,关键就是控制平稳升降,不发生意外超载。

② 同步升降装置应该是自动显示、自动控制。从升降差和承载力两个方面进行控制。升降时控制各吊点同步差在 30 mm 以内;吊点的承载力应控制在额定承载力的 80%,当实际承载力达到和超过额定承载力的 80% 时,该吊点应自动停止升降,防止发生超载。

(3) 关于索具、吊具的安全系数。

① 索具和吊具是指起重机械吊运重物时,系结在重物上承受荷载的部件。刚性的称吊具,柔性的称索具(或称吊索)。

② 按照《起重机械安全规程 第1部分:总则》(GB 6067.1—2010)规定,用于吊挂的钢丝绳其安全系数为6,所以规定索具、吊具的安全系数大于或等于6。不包括起重机具(电动葫芦、液压千斤顶等)在内,提升机具的实际承载能力安全系数应在 3~4 之间,即当相邻提升机具发生故障时,此机具不因超载同时发生故障。按极限状态计算时,设计荷载=荷载分项系数(1.2~1.4)×冲击系数(1.5)×荷载变化系数(2)×标准荷载=(3~4)×标准荷载。

(4) 脚手架升降时,在同一主框架竖向平面附着支撑必须保持不少于两处,否则架体会因不平衡发生倾覆。升降作业时,作业人员不准站在脚手架上操作,手动葫芦达不到此要求,应改用电动葫芦。

4. 防坠落装置

(1) 防坠落装置应设置在竖向主框架处并附着在建筑物结构上,每一升降点不得少于一个防坠落装置,防坠落装置在使用和升降工况下都必须起作用。

(2) 防坠落装置必须采用机械式的全自动装置,严禁使用每次升降需重组的手动装置。

(3) 防坠落装置技术性能除应满足承载能力要求外,还应符合表 2-3-5 的规定。

表 2-3-5　　　　　　　　防坠落装置技术性能

脚手架类别	制动距离/mm
整体式升降脚手架	≤80
单片式升降脚手架	≤150

(4) 防坠落装置应具有防尘、防污染的措施,并应灵敏可靠和运转自如。

(5) 防坠落装置与升降设备必须分别独立固定在建筑结构上。

(6) 钢吊杆式防坠落装置,钢吊杆规格应由计算确定,且不应小于 $\phi 25$ mm。

5. 脚手板

(1) 附着式升降脚手架为定型架体,脚手板应按每层架体间距合理铺设,铺满、铺严、无探头板并与架体固定绑牢,有钢丝绳穿过处的脚手板,其孔洞应规则,不能留有过大洞口,人员上下各作业层应设专用通道和扶梯。

(2)作业时,架体离墙空隙有翻板构造措施,必须封严,防止落人、落物。

(3)脚手架板材质量符合要求,应使用厚度不小于50 mm的木板或专用钢制板网,不准用竹脚手板。

6.安全防护

(1)脚手架外侧用密目网封闭,安全网的搭接处必须严密并与脚手架绑牢。

(2)各作业层都应按临边防护的要求设置防护栏杆及挡脚板。

(3)最底部作业层下方应同时采用密目网及平网挂牢封严,防止落人落物。

(4)升降脚手架下部、上部建筑物的门窗及孔洞,也应进行封闭。

7.安装

(1)附着式升降脚手架应按专项施工方案进行安装,可采用单片式主框架的架体,也可采用空间桁架式主框架的架体。

(2)附着式升降脚手架在首层安装前应设置安装平台,安装平台应有保障施工人员安全的防护设施,安装平台的水平精度和承载能力应满足架体安装的要求。

(3)安装时应符合下列规定:

① 相邻竖向主框架的高差不应大于20 mm。

② 竖向主框架和防倾导向装置的垂直偏差不应大于5‰,且不得大于60 mm。

③ 预留穿墙螺栓孔和预埋件应垂直于建筑架构外表面,其中心偏差应小于15 mm。

④ 连接处所需要的建筑物结构混凝土强度应由计算确定,但不应小于C10。

⑤ 升降机构连接应正确且牢固可靠。

⑥ 安全控制系统的设置和试运行效果应符合设计要求。

⑦ 升降动力设备工作正常。

(4)附着支承结构的安装应符合设计规定,不得少装和使用不合格螺栓及连接件。

(5)安全保险装置应全部合格,安全防护设施应齐全,且应符合设计要求,并应设置必要的消防设施。

(6)电源、电缆及控制柜等设置应符合现行行业标准《施工现场临时用电安全技术规范》(JGJ 46—2005)的有关规定。

(7)升降设备、同步控制系统及防坠落装置等专项设备,均应采用同一厂家的产品。

(8)升降设备、控制系统、防坠落装置等采取防雨、防砸、防尘等措施。

8.升降

(1)附着式升降脚手架每次升降前,应进行检查,经检查合格后,方可进行升降,并应符合下列要求:

① 应按升降作业程序和操作过程进行作业。

② 操作人员不得停留在架体上。

③ 升降过程中不得有施工荷载。

④ 所有妨碍升降的障碍物应已拆除。

⑤ 所有影响升降作业的约束应已拆除。

⑥ 各相邻提升点间的高差不得大于3 mm,整体架最大升降差不得大于80 mm。

(2)升降过程中应统一指挥、统一指令。升降指令应由总指挥人下达;当有异常情况出现时，任何人均可立即发出停止指令。

（3）架体升降到位后，应及时按使用状况要求进行附着固定；在没有完成固定之前，施工人员不得擅自离岗或下班。

（4）升降到位固定后，进行检查，合格后方可使用，遇有5级以上大风和大雨、大雪、浓雾和雷雨等恶劣天气时，不得进行升降作业。

9．使用

（1）架体内的建筑垃圾和杂物应及时清理干净。

（2）在使用过程中不得进行下列作业：

① 利用架体吊运物料。

② 在架体上拉结吊装缆绳（缆锁）。

③ 在架体上推车。

④ 任意拆除结构件或松动连接件。

⑤ 拆除或移动架体上的安全防护设施。

⑥ 利用架体支撑模板或卸料平台。

⑦ 其他影响架体安全的作业。

（3）停用3个月时，应提前采取加固措施。停用超过1个月或遇有6级以上大风复工时，应进行检查，确认安全后方可使用。

（4）螺栓连接件、升降设备、防倾装置、防坠落装置、电控设备、同步控制装置等每月进行维护保养。

10．拆除

（1）应对拆除作业人员进行安全技术交底。

（2）拆除时应有可靠的防止人员或物料坠落的措施，拆除的材料及设备不得抛扔。

（3）拆除作业应在白天进行，遇有5级以上大风和大雨、大雪、浓雾和雷雨等恶劣天气时，不得进行拆除作业。

11．分段验收

（1）附着式升降脚手架在使用过程中，每升降一层都要进行一次全面检查。每次升降有不同作业条件时，要按照施工组织设计中要求的内容进行全面检查。

（2）提升（下降）作业前，检查准备工作是否满足升降时的作业条件，包括：脚手架所有连墙处完全脱离，各点提升机具吊索处于同步状态，每台提升机具状况良好，靠墙处脚手架已留出升降空隙，准备起用附着支撑处或钢挑梁处的混凝土强度已达到设计要求，分段提升的脚手架两端敞开处已用密目网封闭，防倾、防坠等安全装置处于正常等。

（3）脚手架升降到位后，不能立即进行登高作业，必须把脚手架固定并达到登高作业的条件。例如，把各连墙点连接牢靠，架体已处于稳固状态，所有脚手板已按规定铺牢、铺严，四周安全网围护已无漏洞，经验收已经达到登高作业条件。

（4）每次验收应有按施工组织设计规定内容记录检查结果，并有责任人签字。

12．操作管理

（1）附着式升降脚手架的安装搭设都必须按照施工组织设计的要求及施工图进行，安装后应经验收并进行荷载试验，确认符合设计要求时，方可正式使用。

（2）由于附着升降脚手架属新工艺，有其特殊的施工要求，所以应该按照施工组织设计的规定向技术人员和工人进行全面交底，使作业人员清楚全部施工工艺及个人岗位的责任要求。

(3) 按照有关规范、标准及施工组织设计中制定的安全操作规程，进行培训考核，特种作业人员应持证上岗并明确责任。

(4) 附着式升降脚手架属高处作业，在安装、升降、拆除时，应划定安全警戒范围并设专人监督检查。

(5) 脚手架的提升机具是按各起吊点的平均受力布置，所以架体上荷载应尽量均布平衡，防止发生局部超载。规定升降时架体上活荷载每层为 $0.5\ kN/m^2$，不能有人在脚手架上停留和大量材料堆放，也不准有超过 2 kN 的设备等。

(七) 事故案例

1. 事故概况

2002 年 11 月 9 日，某广场 E 栋发生一起附着式升降脚手架坍塌事故，造成 4 人死亡。

某市某广场 E 栋工程，由某建筑公司承建，某工程监理部监理，该工程外脚手架采用了附着升降脚手架。2002 年 11 月 9 日，脚手架的附着高度在工程的 17～19 层，此脚手架附着支撑形式为"吊拉式"，随脚手架的升降，其斜拉杆的悬吊位置也随之改变。当作业人员将 1 号主框架拉杆逐渐拆除到 5 号主框架时，脚手架主框架便从 1 号主框架依次向 5 号主框架倒塌过来，造成 4 名作业人员随脚手架坠落死亡。

2. 原因分析

(1) 操作人员违章作业。此种脚手架属侧向支撑结构，架体荷载通过主框架、斜拉杆及附墙架传给建筑结构。在改变斜拉杆位置时，作业人员应该先进行一榀主框架拉杆拆除，并按新位置将附墙支架固定后，才能进行另一榀主框架的拆除和固定。而作业人员采取了将数榀主框架附墙架同时拆除的方法，使脚手架支撑点明显减少，造成架体失稳倒塌。

(2) 附着式升降脚手架质量不合要求。附着式升降脚手架的附墙支架及吊环经改造加长后，焊缝未达到设计和规范要求，未经检查确认就盲目使用，受力后导致破坏，使脚手架失去支撑坍塌。

(3) 脚手架违章使用。按照规定，脚手架在升降和使用情况下，应确保每一主框架的附着支撑不得少于二处。而该脚手架没有严格执行交接验收，致使作业人员随意上下，在脚手架没有足够的附着支撑情况下安排人员登高作业，导致脚手架失稳。

(4) 脚手架在进行装修作业时，规定同时作业不得超过 3 层，而该脚手架上铺设了 7 层脚手板，作业层数严重失控。

二、高处作业吊篮

吊篮是悬挂机构架设于建筑物或构筑物上，提升机驱动悬吊平台通过钢丝绳沿立面上下运动的一种非常设悬挂设备。主要用于高层建筑施工的装修作业，用型钢预制成吊篮架子，其动力有手动和电动两种。当前电动吊篮使用比较普遍。

(一) 主要特点及构造

1. 主要特点

吊篮施工具有施工适应性强、施工高度基本不受限制、占用施工场地少、施工质量好、施工效率高、架设装拆方便、劳动用工少、劳动强度低等特点，尤其适合于建(构)筑物外形变化较大的场合进行施工作业。在特定条件下，吊篮还可作为提运或吊装物料的辅助设备。

2．主要结构

(1) 基本结构。

高处作业吊篮应由悬挂机构、吊篮平台、提升机构、防坠落机构、电气控制系统、钢丝绳和配套附件、连接件组成。吊篮平台应能通过提升机构沿动力钢丝绳升降。悬挂机构前后支架的间距，应能随建筑物外形变化进行调整。如图 2-3-1 所示。

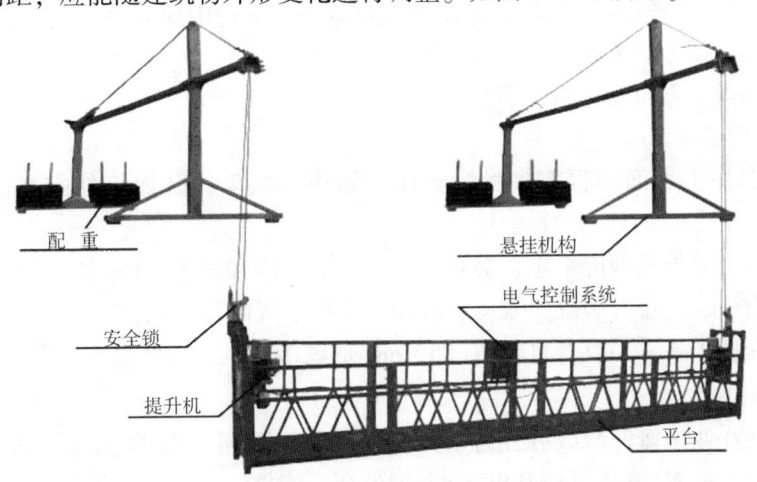

图 2-3-1　高处作业吊篮结构图

(2) 主参数及其系列。

吊篮的主参数用额定载重量表示，主参数系列如表 2-3-6 所列。

表 2-3-6　　　　　　　　　　吊篮主参数系列

主参数	主参数系列
额定载重量/kg	100、150、200、250、300、350、400、500、630、800、1 000、1 250

(3) 型号。

吊篮型号由类、组、型代号、特性代号、主参数代号、悬吊平台结构层数和更新变型代号组成。

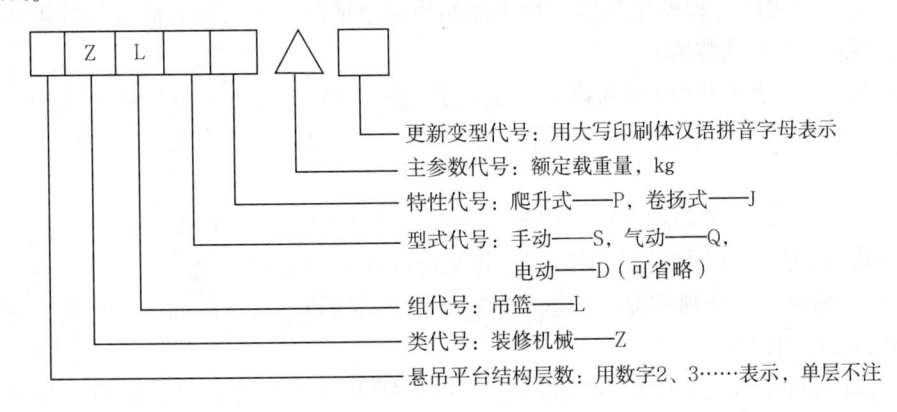

```
┌─┬─┬─┬─┐  △  □
│Z│L│ │ │
└─┴─┴─┴─┘
```

- 更新变型代号：用大写印刷体汉语拼音字母表示
- 主参数代号：额定载重量，kg
- 特性代号：爬升式——P，卷扬式——J
- 型式代号：手动——S，气动——Q，电动——D（可省略）
- 组代号：吊篮——L
- 类代号：装修机械——Z
- 悬吊平台结构层数：用数字2、3……表示，单层不注如：2ZLP800A 表示额定载重量 800 kg 电动、双层爬升式高处作业吊篮第一次变型产品。

(二) 制造、装配和外观质量要求

1. 制造和装配质量要求

(1) 锻件和焊缝质量应符合相关标准的要求。

(2) 吊篮上的各润滑点均应加注润滑剂。

(3) 减速器不得漏油，渗油不得超过一处(渗油量在 10 min 内超过一滴为漏油，不足一滴为渗油)。

(4) 吊篮应进行空载、额定载重量和超载运行，运行中应升降平稳，启、制动正常，限位装置、安全锁等应灵敏、安全可靠。

(5) 手柄操作方向应有明显箭头指示。

2. 外观质量要求

(1) 零件加工表面不得有锈蚀、磕碰、划伤等缺陷，已加工外露表面应进行防锈处理。

(2) 吊篮可见外表面应平整、美观，按规定涂底漆和面漆。漆层应均匀、平滑、色泽一致，附着力强，不得有皱皮、脱皮、漏漆、流痕、气泡等缺陷。

(3) 罩壳应平整，不得有直径超过 15 mm 的锤击印痕，安装牢固可靠。

(三) 荷载

(1) 高处作业吊篮的荷载可分为永久荷载(恒载)和可变荷载(活载)两类。永久荷载包括悬挂机构、吊篮(含提升机和电源)、钢丝绳、配重块；可变荷载包括操作工人、施工工具、材料、风荷载。

(2) 永久荷载标准值按照生产厂家提供的使用说明书中的数据选取。

(3) 吊篮属工具式脚手架，其施工活荷载为 1 kN/m²。

(4) 悬挂吊篮的支架支撑点处结构的承载能力，应大于所选择吊篮各工况的荷载最大值。

(四) 搭设工艺和程序

吊篮的安装程序为：确定挑梁的位置→固定挑梁→挂上吊篮绳及安全绳→组装吊篮架体→安装手扳葫芦→穿吊篮绳及安全绳→提升吊篮→固定保险绳。

(五) 安全技术要点

1. 安全装置

吊篮上所设置的各种安全装置，均不能妨碍紧急情况时使人员脱离危险的操作。

(1) 保险卡(闭锁装置)。

手动提升机(手扳葫芦)必须设有闭锁装置(保险卡)。当变换升或降方向时，应动作准确、安全可靠，防止吊篮平台在正常工作情况下发生自动下滑事故。

(2) 安全锁。

① 吊篮必须装有安全锁或具有相同作用的独立安全装置，并在各吊篮平台悬挂处增设一根与提升钢丝绳相同型号的保险绳，每根保险绳上安装安全锁。

② 离心触发式安全锁应能使吊篮平台在下滑速度不大于 30 m/min 时动作，并在下滑距离 200 mm 以内停住。

③ 摆臂式防倾斜安全锁，当吊篮工作，纵向倾斜度不大于 8°时，能自动锁住并停止

运行。

④ 安全锁在承受 150% 额定荷载时,静置 10 min,不得有滑移。在锁绳状态下,应不能自动复位。

⑤ 安全锁应在规定时间(一年)内进行标定,当超过标定期限时,应重新标定。

(3) 行程限位器。

当使用电动提升机时,应在吊篮平台上、下两个方向装设行程限位器,对其上下运行位置、距离进行限定。

(4) 制动器。

① 提升机必须设有制动器,其制动力矩应大于提升力矩的 1.5 倍,并设有手动释放装置,动作灵敏可靠。

② 吊篮在承受 150% 额定荷载时,制动器作用 15 min,其滑移距离不应大于 10 mm。

(5) 保险措施。

① 钢丝绳与悬挑梁连接应有防止钢丝绳受剪措施。

② 在吊篮内,作业人员应配安全带,不应将安全带系挂在提升钢丝绳上,防止提升绳断开时安全带失去作用。

2. 钢丝绳

(1) 吊篮钢丝绳应用镀锌、强度高、柔度好的钢丝绳,其性能应符合《重要用途钢丝绳》(GB 8918—2006)的规定。使用过程中应随时进行检查,发现损伤及时更换,防止发生意外事故。钢丝绳的检查和报废应符合《起重机 钢丝绳 保养、维护、安装、检验和报废》(GB/T 5972—2009)的规定。

(2) 钢丝绳的直径应与提升机相匹配,不得随意选用。钢丝绳最小直径不应小于 6 mm,安全系数不应小于 9。

(3) 安全钢丝绳应选用与工作钢丝绳相同型号、规格,并独立于工作钢丝绳另行悬挂。

(4) 在正常运行时,安全钢丝绳应处于悬垂状态,以保证安全锁正常工作。钢丝绳结构如图 2-3-2 所示,由绳芯、绳股、钢丝所组成。吊篮钢丝绳结构和断面分类如表 2-3-7 所列。

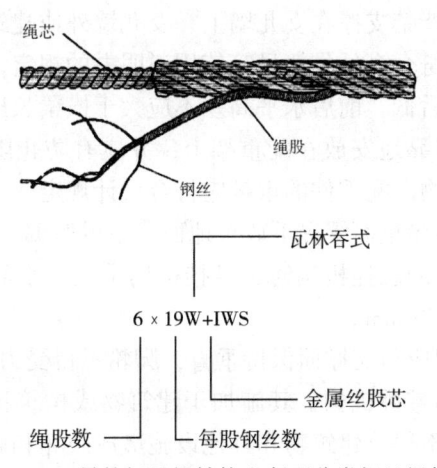

图 2-3-2 吊篮钢丝绳结构和断面分类钢丝绳结构

表 2-3-7　　　　　　　　　　吊篮钢丝结构和断面分类表

结构标记	6×19S+IWR	6×19W+1WS
断面		

3. 升降操作

(1) 吊篮升降作业应由经过培训的人员专门负责，并相对固定，如有人员变动必须重新培训熟悉作业环境。

(2) 吊篮升降作业时，非升降操作人员不得停留在吊篮内；在吊篮升降到位固定之前，其他作业人员不准进入吊篮内。

(3) 单片吊篮升降（不多于两个吊点）时，可采用手动葫芦，两人协调动作控制防止倾斜；当多片吊篮同时升降（吊点在两个以上）时，必须采用电动葫芦，并有控制同步升降的装置，使吊篮同步升降不发生过大变形。

(4) 吊篮在建筑物滑动时，应设护墙轮。升降过程中不得碰撞建筑物，临近阳台、洞口等部位，可设专人推动吊篮，升降到位后吊篮必须与建筑物拉牢固定。

（六）安装

(1) 高处作业吊篮安装时应按专项施工方案，在专业人员的指导下实施。

(2) 安装作业前，应划定安全区域，并应排除作业障碍。

(3) 高处作业吊篮组装前应确认结构件、紧固件已配套完好，其规格型号和质量应符合设计要求。

(4) 高处作业吊篮所用的构配件应是同一厂家的产品。

(5) 在建筑物屋面上进行悬挂机构组装时，作业人员应与屋面边缘保持 2 m 以上的距离。

(6) 悬挂机构宜采用刚性联结方式进行拉结固定。

(7) 悬挂机构前支架严禁支撑在女儿墙上、女儿墙外或建筑物挑檐边缘。

(8) 前梁外伸长度应符合高处作业吊篮使用说明书的规定。

(9) 悬挑横梁应前高后低，前后水平高差不应大于横梁长度的 2%。

(10) 配重件应稳定可靠地安放在配重架上，并应有防止随意移动的措施。严禁使用破损的配重件或其他代替物。配重件的重量应符合设计规定。

(11) 安装钢丝绳应沿屋里面缓慢下放至地面，不得抛掷。

(12) 当使用两个以上的悬挂机构时，悬挂机构吊点水平间距与吊篮平台的吊点间距应相等，其误差不应大于 50 mm。

(13) 悬挂机构前支架应与支撑面保持垂直，脚轮不得受力。

(14) 安装任何形式的悬挑机构，其施加于建筑物或构筑物支承处的作用力，均应符合建筑结构的承载能力，不得对建筑物和其他设施造成破坏和影响。

(15) 高处作业吊篮安装和使用时，在 10 m 范围内如有高压输电线路，应按照现行行业标准《施工现场临时用电安全技术规范》(JGJ 46—2005)的规定，采取隔离措施。

（七）使用

（1）高处作业吊篮应设置作业人员专用的挂设安全带的安全绳及安全锁扣。安全绳应固定在建筑物可靠位置上，不得与吊篮上任何部位有连接，并应符合下列规定：

① 安全绳应符合现行国家标准《安全带》(GB 6095—2009)的要求，其直径应与安全锁扣的规格相一致。

② 安全绳不得有松散、断股、打结现象。

③ 安全锁扣的配件应完好、齐全，规格和方向标识应清晰可辨。

（2）吊篮宜安装防护棚，防止高处坠落物造成人员伤害。

（3）吊篮应安装上限位装置、下限位装置。

（4）使用吊篮作业时，应排除影响吊篮正常运行的障碍，在吊篮下放可能造成坠落物伤害的范围，应设置安全隔离区和警告标志，人员或车辆不得停留、通行。

（5）在吊篮内从事安装、维修等作业时，操作人员应佩戴工具袋。

（6）不得将吊篮作为垂直运输设备，不得采用吊篮运送物料。

（7）吊篮内的作业人员不应超过2人。

（8）吊篮正常作业时，人员应从地面进入吊篮内，不得从建筑物顶部、窗口等处或其他孔洞出入吊篮。

（9）在吊篮内的作业人员应配戴安全帽、系安全带，并应将锁扣正确挂置在独立设置的安全绳上。

（10）吊篮平台内应保持荷载均衡，不得超载运行。

（11）吊篮升降运行时，工作平台两端高差不得超过150 mm。

（12）吊篮悬挂高度在60 m及其以下的，宜选用长边不大于7.5 m的吊篮平台；悬挂高度在100 m及其以下的，宜选用长边不大于5.5 m的吊篮平台；悬挂高度在100 m以上的，宜选用不大于2.5 m的吊篮平台。

（13）悬挂结构平行移动时，应将吊篮平台降落至地面，并应使钢丝绳处于松弛状态。

（14）在吊篮内进行电焊作业时，应对吊篮设备、钢丝绳、电缆采取保护措施。不得将电焊机放置在吊篮内；电焊缆线不得与吊篮任何部位接触；电焊钳不得搭在吊篮上。

（15）当吊篮施工遇有雨雪、大雾、风沙及5级以上大风等恶劣天气时，应停止作业，将平台停放至地面，并对钢丝绳、电缆进行固定。

（16）下班后不得将吊篮停留在半空中，应将吊篮放至地面，人员离开吊篮、进行吊篮维修或每日收工后应将主电源切断，并应将电气柜中各开关置于断开位置并加锁。

（八）安全管理

（1）电动吊篮属于高空载人起重设备，必须严格贯彻有关安全操作规程。

（2）吊篮操作人员必须身体健康，无高血压等疾病，经过培训取得合格证者方可上岗操作。

（3）每天班前的例行检查和准备作业内容包括：

① 检查屋面支承系统钢结构、配重，工作钢丝绳及安全钢丝绳的技术状况，凡有不合规定者，应立即纠正。

② 检查吊篮的机械设备及电气设备，确保其正常工作，并有可靠的接地设施。

③ 开动吊篮反复进行升降，检查起升机构、安全锁、限位器、制动器及电机的工作情况，确认其正常方可正式运行。

④ 清扫吊篮中的尘土、垃圾、积雪和冰碴。

（4）操作人员必须遵守操作规程，佩戴安全帽、系安全带，服从安全检查人员的指令。

（5）严禁酒后进行吊篮操作，严禁在吊篮中嬉戏打闹。

（6）吊篮上携带的材料和施工机具必须安置妥当，不得使吊篮倾斜和超载。

（7）遇有雷雨天气或 5 级以上大风时，不得进行吊篮操作。

（8）当吊篮停置于空中工作时，应将安全锁锁紧；需要移动时，再将安全锁放松。安全锁累计使用 1 000 h 必须进行定期检验和重新标定，以保证其安全工作。

（9）电动吊篮在运行中如发生异常响声和故障，必须立即停机检查，故障未经彻底排除，不得继续使用。

（10）如必须利用吊篮进行电焊作业时，应对吊篮钢丝绳进行全面防护，以免钢丝绳受到损坏，不得利用钢丝绳作为导电体。

（11）在吊篮下降着地之前，应在地面上垫好方木，以免损坏吊篮底部脚轮。

（12）每日作业班后应注意检查并做好下列收尾工作：

① 将吊篮内的建筑垃圾杂物清扫干净。

② 使吊篮与建筑物拉紧，以防大风骤起刮坏吊篮和墙面。

③ 作业完毕后应将电源切断。

④ 将多余的电缆线及钢丝绳存放在吊篮内。

（13）使用期间应指定专职安全检查人员和专职电工，负责安全技术检查和电气设备的维修检查。每完成一项工程后，均应由上述专职人员按有关技术标准对电动吊篮的各个部件进行全面大检查和维修保养。

（九）事故案例

1．事故概况

2003 年 6 月 20 日，某市某电信综合楼施工现场发生一起吊篮倾斜导致作业人员高处坠落的事故，造成 3 人死亡，直接经济损失约 50 万元。

某市某电信综合楼项目工程于 2000 年 2 月 22 日开工建设。承包方为某市某电信局；总承包方为某市某建筑安装公司（一级资质）；某建筑公司作为某市某建筑安装公司的联营单位，参加了工程施工；监理单位为某建筑监理公司。该综合楼的主体结构于 2001 年 10 月 29 日封顶，工程基本竣工时间为 2002 年 12 月 30 日。2003 年一建筑公司的施工人员相继撤离现场。2003 年 3 月 5 日，某电信局与某建筑公司另行签订了 12 万元的零星收尾工程的《工程施工协议》，该建筑公司留少量人员做工程收尾工作。

2003 年 6 月 20 日 6 时 30 分许，某建筑公司装潢组丁某等 3 人在综合楼外檐更换一块中空玻璃时，因电动升降吊篮屋面挑梁配重重量不够，失去平衡，导致吊篮下滑倾斜，造成丁某等 3 人在距地面约 60 m 的高度从吊篮中滑出，坠落地面，当场死亡。

2．原因分析

（1）直接原因。

按规定要求，该吊篮（型号为 ZLD63L/63）正常使用时屋面挑梁配重应为 900 kg。事故发生后经检查发现，吊篮屋面挑梁配重实际只有 100 kg，因此不能平衡吊篮的倾覆力矩。

电动吊篮屋面挑梁配重不足，导致挑梁倾覆，吊篮下滑坠落。

(2) 间接原因。

① 作业人员违反操作规程。按照《高处作业吊篮》（GB 19155—2003）要求，每天使用前必须按日常检查要求逐项进行检查，并进行运行试验，确认设备处于正常状态后方可使用。吊篮中的作业人员应系安全带。丁某等人私自接通吊篮的电源，在使用吊篮前，未对吊篮进行日常检查，又未按规定要求佩戴安全帽和系安全带，因此在吊篮发生下滑倾斜时，导致3人从吊篮滑出坠落。

② 施工现场管理混乱，监管人员严重失职。6月16日下午，瓦工组长张某在未征得工地负责人同意的情况下，将发生事故吊篮的32块配重借给某装潢公司使用，事后张某向项目部临时负责人、安全员葛某作了报告，并通知电工将该吊篮的电源切断；但是葛某在得知此情况后未采取防范措施，导致事故发生。

③ 安全工作有章不循，有禁不止，规章制度流于形式，安全措施不落实。按照该公司规定，施工工地配电箱应加锁，由专人负责管理，用电由电工负责接线，停用设备应设置安全警示标志，而实际施工中，没有严格按照规定执行。安全教育培训不够，职工安全意识淡薄。对现场作业人员违章作业缺少监督检查，丁某等作业人员使用吊篮过程中的一系列违章行为没有得到及时的纠正和制止。

三、外挂防护架

（一）主要特点及构造

1. 主要特点

(1) 安全。施工提升分多个单元进行，相互不干扰。不存在高空搭设问题，减少落物伤人的可能。

(2) 经济。可减少周转材料的投入，架体搭拆简单易行，耗工少，且可逐层提升使用。

(3) 实用。根据结构与装饰工程不同要求，在结构施工阶段为外挂脚手架，在装饰阶段采用吊篮。

(4) 施工方便、灵活，适合于形体复杂的高层建筑。

2. 主要构配件

(1) 在提升状况下，三角臂应能绕竖向桁架自由转动；在工作状况下，三角臂与竖向桁架之间应采用定位装置防止三脚架旋转。

(2) 连墙件应与竖向桁架连接，其连接点应与竖向桁架上部和建筑物上设置的连接点高度一致。

(3) 连墙件与竖向桁架宜采用水平铰接方式连接，使连墙件能水平转动。

(4) 每一处连墙件至少有2套杆件，每一套杆件应能够独立承受架体上的全部荷载。

(5) 每榀竖向桁架的外节点处应设置纵向水平杆，与节点距离不应大于150 mm。

(6) 每片防护架的竖向桁架在靠近建筑物一侧从底到顶部，应设置横向钢管且不少于3道，并应采用扣件连接固定，其中位于竖向桁架底部的一道采用双钢管。

(7) 防护层应根据工作需要确定其设置位置，防护层与建筑物的距离不得大于150 mm。

(8) 竖向桁架与架体的连接采用直角扣件,架体纵向水平杆应搭设在竖向桁架的上面。竖向桁架安装位置与架体主节点距离不得大于 300 mm。

(9) 架体底部的横向水平杆与建筑物的距离不得大于 50 mm。

(10) 预埋件宜采用直径不小于 12 mm 的圆钢,在建筑结构中埋设长度不应小于其直径的 35 倍,端头应弯钩。

(11) 每片防护架应设置不少于 3 道水平防护层,其中最底部的一道应满铺脚手板,外侧应设挡脚板。

(12) 外挂防护架底层除铺满脚手板外,应采用水平安全网将底层与建筑物之间全封闭。

(13) 防护架构造基本参数应符合表 2-3-8 的规定。

表 2-3-8　　　　　　　　每片防护架构造基本参数

序号	项目	单位	技术指标
1	架体高度	m	≤13.5
2	架体长度	m	≤6.0
3	架体宽度	m	≤1.2
4	架体自重	N	按 2.9 kN/m×架体长度(m)
5	纵向水平杆步距	m	≤0.9
6	每片架体桁架数	个	2
7	地锚环、拉环钢筋直径	mm	≥12

(二) 荷载

(1) 作用于防护架的荷载可分为永久荷载(恒载)与可变荷载(活荷载)。

(2) 永久荷载包括:钢结构构件自重;防护架结构自重,包括立杆、纵向水平杆、横向水平杆、剪刀撑和扣件等自重;构配件自重,包括脚手板、栏杆、挡脚板、安全网等防护设施的自重。

(3) 可变荷载应包括:施工荷载,包括作业层(只限一层)上的作业人员、随身工具的重量;风荷载。

(4) 荷载标准值应符合下列规定:

① 钢结构构件的自重标准值,应按实际自重选取。

② 冲压钢脚手板、木脚手板及竹串片脚手板自重标准值,应按表 2-3-1 的规定选用。

③ 栏杆和挡脚板自重标准值,按表 2-3-2 的规定选用。

④ 防护架上设置的安全网等安全设施所产生的荷载应按实际情况采用。

⑤ 施工荷载标准值为 0.8 kN/m^2。

(5) 设计防护架的承重构件时,应根据使用过程中可能出现的荷载取最不利组合进行计算,荷载效应组合应按表 2-3-9 的规定选用。

表 2-3-9　　　　　　　　荷载效应组合

计算项目	荷载效应组合
纵、横向水平杆强度与变形	永久荷载+施工活荷载
竖向桁架、三角臂、架体立杆稳定性	永久荷载+施工活荷载
	永久荷载+0.9×(施工均布活荷载+风荷载),取二者最不利情况

(三) 施工前的准备

(1) 使用外挂脚手架应视工程情况编制施工方案。

(2) 施工方案应详细、具体、有针对性,其设计计算及施工详图应经上级技术负责人审批。

(3) 脚手架进场搭设前,应由施工负责人确定专人按施工方案质量要求逐片检验,对不符合要求的挂架进行修复,修复后仍不合格者应报废处理。

(4) 检验和试验都应有正式格式和内容要求的文字资料,并由负责人签字。

(5) 外挂脚手架的安装与拆除作业较危险,必须选用有经验的架子工和参加专门培训外挂脚手架作业的人员,防止发生事故。

(6) 正式搭设或使用前,应由施工负责人进行详细交底并进行检查,防止发生事故。

(四) 搭设工艺和程序

外挂架在地面组装→清理墙面→挂架螺栓安装→吊起已制作好的脚手架→使用塔吊吊至安装螺栓孔位置→紧固双螺母→各榀脚手架连接→铺脚手板→封立面及兜底安全网→检查验收。

(五) 安全技术要点

1. 安装

(1) 应根据专项施工方案的要求,在建筑结构上设置预埋件。预埋件经验收合格后方可浇筑混凝土,并应做好隐蔽工程记录。

(2) 安装防护架时,应先搭设操作平台。

(3) 防护架应配合施工进度搭设,一次搭设的高度不应超过相邻连墙件以上二个步距。

(4) 每搭完一步架后,应校正步距、纵距、横距及立杆的垂直度,确认合格后进入下道工序。

(5) 竖向桁架安装宜在起重机械辅助下进行。

(6) 同一片防护架的相邻立杆的对接扣件应交错布置,在高度方向错开的距离不宜小于 50 mm;各接头中心至主节点的距离不宜大于步距的 1/3。

(7) 纵向水平杆应通长设置,不得搭接。

(8) 当安装防护架的作业层高出辅助架二步时,应搭设临时连墙件,待防护架提升时方可拆除。临时连墙件可采用 2.5~3.5 m 长的钢管,一端与防护架第三步相连,一端与结构相连。每片架体与结构连接的临时连墙件不得少于 2 处。

(9) 外挂防护架应将设置在桁架底部的三角臂和上部的刚性连墙件及柔性连墙件分别与建筑物上的预埋件相连接。

2. 提升

(1) 防护架的提升索具应使用现行国家标准《重要用途钢丝绳》(GB 8918—2006) 规定的钢丝绳。钢丝绳直径不小于 12.5 mm。

(2) 提升防护架的起重设备能力应满足要求,公称起重力矩值不得小于 400 kN·m,其额定起升重量的 90% 应大于架体重量。

(3) 钢丝绳与防护架的连接点应在竖向桁架的顶部,连接处不得有尖锐的凸角等。

(4) 提升钢丝绳长度应能保证提升平稳。

(5) 提升速度不得大于 3.5 m/min。

(6) 在防护架从准备提升到提升到位、交付使用前，除操作人员以外的其他人员不得从事临边防护等作业，操作人员应佩戴安全带。

(7) 当防护架提升或下降时，操作人员必须站在建筑物内或相邻的架体上，严禁站在防护架上操作。架体安装完毕前，严禁登高作业。

(8) 每片架体均应分别与建筑物直接连接，不得在提升钢丝绳受力前拆除连墙件，不得在施工过程中拆除连墙件。

(9) 防护架在提升时，必须按照"提升一片、固定一片、封闭一片"的原则进行，严禁提前拆除两片以上的架体、分片处的连接杆、立面及底部封闭设施。

(10) 在每次防护架提升后，必须逐一检查扣件紧固程度。所有连接扣件拧紧力矩应达到 40~65 N·m。

3．拆除

(1) 拆除防护架的准备工作应符合下列规定：

① 对防护架的连接扣件、连墙件、竖向桁架、三角臂应进行检查，并应符合构造要求。

② 根据检查结果补充完善专项施工方案中拆除顺序和措施，并应经总包和监理单位批准后方可实施。

③ 对操作人员进行拆除安全技术交底。

④ 清除防护架上的杂物及地面障碍物。

(2) 拆除防护架时，应符合下列规定：

① 应采用起重机械把防护架吊运到地面进行拆除。

② 拆除的构配件应按品种、规格随时码放，不得抛掷。

(六) 事故案例

1．事故概况

2006 年 11 月 16 日 11 时 20 分左右，某施工单位架子工石某等 5 人，在某工地 3#楼三层二段西侧提升外挂架，大约凌晨 2 点 40 分左右，石某挂好挂架吊环后，塔吊开始提升，当架子提起 30 cm，塔吊小车行走约 1.5 m 后，西边架子已经活动，由于东边架子与结构有连接，于是石某推了一下架子，由于架体突然晃动，石某站立不稳从高处坠落到首层地面后，又滚落到采光井内，两次坠落高度为 13 m。事故发生后，现场值班领导立即派人将其送往附近医院，经抢救无效死亡。

2．原因分析

(1) 外挂架方案和安全技术交底中均写有当外挂架提升中遇到障碍物时，施工人员不得直接用手推拉外挂架，而应用钢管顶推或用钢筋、绳索拉动脚手架进行提升和就位。分包单位为不影响第 2 天的施工进度，脚手架分包方员工擅自在夜间安排用塔吊提升脚手架且直接用手推拉架体是发生事故的主要原因。

(2) 安全技术交底中要求施工人员系挂安全带，但石某虽然身系安全带，但未与结构进行勾挂，加上操作不当造成高处坠落。

(3) 外挂架提升时，总分包单位均未安排专人在现场旁站也是发生事故的原因之一。

第四节　其他脚手架安全知识

一、门式钢管脚手架

门式脚手架是建筑中应用最广的脚手架之一。由于主架呈"门"字形，所以称为门式或门型脚手架，也称鹰架或龙门架。这种脚手架主要由门架、连接棒、交叉支撑、扣挂式脚手板、底座等组成。它不仅可作为外脚手架，也可作为内脚手架或满堂脚手架。门式钢管脚手架因其几何尺寸标准化、结构合理、受力性能好、施工中装拆容易、安全可靠、经济实用等特点，广泛应用于建筑、桥梁、隧道、地铁等工程施工。若在门架下部安放轮子，也可以作为机电安装、油漆粉刷、设备维修、广告制作的活动工作平台。

（一）主要特点及构造

1. 主要特点

（1）优点：门式钢管脚手架几何尺寸标准化；结构合理，受力性能好，充分利用钢材强度，承载能力高；施工中装拆容易、架设效率高、省工省时、安全可靠、经济实用。

（2）缺点：构架尺寸无任何灵活性，构架尺寸的任何改变都要换用另一种型号的门架及其配件；交叉支撑易在中铰点处折断；定型脚手板较重；价格较贵。

（3）适应性：可用作构造定型脚手架、梁、板构架的支撑架（承受竖向荷载）、构造活动工作台等。

2. 主要构配件

（1）门式钢管脚手架的主要构件为门架、梯形架、窄型架等。它是由交叉支撑、挂扣式脚手板、连接棒、锁臂、底座等配件组成基本结构，用水平加固杆、剪刀撑、扫地杆加固，并采用连墙件与建筑物主体结构相连的一种定型化钢管脚手架。典型门架基本构造如图2-4-1所示，几何尺寸及杆件规格如表2-4-1所列。

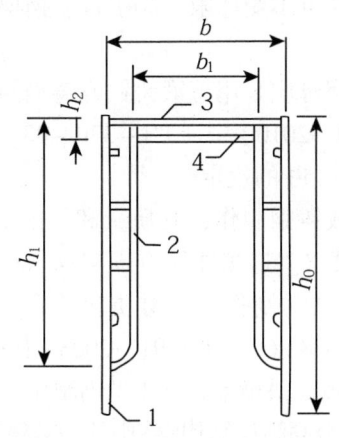

图2-4-1　典型门架基本构造

1——立杆；2——立杆加强杆；3——横杆；4——横杆加强杆

表 2-4-1　　　　　　　　　　　门架几何尺寸及杆件规格表

门架代号		MF1219	
门架几何尺寸 /mm	h_2	80	100
	h_0	1 930	1 900
	b	1 219	1 200
	b_1	750	800
	h_1	1 536	1 550
杠杆外径壁厚 /mm	1	$\phi 42.0 \times 2.5$	$\phi 48.0 \times 3.5$
	2	$\phi 26.8 \times 2.5$	$\phi 26.8 \times 2.5$
	3	$\phi 42.0 \times 2.5$	$\phi 48.0 \times 3.5$
	4	$\phi 26.0 \times 2.5$	$\phi 26.8 \times 2.5$

（2）门架与配件的钢管应采用现行国家标准《直缝电焊钢管》(GB/T 13793—2008)或《低压流体输送用焊接钢管》(GB/T 3091—2008)中规定的普通钢管，其材质应符合现行国家标准《碳素结构钢》(GB/T 700—2006)中 Q235 级钢的规定。门架与配件的性能、质量及型号的表述方法应符合现行行业产品标准《建筑施工门式钢管脚手架安全技术规范》(JGJ 128—2010)的规定。

（3）门架立杆加强杆的长度不应小于门架高度的 70%；门架宽度不得小于 800 mm，且不宜大于 1 200 mm。

（4）加固杆钢管应符合现行国家标准《直缝电焊钢管》或《低压流体输送用焊接钢管》中规定的普通钢管，其材质应符合现行国家标准《碳素结构钢》中 Q235 级钢的规定。宜采用 $\phi 42$ mm×2.5 mm 的钢管，也可采用 $\phi 48.3$ mm×3.6 mm 的钢管；相应的扣件规格也应分别为 $\phi 42$ mm、$\phi 48$ mm 或 $\phi 42/\phi 48$ mm。

（5）门架钢管平直度允许偏差不应大于管长的 1/500，钢管不得接长使用，不应使用带有硬伤或严重锈蚀的钢管。门架立杆、横杆钢管壁厚的负偏差不应超过 0.2 mm。钢管壁厚存在负偏差时，宜选用热镀锌钢管。

（6）交叉支撑、锁臂、连接棒等配件与门架相连时，应有防止退出的止退机构，当连接棒与锁臂一起作用时，连接棒可不受此限。脚手板、钢梯与门架相连的挂扣，应有防止脱落的扣紧机构。

（7）底座、托座及其可调螺母应采用可锻铸铁或铸钢制作，其材质应符合现行国家标准《可锻铸铁件》(GB/T 9440—2010)中 KTH-330-08 或《一般工程用铸造碳钢件》(GB/T 11352—2009)中 ZG230-450 的规定。

（8）扣件应采用可锻铸铁或铸钢制作，其质量和性能应符合现行国家标准《钢管脚手架扣件》(GB 15831—2006)的要求。连接外径为 $\phi 42/\phi 48$ mm 钢管的扣件应有明显标记。

（9）连墙件宜采用钢管或型钢制作，其材质应符合现行国家标准《碳素结构钢》中 Q235 级钢或《低合金高强度结构钢》(GB/T 1591—2008)中的 Q345 级钢的规定。

（10）悬挑脚手架的悬挑梁或悬挑桁架宜采用型钢制作，其材质应符合现行国家标准《碳素结构钢》中 Q235 级钢或《低合金高强度结构钢》中的 Q345 级钢的规定。用于固定型钢悬挑梁或悬挑桁架的 U 形钢筋拉环或锚固螺栓材质应符合现行国家标准《钢筋混凝土用钢 第 1 部分：热扎光圆钢筋》(GB 1499.1—2008)中 HPB235 级钢筋或《钢筋混凝土用钢 第 2 部分：热扎带肋钢筋》(GB 1499.2—2007)中 HRB335 级钢筋的规定。

（二）主要材料要求

（1）门架及其配件的规格、质量应符合《建筑施工门式钢管脚手架安全技术规范》（JGJ 128—2010）的规定，并应有生产许可证、出厂合格证书及产品标志。

（2）门架平面外弯曲应不大于 4 mm，可轻微锈蚀，立杆（中—中）尺寸变形±5 mm；其他配件弯曲应不大于 3 mm，无裂纹，可轻微锈蚀者为合格，或按规范规定标准检验。

一般质量检查可按不同情况分为 A、B、C、D 四类。

A 类：有轻微变形、损伤、锈蚀，经简单处理后，重新油漆保养后可继续使用。

B 类：有一定程度变形或损伤（如弯曲、下凹），锈蚀轻微。应矫正、平整、更换部件、修复、补焊、除锈、油漆、修理保养后继续使用。

C 类：锈蚀较严重。应抽样进行荷载试验后确定能否使用，经试验确定可使用者，应按 B 类要求经修理保养后使用；不能使用者，则按 D 类处理。

D 类：有严重变形、损伤或锈蚀。不得修复，应报废处理。

（三）荷载

（1）作用于门式脚手架的荷载应分为永久荷载和可变荷载。

（2）门式脚手架永久荷载包括：

① 构配件自重：包括门架、连接棒、锁臂、交叉支撑、水平加固杆、脚手板等自重。

② 附件自重：包括栏杆、扶手、挡脚板、安全网、剪刀撑、扫地杆及防护设施等自重。

（3）门式脚手架可变荷载包括：脚手架作业层上的施工人员、材料及机具等自重；风荷载。

（4）结构与装修用的门式脚手架作业层上施工的均布荷载标准值，应根据实际情况确定，且不应低于表 2-4-2 的规定。

表 2-4-2　　　　　　　　施工均布荷载标准值

序号	门式脚手架用途	施工均布荷载标准值/（kN/m²）
1	结构脚手架	3.0
2	装修脚手架	2.0

注：①表中施工均布荷载标准值为一个操作层上相邻两榀门架间的全部施工荷载除以门架纵距与门架宽度的乘积。
②斜梯施工均布荷载标准值不应低于 2 kN/m²。

（5）当在门式脚手架上同时有 2 个及 2 个以上操作层作业时，在同一个门架跨越内各操作层的施工均布荷载标准值总和不得超过 5.0 kN/m²。

（四）搭设工艺和程序

门式脚手架的搭设顺序一般为：铺放垫木（板）→拉线、放底座→自一端起立门架并随即装交叉支撑→装水平架（或脚手板）→装斜梯→装设连墙杆→照上述步骤顺层向上安装→装整体剪刀撑→装顶部栏杆。

（五）安全技术要点

1. 门架

（1）门架应能配套使用，在不同组合情况下，均应保证连接方便、可靠，且具有良好的互换性。

（2）不同型号的门架与配件严禁混合使用。

（3）上下榀门架立杆应在同一轴线位置上，门架立杆轴线的对接偏差不应大于 2 mm。

（4）门式脚手架的内侧立杆离墙面净距不宜大于 150 mm；当大于 150 mm 时，应采取内设挑架板或其他隔离防护的安全措施。

（5）门式钢管脚手架顶端栏杆宜高出女儿墙上端或檐口上端 1.5 m。

2．配件

（1）门式钢管脚手架配件应与门架配套，并应与门架连接可靠。门式钢管脚手架基本构造形式如图 2-4-2 所示。

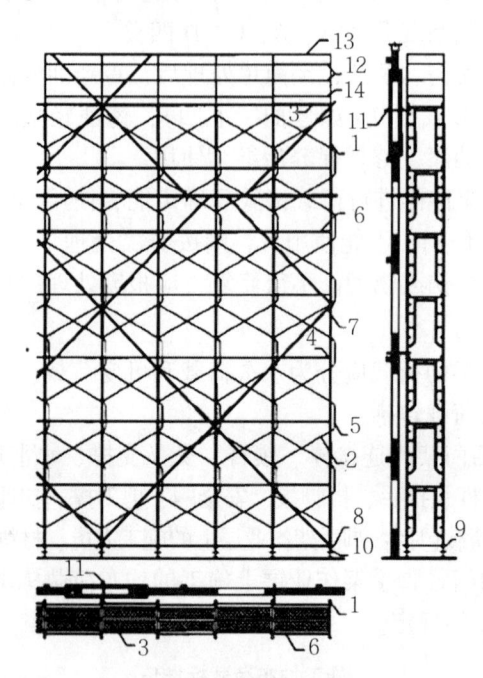

图 2-4-2　门式钢管脚手架主要构造示意图

1——门架；2——交叉支撑；3——挂扣式脚手板；4——连接棒；5——锁臂；6——水平加固杆；7——剪刀撑；8——纵向扫地杆；9——横向扫地杆；10——底座；11——连墙件；12——栏杆；13——扶手；14——挡脚板

（2）门架的两侧应设置交叉支撑，并应与门架立杆上的锁销锁牢。

（3）上下榀门架的组装必须设置连接棒，与门架立杆配合间隙不应大于 2 mm。

（4）门式脚手架上下榀间应设置锁臂，当采用插销式或弹销式连接棒时，可不设锁臂。

（5）门式脚手架的作业层应连续满铺与门架配套的挂扣式脚手板，并应有防止脚手板松动或脱落的措施。当脚手板上有孔洞时，孔洞的内切圆直径不应大于 25 mm。

（6）底部门架的立杆下端宜设置固定底座或可调底座。

（7）可调底座和可调托座的调节螺杆直径不应小于 35 mm，可调底座的调节螺杆伸出长度不应大于 200 mm。

3．加固杆

（1）门式脚手架剪刀撑的设置必须符合下列规定：

①当门式脚手架搭设高度在 24 m 及以下时，在脚手架的转角处、两端及中间间隔不超过 15 m 的外侧立面必须设置一道剪刀撑，并应由底至顶连续设置。

②当脚手架搭设高度超过 24 m 时，在脚手架全外侧立面上必须设置连续式剪刀撑。

③对于悬挑式脚手架，在脚手架全外侧立面上必须设置连续式剪刀撑。

（2）剪刀撑的构造应符合下列规定（图2-4-3）：
① 剪刀撑的斜杆与地面的倾角宜为45°~60°。
② 剪刀撑应采用旋转扣件与门架立杆扣紧。
③ 剪刀撑斜杆应采用搭接接长，搭接长度不宜小于1 000 mm，搭接处采用3个以上旋转扣件扣紧。
④ 每道剪刀撑的宽度不应大于6个跨距，且不应大于10 m，也不应小于4个跨距，且不应小于6 m。设置连续剪刀撑的斜杆水平间距宜为6~9 m。

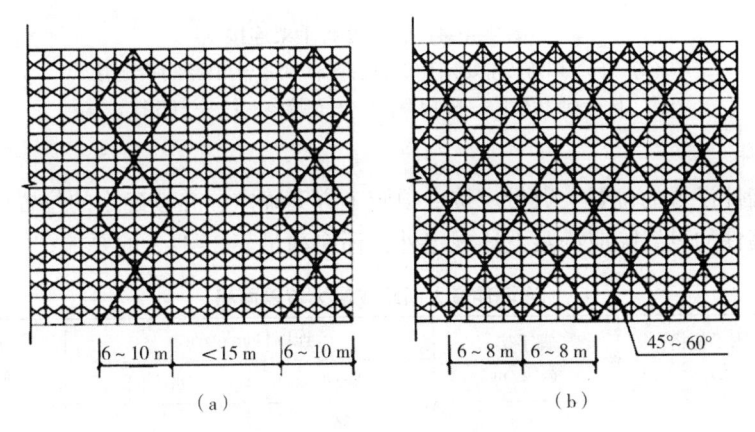

图2-4-3 剪刀撑搭设示意图
(a) 24 m以下剪刀撑设置；(b) 24 m以上剪刀撑设置

（3）门式脚手架应在门架两侧的立杆上设置纵向水平加固杆，并应采用扣件与门架立杆扣紧。水平加固杆设置应符合下列要求：
① 在顶层、连墙件设置层必须设置。
② 当脚手板每步铺设挂扣式脚手板时，至少每4步应设置一道，并宜在有连墙件的水平层设置。
③ 当脚手架搭设高度小于或等于40 m时，至少每两步门架应设置一道；当脚手架搭设高度大于40 m时，每步门架应设置一道。
④ 在脚手架的转角处、开口型脚手架端部的两个跨距内，每步门架应设置一道。
⑤ 悬挑脚手架每步门架应设置一道。
⑥ 在纵向水平加固杆设置层面上应连续设置。
（4）门式脚手架的每层门架下端应设置纵、横向通长扫地杆。纵向扫地杆应固定在距门架立杆底端不大于200 mm处的门架立杆上，横向扫地杆宜固定在紧靠纵向扫地杆下方的门架立杆上。

4. 转角处门架连接
（1）在建筑物的转角处，门式脚手架内、外两侧立杆上应按步设置水平连接杆、斜撑杆，将转角处的两榀门架连成一体（图2-4-4）。
（2）连接杆、斜撑杆应采用钢管，其规格应与水平加固杆相同。
（3）连接杆、斜撑杆应采用扣件与门架立杆及水平加固杆扣紧。

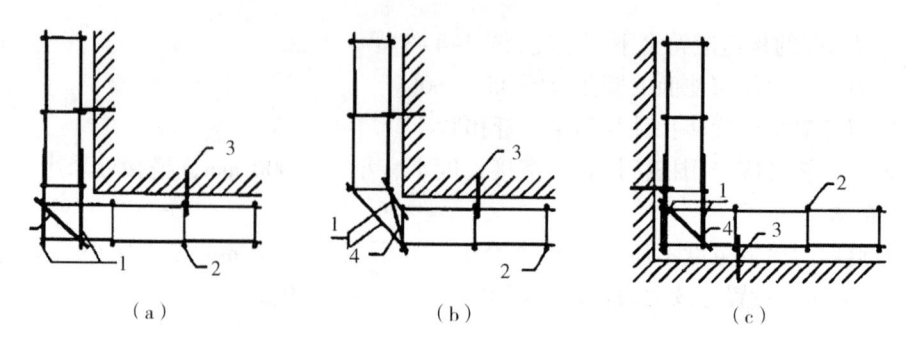

图 2-4-4 转角处脚手架连接

(a)、(b) 阳角转角处脚手架连接；(c) 阴角转角处脚手架连接

1——连接杆；2——门架；3——连墙体；4——斜撑杆

5. 连墙件

(1) 连墙件设置的位置、数量应按专项施工方案确定，并按确定的位置设置预埋件。

(2) 连墙件的设置除应满足上述规定外，还应满足表 2-4-3 的要求。

表 2-4-3　　　　　　　　　连墙件最大间距或最大覆盖面积

序号	脚手架搭设方式	脚手架高度/m	连墙件间距/m 竖向	连墙件间距/m 水平向	每根连墙件覆盖面积/m²
1	落地、密目式安全网全封闭	≤40	3h	3l	≤40
2			2h	3l	≤27
3		>40			
4	悬挑、密目式安全网全封闭	≤40	3h	3l	≤40
5		40~60	2h	3l≤27	
6		>60	2h	2l	≤20

注：① 序号 4~6 为架体位于地面上高度。
　　② 按每根连墙件覆盖面积选择连墙件设置时，连墙体的竖向距不应大于 6 m。
　　③ h 为步距；l 为跨距。

(3) 在门式脚手架的转角处或开口型脚手架端部，必须增设连墙件，连墙件的垂直间距不应大于建筑物的层高，且不应大于 4 m。

(4) 连墙件应靠近门架的横杆设置，距门架横杆不宜大于 200 mm。

(5) 连墙件宜水平设置，当不能水平设置时，与脚手架连接的一端，应低于与建筑物连接的一端。连墙杆的坡度宜小于 1∶3。

6. 通道口

(1) 门式脚手架通道口高度不宜大于 2 个门架高度，宽度不宜大于 1 个门架跨距。

(2) 门式脚手架通道口应采取加固措施，并应符合下列规定：

① 当通道口宽度为一个门架跨距时，在通道口上方的内外侧应设置水平加固杆并延伸至通道口两侧各一个门架跨距，在两个上角内外侧加设斜撑杆[图 2-4-5(a)]。

② 当通道口宽度为两个及以上门架跨距时，在通道口上方应设置经专门设计和制作的托架梁，并应加强两侧的门架立杆[图 2-4-5(b)]。

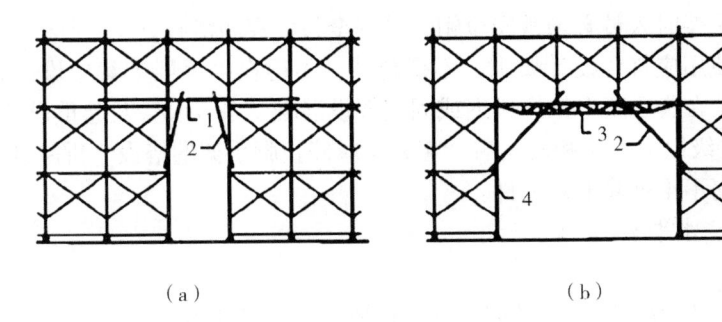

图 2-4-5 通道口加固示意图
（a）通道口宽度为一个门架跨距；（b）通道口宽度为两个及以上门架跨距
1——水平加固杆；2——斜撑杆；3——托架杆；4——加强杆

7. 斜梯

（1）作业人员上下脚手架的斜梯应采用挂扣式钢梯，并宜采用"之"字形设置，一个梯段宜跨越两步或三步架再行转折。

（2）钢梯规格应与门架规格配套，并应与门架挂扣牢固。钢梯应设置栏杆扶手、挡脚板。

8. 地基

（1）门式脚手架的地基承载力应经设计计算确定，在搭设时，根据不同的地基土质和搭设高度，应符合表 2-4-4 的规定。

表 2-4-4　　地基要求

搭设高度/m	地基土质		
	中低压缩性且压缩性均匀	回填土	高压缩性或压缩性不均匀
≤24	夯实原土，干重力密度要求 15.5 kN/m³。立杆底座置于面积不小于 0.075 m² 的垫木上	土夹石或素土回填夯实，立杆底座置于面积不小于 0.10 m² 的垫木上	夯实原土，铺设通长垫木
>24 且 ≤40	垫木面积不小于 0.10 m²，其余同上	砂夹石回填夯实，其余同上	夯实原土，在搭设地面满铺 C15 混凝土，厚度不小于 150 mm
>40 且 ≤55	垫木面积不小于 0.15 m² 或铺通长垫木，其余同上	砂夹石回填夯实，垫木面积不小于 0.15 m² 或铺通长垫木	夯实原土，在搭设地面满铺 C15 混凝土，厚度不小于 200 mm

注：垫木厚度不小于 50 mm，宽度不小于 200 mm，通长垫木的长度不小于 1 500 mm。

（2）门式脚手架搭设场地必须平整坚实，并应符合下列规定：

① 回填土应分层夯实。

② 场地排水应顺畅，不应有积水。

（3）搭设门式脚手架的地面标高宜高于自然地坪标高 50～100 mm。

（4）当门式脚手架搭设在楼面等建筑结构上时，门架立杆下宜铺设垫板。

（六）安全管理与维护

（1）搭拆脚手架必须由专业架子工担任，并按国家有关规定考核合格，持证上岗。上岗人员应定期进行体检，凡不适于高处作业者，不得上脚手架操作。

（2）搭拆脚手架时人员必须戴安全帽，系安全带，穿防滑鞋。

（3）脚手架使用应符合设计要求，不得超载，不得在脚手架上集中堆放材料、模板、钢筋等物件，严禁在脚手架上拉缆风绳或固定架设混凝土泵、泵管及起重设备等。

（4）6级及6级以上大风和雨、雪、雾天气应停止脚手架的搭设、拆除及施工作业。

（5）施工期间不得拆除下列杆件：

① 交叉支撑、水平架。

② 连墙件。

③ 加固杆件，如剪刀撑、水平加固杆、扫地杆、封口杆等。

④ 防护栏杆、挡脚板。

（6）作业需要时，临时拆除交叉支撑或连墙件应经主管部门批准，并应符合下列规定：

① 交叉支撑只能在门架一侧局部拆除，临时拆除后，在拆除交叉支撑的门架上、下层面应满铺水平架或脚手板。作业完成后，应立即恢复。

② 只能拆除个别连墙件，在拆除前、后应采取安全措施，并应在作业完成后立即恢复；不得在竖向或水平向同时拆除两个及两个以上连墙件。

（7）脚手架基础或邻近严禁进行挖掘作业。

（8）临街搭设的脚手架外侧应有防护措施，以防坠物伤人。

（9）脚手架与架空输电线路的安全距离、工地临时用电线路架设及脚手架接地避雷措施等应按现行行业标准《施工现场临时用电安全技术规范》（JGJ 46—2005）的有关规定执行。

（10）沿脚手架外侧严禁任意攀登。

（11）对脚手架应设专人负责进行经常检查和保养工作。对高层脚手架应定期检查门架立杆基础沉降，发现问题应立即采取措施。

（12）在脚手架上进行电、气焊作业时，必须有防火措施和专人看守。

（13）搭拆脚手架时，地面应设围挡和警戒标志，并派专人看守，严禁非操作人员入内。

（七）事故案例

1. 事故概况

2008年5月9日14时45分，某购物广场外装修工程发生一起门式钢制脚手架倒塌事故，造成行人3人死亡，3人轻伤。

2. 原因分析

这起事故发生的直接原因是由于脚手架架体向外倾斜，架体与建筑物拉结不够，周边无任何支撑，又遇大风，导致门架脱节后倒塌坠落。安全责任落实不到位和建设单位违反招投标程序，未按规定聘请工程监理；施工单位严重违反《安全生产法》、《建筑法》、《建设工程安全生产管理条例》和《建筑施工门式钢管脚手架安全技术规范》（JGJ 128—2010）等法律法规和标准，无施工组织设计和施工方案，未进行安全施工技术交底，违章指挥、违章操作等严重问题是事故发生的主要原因。

二、竹脚手架

我国竹材资源丰富，主要生长在南方地区。因竹材生长快，价格相比钢管低廉，在南方各省建筑施工中大量采用，作为传统形式搭设竹脚手架。竹脚手架的基本构造也与扣件式钢管脚手架相似，由立杆、纵向水平杆、横向水平杆、剪刀撑、斜撑、抛撑及连墙件等杆件组成。

（一）主要特点

竹脚手架是由绑扎材料将竹竿的立杆、纵向水平杆、横向水平杆连接而成的，有若干侧向约束连墙件的多层多跨框架结构体系。具有取材方便、工艺简单、费用低廉等特点。

（二）主要材料要求

1. 竹竿

（1）搭设的主要受力杆件选用生长期 3~4 年以上的毛竹或楠竹，竹竿应挺直、质地坚韧，严禁使用弯曲不直、青嫩、枯脆、腐烂、虫蛀及裂纹连通 2 节以上的竹竿。竹材的生长年龄可根据各种外观特点按表 2-4-5 进行鉴别。

表 2-4-5　　　　　　　　　　冬竹竹龄鉴别方法

特点＼竹龄	3 年以下	3 年以上	7 年以上
皮 色	下山时呈青色如青菜叶，隔一年呈青白色	下山时呈冬瓜皮色，隔一年呈老黄色或黄色	呈枯黄色，并有黄色斑纹
竹 节	单箍突出，无白粉箍	竹节不突出，近节部分凸起呈双箍	竹节间皮上生出白粉
劈 开	劈开处发毛，劈成篾条后弯曲	劈开处较老，篾条基本挺直	

注：① 生长于阳山坡的竹材，竹皮呈白色带淡黄色，质地较好；生长于阴山坡的竹材，竹皮色青，质地较差，且易遭虫蛀，但仍可同样使用。

② 嫩竹被水浸伤（热天泡在水中时间过长），表色也呈黄色，但其肉带紫褐色，质松易劈，不易使用。如用小铁锤锤击竹材，年老者声清脆而高，年幼者声音弱。年老者比年幼者较难锯。

（2）竹竿有效部分的小头直径应符合以下规定：

① 横向水平杆不得小于 90 mm；

② 立杆、顶撑、斜杆不得小于 75 mm；

③ 搁栅、栏杆不得小于 60 mm。

（3）横向水平杆有效部分的小头直径不得小于 90 mm，60~90 mm 之间的可双杆合并或单根加密使用。

2. 绑扎材料

（1）竹篾由毛竹劈剖而成，规格应符合表 2-4-6 的要求。竹篾使用前应置于清水中浸泡不少于 12 h，质地应新鲜、韧性强，严禁使用发霉、虫蛀、断腰、大节疤等竹篾。

表 2-4-6　　　　　　　　　　竹篾规格

名称	长度/m	宽度/mm	厚度/mm
毛竹篾	3.5~4.0	20	0.8~1.0
塑料篾	3.5~4.0	10~15	0.8~1.0

（2）塑料篾必须采用有生产厂家合格证和力学性能试验合格的产品。单根塑料篾的抗拉能力不得低于 250 N。如无法提供合格证，必须做进场试验，合格后方可使用。

(3) 铁丝应采用 8 号或 10 号镀锌铁丝,严禁有锈蚀或机械损伤。单根 8 号铁丝的抗拉强度不得低于 900 N/mm², 单根 10 号铁丝的抗拉强度不得低于 1 000 N/mm², 单根 12 号铁丝的抗拉强度不得低于 1 100 N/mm²。

(4) 所有绑扎材料不得重复使用,不得使用尼龙绳或塑料绳绑扎。

3．脚手板

(1) 脚手板必须具有足够的强度和刚度,并应具有满足使用要求的平整度。

(2) 脚手板可采用竹材制成,不得采用钢脚手板。单块脚手板重量不得超过 250 N, 脚手板必须平直。

(三) 荷载

(1) 装修与结构脚手架作业层上的施工均布活荷载标准值应按表 2-4-7 采用。

表 2-4-7　　　　　　　　　施工均布活荷载标准值

类别	标准值/(kN/m²)
装修脚手架	2
结构脚手架	3

(2) 结构工程竹脚手架只允许一层作业,装饰工程竹脚手架可两层同时作业。

(3) 竹材受弯构件的挠度控制值应符合表 2-4-8 的规定。

表 2-4-8　　　　　　　　　受弯构件挠度控制值

竹脚手架构件类型	挠度控制值	受弯构件计算跨度 L_0 的取值
脚手板	$L_0/200$	取相邻两横向水平杆间的距离
横向水平杆	$L_0/150$	双排脚手架取里外两纵向水平杆间的距离
纵向水平杆	$L_0/150$	取相邻两立杆间的距离

(四) 施工前的准备

(1) 竹脚手架搭设的安全技术措施及其所需料具,必须编制专项施工方案;专项施工方案必须包含搭设技术措施、安全管理措施、安全责任制、脚手架 CI 标识(包括验收合格牌、禁止牌、使用须知牌等)内容。

(2) 单位工程施工负责人应对工程的竹脚手架搭设安全技术负责并建立相应的责任制。

(3) 施工前,应逐级进行安全技术教育及交底,落实所有安全技术措施和人身防护用品,未经落实不得进行施工。

(4) 竹脚手架搭设施工人员必须经过专业技术培训及专业考试合格,持证上岗,并定期进行体检。

(五) 搭设工艺和程序

搭设施工顺序为:确定立杆位置→挖立杆坑→竖立杆→绑纵向水平杆→绑横向水平杆→绑抛撑、斜撑、剪刀撑等→设置连墙件→铺设脚手板→挂安全网。

(六) 安全技术要点

1．搭设

(1) 脚手架地基必须具有足够的承载能力,避免脚手架发生整体或局部沉降;脚手架应按规范设置连墙点,依靠建筑结构的整体刚度来加强和确保脚手架的稳定性。

（2）竹脚手架搭设前应根据竹竿粗细、长短、材质、外形等情况进行合理挑选和分类，量材使用。

（3）竹脚手架搭设可采用以下两种形式：

① 横向水平杆位于纵向水平杆之下，竹笆脚手板铺在纵向水平杆上，作业层荷载由横向水平杆传递给立杆。

② 横向水平杆位于纵向水平杆之上，竹串片脚手板铺在横向水平杆上，作业层荷载由纵向水平杆传递给立杆。

（4）竹脚手架首层步距不得超过1.8 m，最上层的作业层处必须按规定设置连墙点。

（5）竹脚手架沿建筑物四周应形成自封闭结构或与建筑物共同形成封闭结构，搭设时应同步升高。

（6）绑扎应符合下列规定：

① 立杆与横向水平杆相交处应采用对角双斜扣绑扎，立杆与纵向水平杆、剪刀撑、斜杆等相交处可采用单斜扣绑扎，斜扣绑扎法如图2-4-6所示。

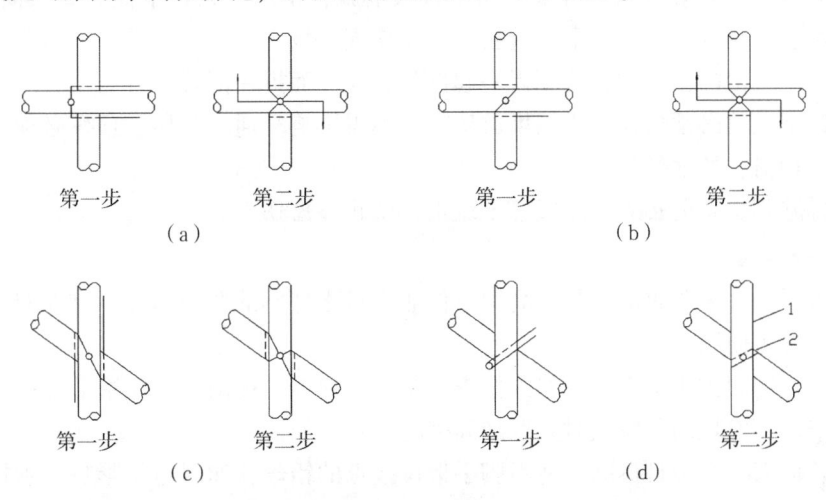

图 2-4-6　斜扣绑扎法

(a) 垂直相交(平插)；(b) 垂直相交(斜插)；(c) 斜交一；(d) 斜交二

1——竹竿；2——竹篾

② 杆件接长处可采用平扣绑扎法，如图2-4-7所示。

③ 三根杆件相交的主节点处，凡相接触的两杆间均应分别进行两杆件绑扎，不得三根杆件共同绑扎一道绑扣。

④ 竹篾绑扎时，每道绑扣应用双竹篾缠绕4～6圈，每缠绕2圈应收紧一次，两端头拧成辫结构掖在杆件相交处的缝隙内，并拉紧，拉结时应避开篾节，不得使用多根单圈竹篾绑扎。

⑤ 不得使用双根竹篾接长绑扎。

⑥ 绑扎不得出现松脱现象。

（7）脚手架的立杆、斜杆底端的处理应符合下列规定：

① 较坚硬的土层，应将杆件底端埋入土中，立杆埋深不得小于500 mm，斜杆埋深不得小于300 mm，坑口直径应大于杆件

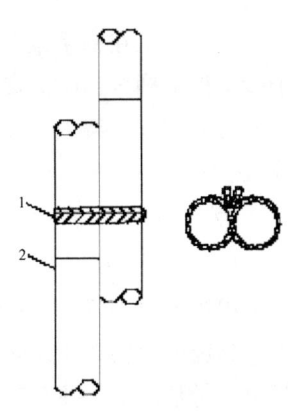

图 2-4-7　平扣绑扎法

1——竹篾；2——竹竿

直径 100 mm，坑底应夯实并垫以垫木，埋杆时应采用垫木卡紧，回填土应分层压实并做成土墩，并应有排水措施。

② 松软的土层应进行处理。在处理后的基础上放置垫木，垫木宽度不小于 200 mm，厚度不小于 50 mm，并加绑一道扫地杆。纵向扫地杆距地表面应为 200 mm，其下绑扎横向扫地杆。

③ 岩石土层或混凝土地面，应在杆件底端加绑一道扫地杆。纵向扫地杆距地表面应为 200 mm，其下绑扎横向扫地杆。

（8）底层底步顶撑底端的地面应夯实并设置垫木，垫木宽度不小于 200 mm，厚度不小于 50 mm，垫木不得叠放。其他各层顶撑底端不得设置垫块，禁止杆件钢竹、木竹混用。

（9）不得搭设单排竹脚手架，双排竹脚手架的搭设高度不得超过 24 m。

2．拆除

（1）拆脚手架时必须采取有效的安全警戒措施，指定专人在下面看管。横楞、顶撑、竹笆、铅丝、工具等不准往下乱抛乱丢，防止伤人事故。

（2）所有拉接的铅丝和腰箍不得一起拆除，应一面拆一面解。

（3）拆下毛竹必须按长短不同堆放整齐，不得影响交通。横楞、顶撑必须用铅丝捆扎好，竹篾要扫清，场地要整洁。

（4）拆除脚手架前必须清除底笆上垃圾，防止坠落伤人。

（七）安全管理

（1）脚手架在未验收前，除登高架设作业人员之外不准登高作业，脚手架搭设完毕经验收合格后方可使用。

（2）施工期间脚手架必须有专人检查、维护、保养。梅雨、台风季节要经常检查竹篾是否完好牢固，发现问题应及时采取加固措施。

（3）任何人不得擅自拆除或剪断脚手架拉接点的铅丝，如因施工影响必须拆除者，须经相关人员同意，并采取措施后方可拆除。

（4）施工时应根据具体情况铺设草包，牵杠与挡笆之间用草包遮好以免杂物飞溅伤人。

（5）焊工在脚手架上施工时必须铺设铅皮，上下两排均应有人监护，并配置灭火机、干砂、积水桶等预防火灾。

（6）竹脚手架上不得抽烟。工作完毕后应把工具材料整理带回，工地应有专人负责检查。

（八）事故案例

1．事故概况

1996 年 4 月 7 日 14 时 04 分左右，某市某厂一期工程，其中 1 号炉顶大罩壳工程施工中，总包单位的架子工张某等 4 人执行炉顶脚手架拆除任务，当 K4 处的脚手架拆除基本结束，张某从 K4～K5 之间的次梁经 25# 双拼斜撑向 K5 方向转移，拟拆除 K5 处的竹脚手架，在距 K5 处尚有 1 m 多远时，不慎从斜撑上坠落（标高 67 m），坠落至 54 m 吹灰器平台房格栅走道平台上，经医院抢救无效死亡。

2. 原因分析

(1) 作业人员在拆除脚手架时,虽然佩戴安全帽、系安全带、穿防滑鞋,但在转移行走时,安全带无处可挂,从次梁走过,失足坠落,是造成这次事故的直接原因。

(2) 锅炉结构安装基本结束后,在拆除炉顶67 m高处脚手架时,未采取任何防范措施,是造成这次事故的主要原因。

(3) 竹脚手架,从安全角度考虑应逐步淘汰,如使用竹脚手架应进行特殊计算,并加强管理。本事故中总包单位对分包单位施工现场安全管理不严,监督不力也是造成事故的原因之一。

三、木脚手架

木脚手架是我国传统的建筑登高作业脚手架之一,曾在我国北方地区和某些特定地区广泛采用。目前大部分地区主要用于支搭外电架空线路和变压器的安全防护。

(一) 杆件、连墙件与连接件

1. 材质要求

(1) 立杆、斜撑、剪刀撑、抛撑应选用剥皮杉木或落叶松,其材质性能应符合现行国家标准《木结构设计规范》(GB 50005—2003)中规定的承重结构原木Ⅲa材质等级质量标准。

(2) 横向水平杆、纵向水平杆及连墙件应选用剥皮杉木或落叶松,其材质性能应符合现行国家标准《木结构设计规范》(GB 50005—2003)中规定的承重结构原木Ⅱa材质等级质量标准。

(3) 脚手板应选用杉木、落叶松板材、竹材、钢木混合材和冲压薄壁型钢等,其材质性能应分别符合国家现行相关标准的规定。

(4) 连接用的绑扎材料必须选用8#镀锌钢丝或回火钢丝,且不得有锈蚀斑痕。用过的钢丝严禁重复使用。

2. 规格

受力杆件的规格应符合下列规定:

(1) 立杆的梢径不应小于70 mm,大头直径不应大于180 mm,长度不宜小于6 m。

(2) 纵向水平杆采用的杉杆梢径不应小于80 mm,红松、落叶松梢径不应小于70 mm,长度不宜小于6 m。

(3) 横向水平杆的梢径不得小于80 mm,长度宜为2.1~2.3 m。

(二) 荷载

(1) 永久荷载。包括脚手架各杆件自重;绑轧钢丝自重;脚手板、栏杆、踢脚板、安全网等自重。

(2) 可变荷载。包括施工荷载;堆砖重;作业人员重;运输小车、工具及其他材料重;风荷载。

(3) 作业层施工荷载。

① 作业层施工荷载标准值:结构脚手架应为3.0 kN/m²,装修脚手架应为2.0 kN/m²。

② 当双排结构脚手架宽度不大于1.2 m时,在作业层上,沿纵向长1.51 m的范围内同时作用的荷载达到下列限值时,应视为施工荷载已达3.0 kN/m²:

a. 堆砖时单行侧摆不超过3层或放置有不超过0.1 m³砂浆的灰槽；

b. 运料小车装砖不超过72块或不超过0.1 m³砂浆；

c. 作业人员不超过3人。

③ 当双排装修脚手架宽度不大于1.2 m时，在作业层上，沿纵向长1.51 m的范围内同时作用的荷载达到下列限值时，应视为施工荷载已达2.0 kN/m²：

a. 堆放装饰材料或放置灰槽的堆载重量不超过1.4 kN；

b. 运料小车运灰量不超过0.1 m³；

c. 作业人员不超过3人。

④ 在两纵向立杆间的同一跨内，结构架沿竖直方向同时作业不得超过一层，装修架沿竖直方向同时作业不得超过两层。

（三）施工前的准备

（1）木脚手架施工前，必须编制专项施工方案。

（2）施工前，应逐级进行安全技术教育及交底，落实所有安全技术措施和人身防护用品，未经落实不得施工。

（3）木脚手架搭设施工人员必须经过专业技术培训及考试合格，持证上岗。

（四）搭设工艺和程序

木脚手架的一般施工顺序为：根据预定的搭设方案放立杆(位置)线→挖立杆坑→竖立杆→绑大横杆→绑小横杆→绑抛撑→绑斜撑或剪刀撑→铺脚手板→搭设安全网。

（五）安全技术要点

1. 基本要求

（1）当选材、材质和构造符合规定时，脚手架搭设高度应符合下列规定：

① 单排脚手架不得超过20 m。

② 双排脚手架不得超过25 m，当需要超过25 m时，应进行设计计算确定，但增高后不得超过30 m。

（2）单排脚手架不得用于墙厚在180 mm及以下的砌体土坯、轻质空心墙以及砌筑砂浆强度在M1.0以下的墙体。

（3）空斗墙上留置脚手眼时，横向水平杆下必须实砌两皮砖。

（4）砖砌体的下列部位不得留置脚手眼：

① 砖过梁上与梁成60°的三角形范围内。

② 砖柱或宽度小于740 mm的窗间墙。

③ 梁和梁垫下及其左右各370 mm的范围内。

④ 门窗洞口两侧240 mm和转角处420 mm的范围内。

⑤ 设计图纸上规定不允许留洞眼的部位。

（5）在大雾、大雨、大雪和6级以上的大风天，不得进行脚手架的高处搭设作业。雨后搭设时必须采取防滑措施。

（6）搭设脚手架时操作人员应戴好安全帽，在2 m以上高处作业时，应系好安全带。

2. 外脚手架的构造与搭设

（1）结构和装修外脚手架，其构造参数按表2-4-9的规定采用。

表 2-4-9　　　　　　　　　　　外脚手架构造参数

用途	构造形式	内立杆轴线至墙面距离/m	立杆间距/m 横距	立杆间距/m 纵距	作业层横向水平杆间距/m	纵向水平杆竖向步距/m
结构架	单排	—	≤1.2	≤1.5	≤0.75	≤1.5
结构架	双排	≤0.5	≤1.2	≤1.5	≤0.75	≤1.5
装修架	单排	—	≤1.2	≤2.0	≤1.0	≤1.8
装修架	双排	≤0.5	≤1.2	≤2.0	≤1.0	≤1.8

注：单排脚手架上不得有运料小车行走。

（2）剪刀撑的设置应符合下列规定：

① 单、双排脚手架的外侧均应在架体端部、转折角和中间每隔 15 m 的净距内，设置纵向剪刀撑，并应由底到顶连续设置；剪刀撑的斜杆应至少覆盖 5 根立杆[图 2-4-8(a)]。斜杆与地面的倾角应在 45°~60°之间。当架长在 30 m 以内时，应在外侧立面整个长度和高度上连续设置多跨剪刀撑[图 2-4-8(b)]。

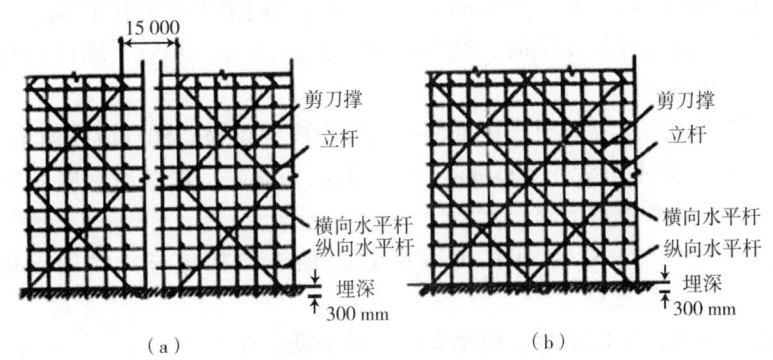

图 2-4-8　剪刀撑构造图
(a) 间隔式剪刀撑；(b) 连续式剪刀撑

② 剪刀撑的斜杆的端部应置于立杆与纵、横向水平杆相交节点处，与横向水平杆绑扎牢固。中部与立杆及纵、横向水平杆各相交处均应绑扎牢固。

③ 对不能交圈搭设的单片脚手架，应在两端端部从底向上连续设横向斜撑，如图 2-4-9(a) 所示。

④ 斜撑或剪刀撑的斜杆底端埋入土内深度不得小于 0.3 m，如图 2-4-9(b) 所示。

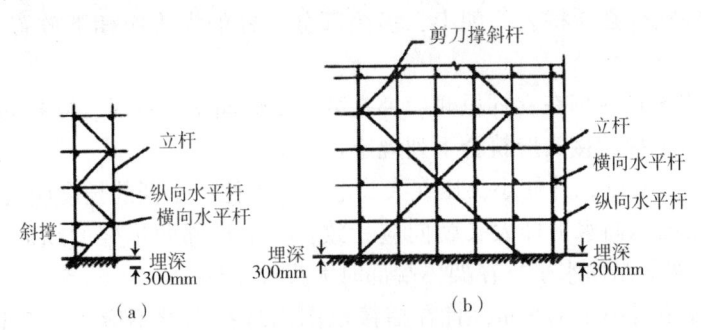

图 2-4-9　剪刀撑构造图
(a) 斜撑的埋设；(b) 剪刀撑斜杆的埋设

（3）对三步以上的脚手架，应每隔7根立杆设置1根抛撑，抛撑应可靠固定，底端埋深为0.2~0.3 m。

（4）当脚手架架高超过7 m时，必须在搭设脚手架的同时设置与建筑物牢固连接的连墙件，连墙件的设置应符合下列规定：

① 连墙件应既能抗拉又能抗压，除应在第一步架高处设置外，双排脚手架应两步三跨设置一个，单排架应两步两跨设置一个，连墙件应沿整个墙面采用梅花形布置。

② 开口型脚手架，应在两端部沿竖向每步设置一个。

③ 连墙件应采用预埋件和工具化、定型化的连接构造。

（5）横向水平杆设置应符合下列要求：

① 横向水平杆应等距离均匀设置，但立杆与纵向水平杆交接处必须设置，且应与纵向水平杆捆绑在一起，三杆交叉点称为主节点。

② 单排脚手架横向水平杆在砖墙上搁置的长度不应小于240 mm，其外端伸出纵向水平杆的长度不应小于200 mm；双排脚手架横向水平杆每端伸出纵向水平杆的长度不应小于200 mm，里端距墙面宜为100~150 mm，两端应与纵向水平杆绑扎牢固。

（6）在土质地面挖掘立杆基坑时，坑深应为0.3~0.6 m，并应于埋杆前将坑底夯实，或按计算要求加设垫木。

（7）当双排脚手架搭设立杆时，里外两排立杆距离应相等。杆身沿纵向垂直允许偏差应为架高的3/1 000，且不得大于100 mm，并不得向外倾斜。埋杆时，应采用石块卡紧，再分层回填夯实，并应有排水措施。

（8）当立杆无法埋地时，立杆在地表面处必须加设扫地杆。横向扫地杆距地面100 mm，其上绑扎纵向扫地杆。

（9）立杆搭接至建筑物顶部时，里排立杆应低于檐口0.1~0.5 m；外排立杆应高出平屋顶1.0~1.2 m，高出坡屋顶1.5 m。

（10）立杆的接头应符合下列规定：

① 相邻两立杆的搭接接头应错开一步架。

② 接头的搭接长度应跨相邻两根纵向水平杆，且不得小于1.5 m。

③ 接头范围内必须绑扎三道钢丝，绑扎钢丝的间距应为0.6~0.75 m。

④ 立杆的接头应大头朝下，小头朝上，同一根立杆上的相邻接头，大头应左右错开，并应保持垂直。

⑤ 最顶部的立杆必须将大头朝上，多余部分立杆的大头应朝下放置，立杆的顶部高度应一致。

（11）纵向水平杆应绑在立杆里侧。绑扎第一步纵向水平杆时，立杆必须保持垂直。

（12）纵向水平杆的接头应符合下列规定：

① 接头置于立杆处，并使小头压在大头上，大头伸出立杆的长度应为0.2~0.3 m。

② 同一步架的纵向水平杆大头朝向应一致，上下相邻两步架的纵向水平杆大头朝向相反，但同一步架的纵向水平杆在架体端部时大头应朝外。

③ 搭接长度不得小于1.5 m，且在搭接范围内绑扎钢丝不应少于3道，其间距应为0.5~0.75 m。

④ 同一步脚手架的里外两排纵向水平杆不得有接头，相邻两纵向水平杆接头应错开一跨。

(13)横向水平杆的搭设应符合下列规定：

① 单排架横向水平杆的大头应朝里，双排应朝外。

② 沿竖向靠立杆的上下两相邻横向水平杆应分别搁置在立杆不同侧面。

(14)立杆与纵向水平杆相交处应绑十字扣(平插或斜插)；立杆与纵向水平杆各自的接头以及斜撑、剪刀撑、横向水平杆与其他杆件的交接点应绑顺扣；各绑扎扣在压紧后，应拧紧 1.5~2 圈。

(15)架体向内侧倾斜度不应超过1%，并不得大于 150 mm，严禁向外倾斜。

(16)脚手板铺设应符合下列规定：

① 作业层脚手板应满铺，并应绑扎牢固稳定，不得有空隙；严禁铺设探头板。

② 对头铺设的脚手板，其接头下面应设两根横向水平杆，板端悬空部分应为100~150 mm，并应绑扎牢固。

③ 搭接铺设的脚手板，其接头必须在横向水平杆上，搭接长度应为 200~300 mm，板端挑出横向水平杆的长度应为 100~150 mm。

④ 脚手板两端必须与横向水平杆绑牢。

⑤ 往上步架翻板时，应从里往外翻。

(17)脚手架搭设至两步以上时，必须在作业层设置 1.2 m 高的防护栏杆，防护栏杆应由两道纵向水平杆组成，下杆距离操作面应为 0.7 m，底部应设置高度不低于 180 mm 的挡脚板，脚手架外侧应用密目式安全网封闭。

(18)搭设临街或其下方有人行通道的脚手架时，必须采取专门的封闭和可靠的防护措施。

(19)当单、双排脚手架底层设置门洞时，宜采用上升斜杆、平行弦杆桁架结构形式，如图 2-4-10 所示。斜杆与地面倾角应为 45°~60°。单排脚手架门洞应在平面桁架下弦平面处，在其余 5 个平面内的图示节间设置一根斜腹杆，斜杆的小头直径不得小于 90 mm，上端应向上连接交错 2~3 步纵向水平杆，并应绑扎牢固；斜杆下端埋入地下不得小于 0.3 m，门洞桁架下的两侧立杆应为双杆，副立杆高度应高于门洞口 1~2 步。

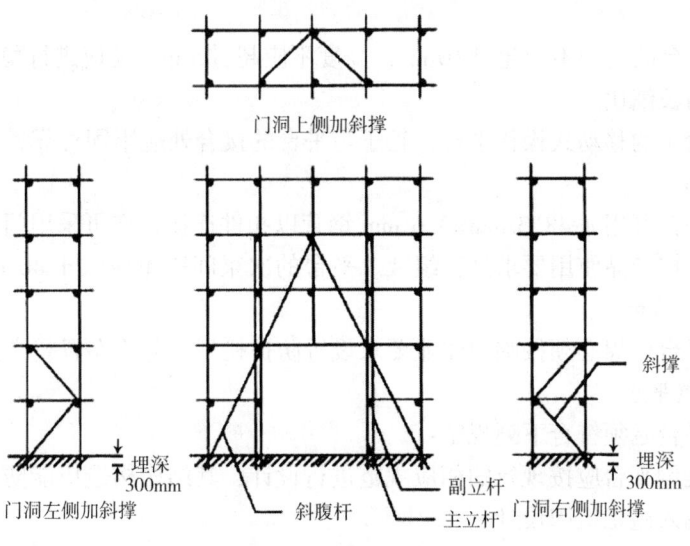

图 2-4-10 门洞口脚手架搭设

（20）遇窗洞时，单排脚手架靠墙面处增设一根纵向水平杆，并吊绑于相邻两侧的横向水平杆上。当窗洞宽大于 1.5 m 时，应在室内增加立杆和纵向水平杆搁置横向水平杆。

3．拆除

（1）进行脚手架拆除时，应统一指挥、信号明确、上下呼应、动作协调；当解开与另一人有关的结扣时，应先通知对方，严防坠落。

（2）在高处进行拆除作业的人员必须系安全带，其挂钩必须挂于牢固的构件上，并应站立于稳固的杆件上。

（3）拆除顺序应由上至下，先绑的后拆、后绑的先拆。应先拆除栏杆、脚手板、剪刀撑、斜撑，后拆除横向水平杆、纵向水平杆、立杆等，一步一清，依次进行。严禁上下同时进行拆除作业。

（4）在拆除过程中，不得中途换人；当需换人作业时，应将拆除情况交代清楚后方可离开。中途停拆时，应将已拆除部分的易塌、易掉杆件进行临时加固处理。

（5）连墙件的拆除应随拆除进度同步进行，严禁提前拆除，并在拆除最下道连墙件前先加设一道抛撑。

四、操作平台

（一）操作平台的概念及类型

操作平台是指施工现场中用于站人、载物并可进行施工作业的平台。操作平台一般可分为移动式操作平台和悬挑式钢平台。

悬挑式钢平台是一端搁置在建筑物上，另一端通过悬拉结构形成的空中转运物料平台。悬挑式钢平台又称物料平台或卸料平台。

1．移动式操作平台

移动式操作平台必须符合下列规定：

（1）操作平台应由专业技术人员按现行的规范进行设计，计算书及图纸应编入施工组织设计。

（2）操作平台的面积不应超过 10 m^2，高度不应超过 5 m，还应进行稳定验算，并采用措施减少立柱的长细比。

（3）装设轮子的移动式操作平台，轮子与平台的接合处应牢固可靠，立柱底端离地面不得超过 80 mm。

（4）操作平台可用 ϕ48.3 mm×3.6 mm 钢管以扣件连接，亦可采用门架式或承插式钢管脚手架部件，按产品使用要求进行组装。平台的次梁间距不应大于 40 cm，台面应满铺 3 cm 厚的木板或竹笆。

（5）操作平台四周必须按临边作业要求设置防护栏杆，并应布置登高扶梯。

2．悬挑式钢平台

悬挑式钢平台必须符合下列规定：

（1）悬挑式钢平台应按现行的相应规范进行设计，其结构构造应能防止左右晃动，计算书及图纸应编入施工组织设计。

（2）悬挑式钢平台的搁置点与上部拉结点，必须位于建筑物上，不得设置在脚手架等施工设备上。

(3) 斜拉杆或钢丝绳，构造上宜两边各设前后两道，两道中的每一道均应作单道受力计算。

(4) 应设置4个经过验算的吊环。吊运平台时应使用卡环，不得使吊钩直接钩挂吊环。吊环应用甲类3号沸腾钢制作。

(5) 钢平台安装时，钢丝绳应采用专用的挂钩挂牢，采取其他方式时卡头的卡子不得少于3个，并附一个安全弯的保险卡子，卡子的开口方向对着长绳。建筑物锐角利口围系钢丝绳处应加衬软垫物，钢平台外口应略高于内口。

(6) 钢平台左右两侧必须设置不低于1.2 m高固定的防护栏杆，内侧用硬质围挡进行封闭。

(7) 钢平台吊装，需先电焊固定横梁支撑点，并接好钢丝绳，调整完毕，经过检查验收，方可松卸起重吊钩，上下操作。

(8) 平台使用时，应有专人进行检查，发现钢丝绳有锈蚀损坏应及时调换，焊缝脱焊时应及时修复。

(9) 操作平台上应显著地标明容许荷载值。操作平台上人员和物料的总重量，严禁超过设计的容许荷载，细化限载物料堆放的数量，配备专人加以监督。

3. 使用和管理

(1) 平台制作完成后应经过制作单位技术、设计、施工、安全等人员共同验收，合格后方可投入使用。

(2) 平台每次投入使用前均应对其杆件、焊缝、防护设施等进行检查，凡杆件变形、焊缝开裂、金属严重锈蚀、台面及防护栏杆不严密时必须停止使用。

(3) 平台安装、拆除必须使用起重设备，安装、拆除时应将平台上的物料清理干净。

(4) 平台应在其显著位置标明允许使用荷载及使用规定。

(5) 平台放置物料时必须轻吊轻放，物料应靠近平台中央均匀堆放。

(6) 放置长料应堆放整齐，零散物料应使用容器吊运，堆放物料及容器高度不得超过1.5 m，不得将物料堆放在防护栏杆上。

(7) 平台上的物料不得长时间堆放，必须及时清运，当卸料人员下班时，应将平台上的物料清运干净。

(二) 事故案例

1. 案例一：移动式操作平台倾翻坠落事故

(1) 事故概况

2009年9月20日上午，某广告经营部工人夏某、许某、徐某三人利用5.3 m高的移动脚手架进行彩旗、灯笼悬挂作业，夏某负责在移动脚手架上捆扎，许某与徐某负责移动和固定脚手架，协助夏某作业。上午8时14分许，为了方便捆扎彩旗、灯笼，许某与徐某将移动脚手架从非机动车道向机动车道方向移动，在经过道路减速带时，脚手架发生倾斜，当时夏某处在脚手架顶部，许某与徐某两人试图恢复脚手架平衡，但因气力不够，脚手架倾翻倒下，夏某摔到地面，经抢救无效死亡。

(2) 原因分析

① 夏某在进行高处作业时忽视自身安全，为图一时便利没有及时从移动脚手架上撤

离，当移动脚手架经过道路减速带时，移动脚手架重心不稳失衡倾翻，是导致事故发生的直接原因。

② 该广告经营部安全生产责任未落实到位，未建立、健全安全生产责任制，未制订相关操作规程，未对工人进行必要的安全教育培训，主要负责人对安全生产重视不够，未组织制定并督促落实安全生产责任制和安全生产规章制度，未及时发现并消除生产安全事故隐患，是事故发生的间接原因。

2. 案例二：悬挑式卸料平台倾覆垮塌事故

(1) 事故概况

2003 年 9 月 5 日 13 时 30 分左右，某供销学校在建高层住宅楼 12 层搭设的悬挑式卸料平台 5 名木工及 21 块钢模向 13 层起吊时，平台突然发生整体倾覆垮塌，造成 3 死 1 伤的重大伤亡事故，直接经济损失约 70 万元。

该工程总高度 40 m，层数 13 层，层高为 3 m，施工单位为某建筑工程有限公司(房屋建筑总承包二级)，监理单位为某监理公司(监理一级)。在结构施工时，因施工需要，分别在 12 层和 13 层搭设悬挑式卸料平台，发生倾覆垮塌的为 12 层的悬挑式卸料平台架，距地面约 35 m，采用 $\phi 48$ mm×3.5 mm 钢管，由 12 层楼面平挑出 4 根纵向水平杆(长约 6 m)，悬挑部分长约 3.7 m，在挑出 2.3 m 部位设一根横向水平杆，用扣件将 4 根纵向水平挑杆连成一体，在靠近横向水平杆的外侧各用一个扣件与 4 根纵向水平挑杆连接。在 4 根纵向水平杆上横向铺设了 6 块木质和 2 块竹质脚手板，形成一个长约 2.3 m、宽约 3.3 m 的卸料平台。

(2) 原因分析

① 该悬挑式卸料平台的主要受力杆件——纵向水平挑杆斜撑杆底部均未与建筑结构做有效的刚性连接，无斜拉钢丝绳，致使固定斜撑杆件的 4 道单股 10# 铅丝在事故发生时全部拉断，斜撑杆件上的扣件脱落。

② 经现场调查，该卸料平台吊运钢模数量标准为 15 块，事故发生时由 5 名木工组工人将 21 块(1 m×2 m，42 kg/块)钢模放在卸料平台上，严重超出该卸料平台的标准荷载。

③ 该卸料平台未采用型钢或定型桁架作悬挑杆，而是直接采用 $\phi 48$ mm×3.5 mm 钢管作为悬挑杆，且无设计计算书，未作允许荷载计算及稳定性计算。

④ 卸料平台的搭设人员无专业技术培训考核合格上岗证，违反了《建筑施工高处作业安全技术规范》(JGJ 80—1991)的规定。

⑤ 施工单位违反了相关规定，缺乏有效的安全管理。未编制作业平台施工技术方案，未进行安全技术交底，使用前未对平台进行检查验收，盲目施工、冒险作业。

五、独立柱架体

独立柱架子主要是供绑扎钢筋以及支搭模板的操作人员使用，搭设时应注意以下几点：

(1) 脚手架立杆间距为 1.8~2 m，水平横杆间距不大于 1.8 m。

(2) 作业面要满铺脚手板，设两道防护栏杆和一道挡脚板，或设一道防护栏杆满挂立网，作业面的宽度不得小于 60 cm。

(3) 脚手架四周设置剪刀撑，与水平面呈 45°~60°角。

(4) 脚手架要设置人员上下爬梯。

独立柱架体结构如图 2-4-11 所示。

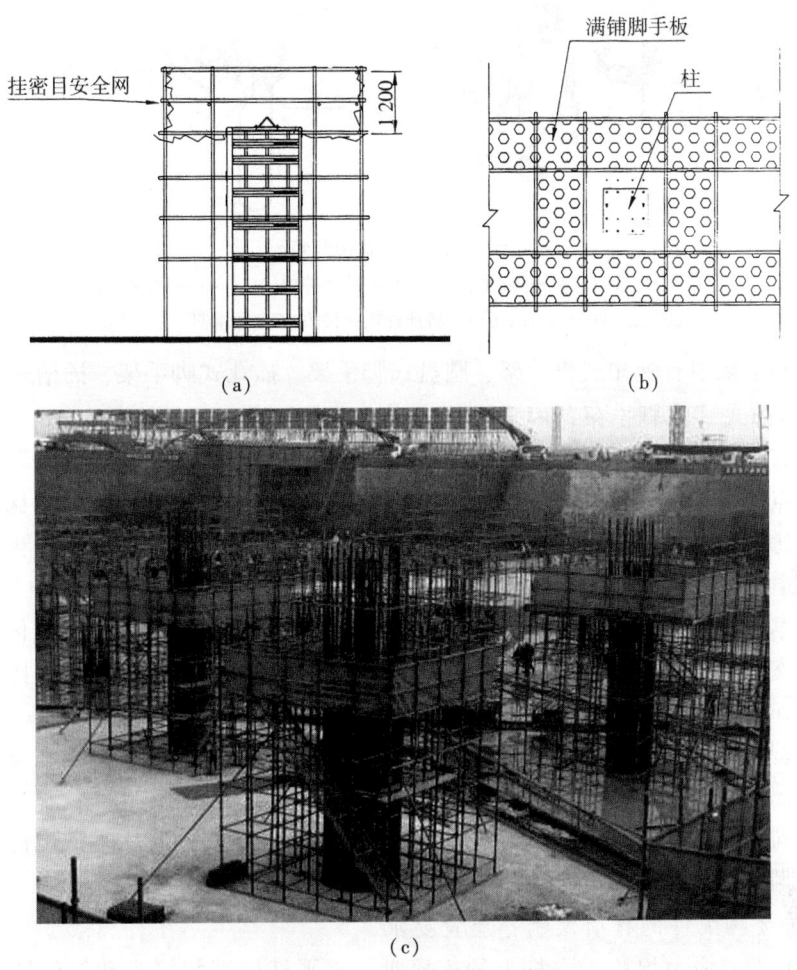

图 2-4-11 独立柱架体结构图
(a) 立面图；(b) 平面图；(c) 实物图

六、承插式脚手架

承插式脚手架是单管脚手架的一种形式，其构造与扣件式钢管脚手架基本相似，主要由立杆、横杆、斜杆、可调底座等组成，主杆与横杆、斜杆之间的连接不使用扣件，但在主杆上焊接插座，横杆和斜杆上焊接插头，将插头插入插座，即可拼装成各种尺寸的脚手架。承插式钢管脚手架是扣件式、碗扣式脚手架的升级换代产品。它采用新颖、美观、坚固的插头、插座铸钢焊接作为连接件，Q235 钢管做主构件，立杆是在一定长度的钢管上每隔一定距离焊接上一个插座（图 2-4-12），顶部带连接杆。横杆是在钢管两端焊接插头而成。立杆为竖向受力杆件，通过横杆拉结组成支架。该支架的联结点能够承受弯矩、冲剪及扭矩，使之形成整体稳定性能良好的空间支架结构。

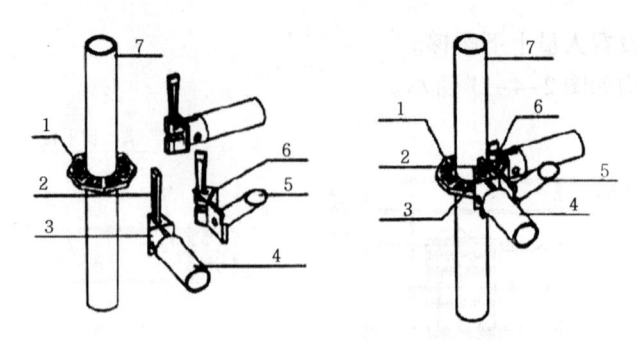

图 2-4-12 盘扣节点

1——连接盘；2——插销；3——水平杆杆端扣接头；4——水平杆；
5——斜杆；6——斜杆杆端扣接头；7——立杆

承插式脚手架中有碗扣式脚手架、圆盘式脚手架、插孔式脚手架、插槽式脚手架等。

（一）承插式钢管脚手架的特点

（1）具有足够的力学强度、刚度和稳定性，工作安全可靠。

（2）节点连接无框度，有自锁能力，装拆灵活、简单快捷，工人容易掌握，支搭、拆除工作效率比碗扣型多功能脚手架高 3 倍左右，省工、省力、省时。施工过程中，随时开通、封闭通道。

（3）成本低廉(能加快施工进度，缩短施工工期)，相同条件的大空间立体脚手架，新型建筑快拆支架材料用量比碗扣型多功能脚手架少，同规格单根杆件重量也比碗扣型多功能脚手架轻。

（4）新型支架最适合模板龙骨早拆，通过早拆可大量节省龙骨、模板和支架杆件，节约约30%。

（5）坚固耐用，插头、插座结实耐用，便于运输、清点。同时无零散配件丢失，比碗扣型多功能脚手架损耗低。

（二）主要构配件的材质及制作质量要求

（1）盘扣节点应由焊接于立杆上的连接盘、水平杆杆端扣接头和斜杆杆端扣接头组成，如图 2-4-12 所示

（2）插销外表面应与水平杆和斜杆杆端扣接头内表面吻合，插销连接应保证锤击自锁后不拔脱，抗拔力不得小于 3 kN。

（3）插销应具有可靠防拔脱构造措施，且应设置于目视检查范围或用颜色标记。

（4）立杆盘扣节点间距按 0.5 m 模数设置；杆长按 0.3 m 模数设置。

（5）承插型盘扣式钢管脚手架的构配件除有特殊要求外，其材质应符合现行国家标准相关规定，并应符合表 2-4-10 的规定。

表 2-4-10 承插型盘扣式钢管脚手架主要构配件材质要求

立杆	水平杆	竖向斜杆	水平斜杆	扣接头	立杆连接套管	可调底座	可调螺母	连接盘插销
Q345A	Q235A	Q195	Q235B	ZG230-450	ZG230-450 或 20 号无缝钢管	Q235A	ZG270-500	ZG230-450 或 Q235B

（6）钢管外径允许偏差应符合表 2-4-11 的规定，钢管壁厚允许偏差应为±0.1 mm。

表 2-4-11　　　　　　　　　　钢管外径允许偏差

外径 D/mm	外径允许偏差/mm
33、38、42、48	+0.2 -0.1
60	+0.3 -0.1

（7）连接盘、扣接头、插销以及可调螺母的调节手柄采用碳素铸钢制造时，其材料性能不得低于现行国家标准的屈服强度、抗拉强度、延伸率的要求。

（8）杆件焊接制作应在专用工艺装备上进行，各焊接部位应牢固可靠，有效焊缝高度不应小于 3.5 mm。

（9）铸钢或钢板热锻制作的连接盘的厚度不应小于 8 mm，钢板冲压制作的连接盘厚度不应小于 10 mm。

（10）铸钢制作的杆端扣接头应与立杆外表面形成良好的弧面接触，并应有不小于 500 mm² 的接触面积。

（11）楔形插销的斜度应确保楔形插销楔入连接盘后自锁。铸钢、钢板热锻或钢板冲压制作的插销厚度不应小于 8 mm。

（12）立杆连接套管可采用铸钢或无缝套管。采用铸钢套管形式的立杆连接套长度不应小于 90 mm，可插入长度不应小于 75 mm；采用无缝钢管形式的立杆连接套长度不应小于 160 mm，插入长度不应小于 110 mm。套管内径与立杆钢管外径间隙不应大于 2 mm。

（13）立杆与立杆连接套管应设置固定立杆连接件的防拔出销孔。孔径不应大于 14 mm，立杆连接件直径为 12 mm。

（14）连接盘与立杆焊接固定时，连接盘盘心与立杆轴心的不同轴度不应大于 0.3 mm。

（15）可调底座和可调托座的丝杆宜采用梯形牙，A 型立杆宜配置直径 48 mm 丝杆和调节手柄，丝杆外径不应小于 46 mm；B 型立杆宜配置直径 38 mm 丝杆和调节手柄，丝杆外径不应小于 36 mm。

（16）可调底座的底板和可调托座的托板宜采用 Q235 钢板制作，厚度不应小于 5 mm，承力面钢板长度和宽度均不应小于 150 mm；承力面钢板与丝杆采用环焊，并应设置加劲板或加劲拱度；可调托座托板应设置开口挡板，挡板高度不应小于 40 mm。

（17）可调底座及可调托座丝杆与螺母旋合长度不得小于 5 扣，螺母厚度不得小于 30 mm，可调托座和可调底座插入立杆内的长度应符合相关规定。

（18）构配件外观质量应符合下列要求：

① 钢管应无裂纹、锈蚀、凹陷，不得采用焊接钢管。
② 钢管应平直，直线度允许偏差为管长的 1/500，两端面平整，不得有斜口、毛刺。
③ 铸件表面应光滑，不得有砂眼、缩孔、裂纹、浇冒口残余等缺陷，表面黏砂应清除干净。
④ 冲压件不得有毛刺、裂纹、氧化皮等缺陷。
⑤ 各焊缝应饱满，焊药应清除干净，不得有未焊透、夹渣、咬肉、裂纹等缺陷。
⑥ 可调底座和可调托座表面应浸漆或冷镀锌，表面应光滑，在连接处不得有毛刺和多余结块。

（三）荷载

（1）作用于脚手架上的荷载，可分为永久荷载和可变荷载两类。

(2) 脚手架的永久荷载包括：脚手架架体自重；脚手板、挡脚板、护栏、安全网等配件自重。可变荷载包括：作业层上的操作人员、存放材料、运输工具及小型工具等；风荷载。

(3) 脚手架同时施工的操作层层数应按实际计算，作业层不宜超过两层。

(4) 施工均布活荷载参照表 2-4-12 的规定。

表 2-4-12　　　　　　　　施工均布活荷载标准值

类别	标准值/(kN/m²)
防护脚手架	1
装修脚手架	2
结构脚手架	3

（四）构造要求

(1) 搭设双排外脚手架时，高度不宜大于 24 m。可根据使用要求选择架体几何尺寸，相邻水平杆步距宜选用 2 m，立杆纵距宜选用 1.5 m 或 1.8 m，且不宜大于 2.1 m，立杆横距宜选用 0.9 m 或 1.2 m。

(2) 脚手架首层立杆宜采用不同长度的立杆交错布置，错开立杆竖向距离不应小于 500 mm，当需要人行通道时，应符合人行通道搭设要求，立杆底部应配置可调底座。

(3) 双排脚手架的斜杆或剪刀撑设置应符合要求：沿架体外侧纵向每隔 5 跨每层应设置一根竖向斜杆[图 2-4-13(a)]，或每隔 5 跨间应设置扣件钢管剪刀撑[图 2-4-13(b)]，端跨的横向每层应设置竖向斜杆。

(4) 脚手架由塔式单元扩大组合而成，拐角为直角的部位应设置立杆间的竖向斜杆。当作为外脚手架使用时，单跨立杆可不设置斜杆。

(5) 当设置双排脚手架人行通道时，应在通道上部架设支撑横梁，横梁截面大小按跨度以及承受的荷载计算确定，通道两侧脚手架应加设斜杆；洞口顶部应铺设封闭的防护板，两侧设置安全网；通行机动车的洞口，必须设置安全警示和防撞设施。

(6) 双排脚手架的每步水平杆层，当无挂扣钢脚手板加强水平层刚度时，应每隔 5 跨设置水平斜杆，如图 2-4-14 所示。

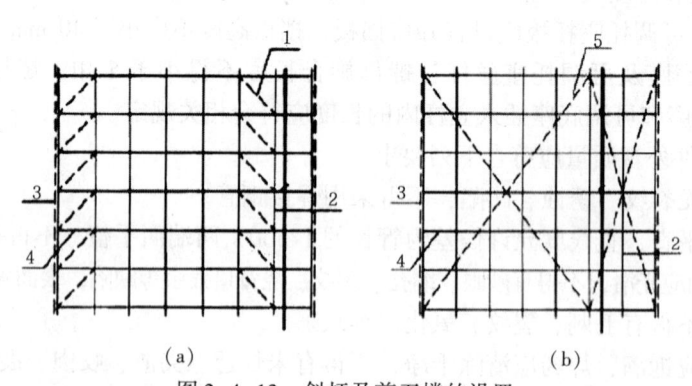

图 2-4-13　斜杆及剪刀撑的设置

(a) 每 5 跨每层设斜杆；(b) 每 5 跨设扣件钢管剪刀撑

1——斜杆；2——立杆；3——两端竖向斜杆；4——水平杆；5——扣件钢管剪刀撑

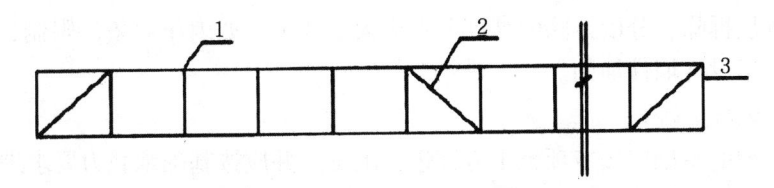

图 2-4-14 双排脚手架水平斜杆设置
1——立杆；2——水平斜杆；3——水平杆

（7）连墙件设置的要求：

① 连墙件必须采用可承受拉压荷载的刚性杆件，连墙件与脚手架立面及墙体应保持垂直，同一层连墙件宜在同一平面，水平间距不应大于 3 跨，与主体结构外侧面距离不宜大于 300 mm。

② 连墙件应设置在有水平杆的盘扣节点旁，连接点至盘扣节点距离不应大于 300 mm，采用钢管扣件作连墙杆时，连墙杆应采用直角扣件与立杆连接。

③ 当脚手架下部暂不能搭设连墙件时，宜向外扩展搭设多排脚手架并设置斜杆形成外侧斜面状附加梯形架，待上部连墙件搭设后方可拆除附加梯形架。

（8）作业层设置要求：

① 钢脚手板的挂钩必须完全扣在水平杆上，挂钩必须处于锁住状态，作业层脚手板应满铺。

② 作业层的脚手板架体外侧应设挡脚板、防护栏杆，并应在脚手架外侧立面满挂密目安全网；防护栏杆宜设置在离作业层高度为 1 000 mm 处，防护中栏杆宜设置在离作业层高度为 500 mm 处。

③ 当脚手架作业层与主体结构外侧面间隙较大时，挂扣应设置在连接盘上的悬挑三角架上，并应铺放，形成脚手架内侧封闭的脚手板。

（9）挂扣式钢梯宜设置在尺寸不小于 0.9 m×1.8 m 的脚手架框架内，钢梯宽度应为廊道宽度的 1/2，钢梯可在一个框架高度内折线上升，钢梯拐弯处应设置钢脚手板及扶手杆。

（五）搭设与拆除

(1) 搭设操作人员必须经过专业技术培训和专业考试合格后，持证上岗。脚手架搭设前，管理人员应按专项施工方案的要求对操作人员进行技术和安全作业交底。

(2) 进入施工现场的钢管支架及构配件质量应在使用前进行复检。

(3) 经验收合格的构配件应按品种、规格分类码放，并应标明数量、规格、铭牌备用。构配件堆放场地应排水畅通、无积水。

(4) 当采用预埋方式设置脚手架连墙件时，应提前与相关部门协商，并应按设计要求预埋。

(5) 脚手架立杆应定位准确，并应配合施工进度搭设，一次搭设高度不应超过相邻连墙件以上两步。

(6) 连墙件应随脚手架高度上升在规定位置处设置，不得任意拆除。

(7) 当脚手架搭设至顶层时，外侧护栏高出顶层作业层的高度不小于 1.5 m。

(8) 脚手架应经单位工程负责人确认签署拆除许可令后拆除。

(9) 脚手架拆除时应划出安全区，设置警戒标志，派专人看管。

(10) 脚手架拆除应按后装先拆、先装后拆的原则进行，严禁上下同时作业，连墙件应随脚手架逐层拆除，分段拆除的高度差不应大于两步。如因作业条件限制，出现高差大于两步时，应增设连墙件加固。

（六）地基与基础

（1）脚手架的基础应按专项施工方案进行施工，并应按基础承载力要求进行验收。

（2）土层地基上的立杆应采用可调底座和垫板，垫板的长度不宜小于2跨。

（3）当地基高差较大时，可利用立杆0.5 m节点位差配合可调底座进行调整，如图2-4-15所示。

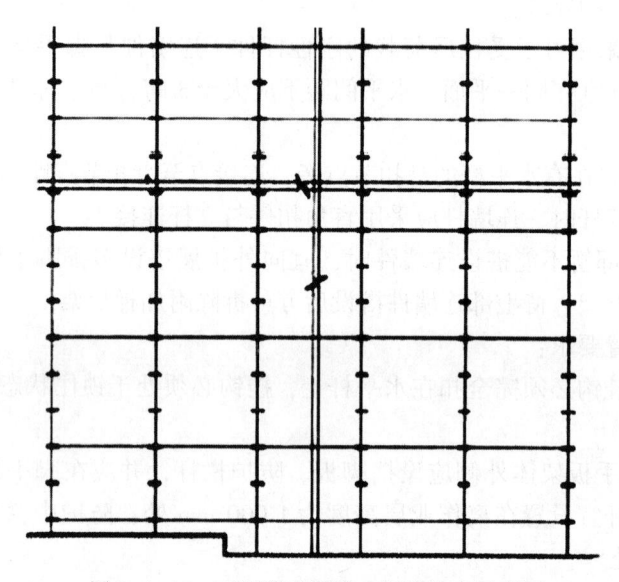

图2-4-15 可调底座调整立杆连接盘示意图

第五节　常用模板支架安全知识

模板支架是用于现浇混凝土模板支撑的一种负荷脚手架，属于脚手架的类别。其主要作用是保证模板面板的形状和位置，承受钢筋、模板、新浇筑混凝土和施工作业时的人员、工具等重量，用于现浇混凝土模板支撑或其他临时性承重结构体系。

一、模板支架的类别

脚手架材料可以搭设各类模板支架，包括梁模、板模、梁板模和箱基模等，并大量用于梁板模板的支架中。在板模和梁板模支架中，支撑高度大于5 m时，称为"高支撑架"。

模板支架的分类方法较多，主要有以下几种。

（一）按构造类型划分

（1）支柱式支撑架（支柱承载的构架）。

（2）片（排架）式支撑架（一排有水平杆联结的支柱形成的构架）。

（3）双排支撑架（两排立杆形成的支撑架）。

（4）空间框架式支撑架（多排或满堂设置的空间构架）。

（二）按杆系结构体系划分

（1）几何不可变杆系结构支撑架（杆件长细比符合桁架规定，竖平面斜杆设置不少于均占两个方向构架框格的 1/2 的构架）。

（2）非几何不可变杆系结构支撑架（符合脚手架构架规定，但有竖平面斜杆设置的框格低于其总数 1/2 的构架）。

（三）按支柱类型划分

（1）单立柱支撑架。

（2）双立柱支撑架。

（3）格构柱群支撑架（由格构柱群体形成的支撑架）。

（4）混合支柱支撑架（混用单立柱、双立柱、格构柱的支撑架）。

（四）按水平构架情况划分

（1）水平构造层布设或少量设置斜杆或剪刀撑的支撑架。

（2）有一道或数道水平加强层设置的支撑架。

二、模板支架的设置要求

支撑架的设置应满足可靠承受模板荷载，确保沉降、变形、位移等符合规定，避免出现坍塌和垮架的情况出现，并注意以下三点：

（1）承力点应设置在支柱或靠近支柱位置，避免水平杆跨中受力。

（2）考虑施工中可能出现的最大荷载作用，确保其仍有 2 倍的安全系数。

（3）支柱的基底（础）坚实平整，不得发生沉降变形。

三、模板支架系统特点

模板支架系统主要有钢管立柱和木立柱两种形式。竹胶合板和钢组合板作为模板面层材料应用最为广泛。

不论采用哪一种模板，模板及其支架应具有足够的承载能力、刚度和稳定性，能可靠地承受混凝土的重量、侧压力及施工荷载，保证工程结构和各部分形状尺寸和相互位置的正确；构造简单、装拆方便，便于钢筋的绑扎和安装，符合混凝土的浇筑及养护等工艺要求。

模板支架的结构与双排脚手架不同：一是模板支架立柱的平面布置按左右两个方向布局，双排脚手架在一个方向只有两根立柱；二是模板支架无侧面附着结构，双排脚手架有一侧附着在墙体等结构上。此外，从荷载角度看，模板支架承担的荷载主要来自于架体顶部。

模板支架所支撑的混凝土结构一般是梁板体系，因板梁之间、主次梁之间存在高差，所以支架顶部多数情况下不在一个水平面，存在一定的高差。从所支撑的结构看，楼层模板支架高度较小，四周有柱、墙等可支撑的结构；桥梁模板支架，如立交桥、跨线桥、城铁桥等，四面无支撑结构，高度较大，荷载较大。

通常情况下，面层模板部分和木支架部分的施工主要由木工完成，模板钢管支架部分主要由架子工完成。

四、模板支架基本构造

模板支架系统主要由以扣件式钢管脚手架和碗扣式钢管脚手架为代表的钢管模板支架系统，以及以木杆为立柱的木模板支架系统组成。其中扣件式钢管结构在建筑工程中应用最为广泛。

模板支架基本构造由地基、垫板、底座、扫地杆、立杆、纵向水平杆、横向水平杆、剪刀撑、斜撑、脚手板、可调托撑、安全网等组成。模板支架主要构配件的作用如下：

（1）垫板：设于钢底座下的支撑板。主要作用是承受底座传来的荷载，并防止模板支架不均匀沉降。

（2）底座：设于立杆底部的钢底座。主要作用是均匀承受模板支架立柱传来的荷载。

（3）扫地杆：贴近地面，连接立杆根部沿纵横向设置的水平杆。主要作用是保证模板支架底部的整体稳定，防止不均匀沉降。

（4）立柱：相当于脚手架中的立杆，直接支撑主楞或托撑的受压杆件。

（5）水平杆：又称水平拉杆，沿脚手架纵、横设置的水平杆。主要作用是保证模板支架的整体稳定，控制支架立杆长细比，提高支架整体承载能力。

（6）剪刀撑：在模板支架纵横方向、水平方向设置的交叉斜杆。主要作用是保证模板支架的整体刚度，防止支架的侧向位移。

（7）可调托撑：插于立杆顶部能够调整支托高度的顶撑。主要作用是直接承受主、次楞传来的荷载，并可调整高度的构件。

五、满堂式钢管支撑脚手架

随着科技的发展，现代建筑跨度越来越大，满堂支撑体系普遍采用。满堂支撑体系主要用于厂房、展览大厅、体育馆等层高、开间较大的建筑顶部的施工，由立杆、横杆、斜撑、剪刀撑等组成，一般采用门式脚手架、碗扣式脚手架、钢管脚手架等。满堂支撑体系主要用于人员操作用的平台和承受荷载支撑架。承受荷载支撑架必须进行验算。下面主要介绍满堂式钢管脚手架。

（一）基本构造及技术参数

满堂式钢管脚手架的基本构造是由立杆、大横杆、小横杆、剪刀撑、斜撑、脚手板、安全网等组成。

（1）搭设高度在6 m以内的满堂脚手架可以花铺脚手板，即两块脚手板之间可间隔20 cm的宽度。但在铺板时，无论使用木质或钢质脚手板，其板头均需用12#~14#双股铅丝绑牢。

（2）搭设高度6 m以上的满堂脚手架的脚手板要满铺。满堂架子若高于20 m，则要按高大架子的有关规程进行设计计算后再搭设。

（3）搭设中，脚手架的稳定性能应满足以下要求：

① 高度在6 m以下的脚手架在其四角安装抱脚撑；6~20 m高度的脚手架，在四个角从下到上加"之"字撑。

② 四边设剪刀撑，其做法同多立杆式脚手架。

③ 对于施工中面积较大的满堂脚手架，除设置剪刀撑、抱角撑或"之"字撑外，还要

沿架子纵向每隔 4 排设一组剪刀撑，横向也要隔 4~6 排立杆设一组剪刀撑，剪刀撑布置要到顶部。

（二）搭设要求

满堂式钢管脚手架的搭设顺序基本同多立杆式脚手架。但是由于满堂脚手架主要是搭设在室内，它的高度、长度、宽度均受房间尺寸的限制。故在搭设时，首先要充分了解房间尺寸，选择长短合适的杆件。杆件选择的合适与否，直接影响到脚手架搭设进度、质量和安全。

搭设要求如下：

（1）立杆高度距装饰顶棚 0.8~1.0 m 为宜，在操作面周边绑一至二道防护栏杆。

（2）四周大横杆以离开墙面 20 cm 为宜，也可根据墙面装饰材料厚度而定，以不影响墙面操作为准。挑向墙面横杆悬臂，在作业时要补铺一块脚手板。

（3）立杆四角设抱角斜撑与地面夹角为 60°。每个角设一组抱角斜撑，每组为二根。

（4）作业层上方靠墙角处设作业人员登高进入孔洞，根据房间装饰用料情况确定设立数量。孔洞尺寸以 650 mm×650 mm 为宜。

（5）孔洞处设爬梯。爬梯在脚手架步距中加若干根小横杆，与立杆绑牢。但爬梯步距不能大于 30 cm，也可使用木梯。

（6）剪刀撑设置。

满堂式钢管脚手架立柱，在外侧周圈应设由下至上的竖向连续式剪刀撑，中间在纵横向每隔 10 m 左右设由下至上的竖向连续式剪刀撑，其宽度宜为 4~6 m，并在剪刀撑部位的顶部，扫地杆处设置水平剪刀撑。剪刀撑杆件的底端应与地面顶紧，夹角宜为 45°~60°，如图 2-5-1 所示。

当建筑层高在 8~20 m 时，除应满足上述规定处，还应在纵横向相邻的两竖向连续式剪刀撑之间增加"之"字斜撑。在有水平剪刀撑的部位，应在每个剪刀撑中间处增加一道水平剪刀撑，如图 2-5-2 所示。

当建筑层高超过 20 m，在满足以上规定的基础上，应将所有"之"字斜撑全部改为连续式剪刀撑，如图 2-5-3 所示。

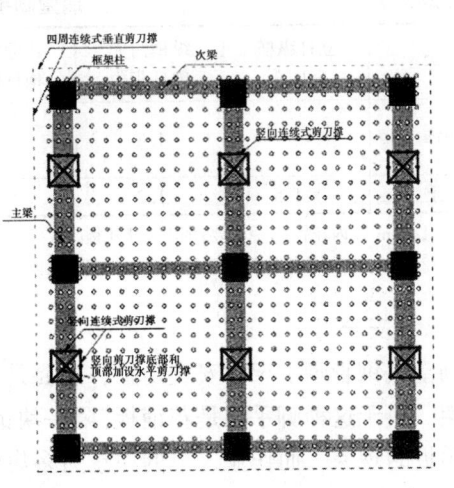

图 2-5-1 8 m 以下支模示意图

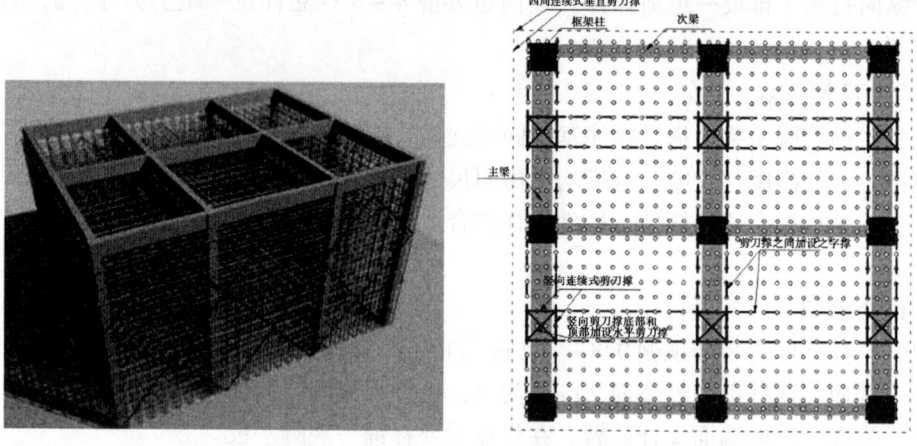

图 2-5-2　8~20 m 高支模示意图

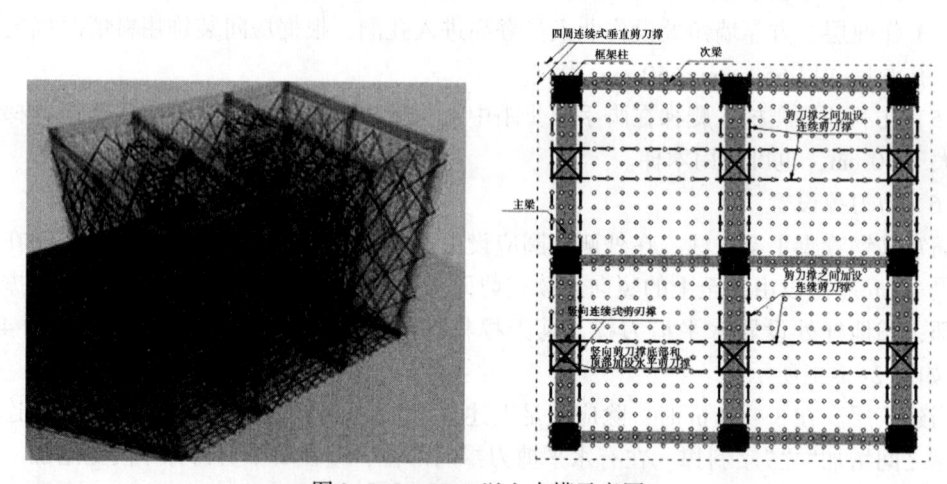

图 2-5-3　20 m 以上支模示意图

(7) 立杆间距，大横杆间距、脚手板下横杆间距如表 2-5-1 所列。

表 2-5-1　　　　　　　　　满堂脚手架构造参数　　　　　　　　　单位：m

用途	立杆纵横向间距	纵横向大横杆步距	作业层小横杆间距	四周立杆离开地面距离	脚手板铺设	
					6 m 以上	6 m 以下
装饰	1.5	1.8	1.5	0.50	花铺板间距不大于 20 cm	满铺
承重	≤1.5	1.2	1.0	满铺	满铺	满铺

注：① 6 m 以内花铺脚手板要用铅丝绑扎板头。
　　② 室内作业用脚手架脚手板铺设，距顶棚 1.8~2.0 m 为宜。

(三) 安全防护

满堂式钢管脚手架的安全防护，主要是作业面的防护，防护的重点是高度 6 m 以下的脚手架。由于这种脚手架是花铺板(隔一块铺一块)，有时板头绑扎不齐全。施工中常有移动脚手板的现象，而作业人员的注意力多集中在顶棚作业，往往会出现踩空现象，其安全防护要求如下：

1. 作业面防护

作业面花铺板间距不大于 20 cm，绑扎板头。搭设的满堂脚手架高低不一致，出现高低作业面时，端头要加防护栏杆或立挂安全网。6 m 以上满堂脚手架脚手板要铺严、铺满，不得出现探头板。作业面下方要保留一层脚手板或挂兜网，如图 2-5-4 所示。

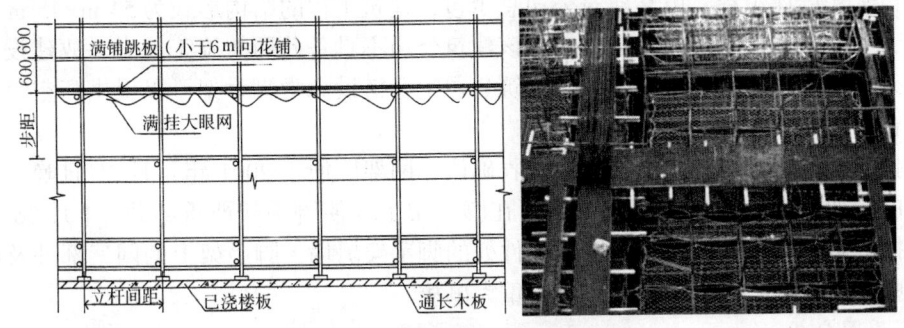

图 2-5-4 满堂脚手架安全防护图

2. 临边防护

脚手架作业面四周，挑向墙面小横杆要到位，并满铺脚手板，板头要绑扎。

3. 孔洞防护

由于满堂脚手架要预留作业人员登高进入孔洞，所以孔洞三面要设围栏，一面设开关门，或者孔洞上加翻板或开关门。

4. 载人用梯子的防护

满堂式钢管脚手架作业人员登高处要绑爬梯，其作法是在孔洞下方脚手架上绑扎数根小横杆，每档间距不大于 30 cm，也可用木梯。

（四）验收和管理

1. 验收

满堂式钢管脚手架搭设好以后，须经验收，再交付使用。验收主要内容是：

（1）脚手架搭设的高度要合理，便于操作。架子坚固、稳定、不变形。

（2）脚手架平面铺板要严、满，板头要绑牢。

（3）立杆、大横杆、小横杆间距符合要求。剪刀撑、抱角斜撑位置设置合理。

（4）作业层小横杆距离墙面尺寸合理，能满足作业人员需要。

（5）脚手架扣件紧固力矩达 45～55 N·m。

（6）脚手架稳固。

2. 维护管理

为了提高脚手架料具的周转使用率，必须建立维护保养制度，设立专用仓库存放，及时清理、维护。

（1）将扣件分类整理装箱或分堆码放。堆放地点要平整、不积水。有条件时，最好存放在库房内。存放前，应对扣件的螺杆螺丝进行润滑、上油保养。对于损坏的螺栓要及时更换，保养后再存放。

（2）拆下的钢管要按长短分类码放。扭曲、变形、压扁的钢管要及时调直，有锈蚀的钢管要及时除锈，刷防锈漆。

（3）拆下的脚手板要分堆码放。码放时要注意通风，有防雨措施。对于破损的脚手板要根据其损坏程度,能修复的及时修复加固,不能修复加固的要报废。

六、事故案例

1. 事故概况

某市某实验厅工程,由某建筑公司总承包,建筑工程的结构形式为 54 m×45 m 矩形框架厂房,屋面为球形节点网架结构,因该建筑公司不具备此网架施工能力,故建设单位将屋面网架工程分包给某网架厂,由该建筑公司配合搭设满堂脚手架,以提供高空组装网架操作平台,脚手架高度为 26 m。

为抢工程进度,未等脚手架交接验收确认,网架厂便于 2001 年 4 月 25 日晚,即将运至现场的网架部件(约 40 t)全部成捆吊在脚手架上,使脚手架严重超载。4 月 26 日上班后,用撬棍解捆产生的振动导致堆放部件处的脚手架坍塌,脚手架上的网架部件及施工人员同时坠落,造成 7 人死亡 1 人重伤的重大事故。

2. 原因分析

(1) 事故主要原因。

本次事故主要是由于没按脚手架承载能力要求,大量集中堆放网架部件,致使脚手架严重超载失稳坍塌,这是事故发生的主要原因。

(2) 技术方面原因。

满堂脚手架方案有误,网架厂施工组织设计中要求,脚手架承载力为 2.5 kN/m^2,立杆纵、横间距为 1.8 m,步距为 1.8 m。以上要求即为一般施工用脚手架的杆件间距,而该网架厂提供网架单件尺寸为宽 0.95 m、长 4 m、高 0.7 m,单件重量 1.5 t,如按此计算最低为 4 kN/m^2。因此,如何摆放网架部件便是至关重要的问题,施工组织设计本身就提供了一个带有安全隐患的方案,给下一步工作提出了必须连带解决的部件摆放问题,然而并没有引起建设单位和监理单位的注意。

脚手架方案有误,另外总包单位未按规定搭设脚手架,随意连接连墙件和设置剪刀撑,施工人员蛮干、管理人员违章指挥,直接影响了脚手架受力后的整体稳定性。

网架厂未等脚手架验收确认合格后再使用,而且大量集中地将网架部件随意摆放,致使脚手架严重超载,再加上用撬棍解捆时产生的冲击荷载,导致脚手架坍塌。

(3) 管理方面原因。

建设单位组织不力,监理方监管不力。本工程虽由某建筑公司总承包,但网架施工项目由建设单位直接分包,因此,两单位施工组织及配合问题,应由建设单位负责组织协调、监理全面监督检查。

建设单位及监理失职,一味追求工程进度,从而导致施工双方配合失误,一方超载使用,另一方脚手架搭设不规范,最终发生脚手架坍塌事故。

第六节 临边、洞口防护架安全知识

一、临边防护架

在建筑安装施工中,由于高处作业工作面的边缘没有围护设施或围护设施高度低于

800 mm时，在这样的工作面上作业称为临边作业，如沟边作业，阳台、料台与挑平台周边尚未安装栏杆或栏板时的作业，尚未安装栏杆的楼梯段以及周边尚未砌筑围护等处作业都属于临边作业。施工现场的坑槽作业、深基础作业，对地面上的作业人员也构成临边作业。

在进行临边作业时，必须设置防护栏杆、安全网等防护设施，防止发生坠落事故。对不同的作业条件，采取的措施要求也不同。

（一）高处作业临边防护设施相关规定

1. 槽、坑、沟边安全防护

（1）开挖槽、坑、沟深度超过1.5 m，应根据土质和深度情况按规定放坡或加可靠支撑，设置人员上下坡道或爬梯，爬梯两侧应用密目网封闭。

（2）开挖深度超过2 m，必须在边沿处搭设高度不低于1.2 m的防护栏杆，用密目网进行封闭，如图2-6-1所示。

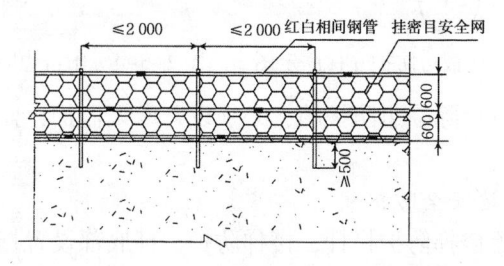

图2-6-1 基坑临边防护示意图

（3）雨季施工期间基坑周边必须要有良好的排水系统和设施。

（4）危险处和通道处及行人过路处开挖槽、坑、沟，必须采取有效防护措施，防止人员坠落，夜间设红色标志灯。

（5）槽、坑、沟边1 m以内不得堆土、堆料、停置机具。

2. 檐口(屋面)边、楼板边、阳台边安全防护

（1）檐口(屋面)边的防护利用顶层窗洞向外搭设或利用原有外脚手架搭设护栏，护栏与杆件连接牢固，护栏高度高出平屋面1.0 m；坡度大于1:2.2的屋面，防护栏杆高度1.5 m，立挂安全网封闭。

（2）建筑物楼层临边四周未砌筑安装维护结构时，必须搭设高度不低于1.2 m的防护栏杆，并用安全密目网封闭严密，如图2-6-2、图2-6-3所示。

（3）阳台栏板应随层安装，不能随层安装的，必须在阳台临边处搭设不低于1.2 m高的防护栏杆，并用安全密目网封闭严密，如图2-6-4所示。

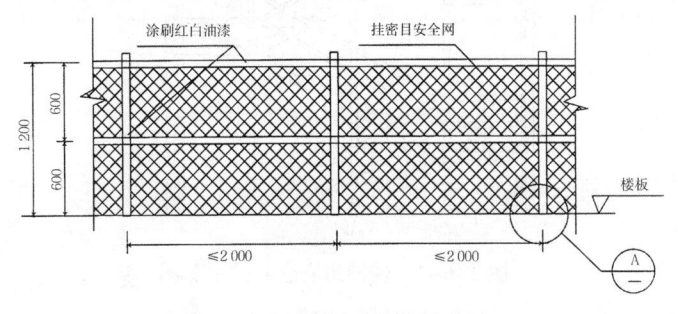

图2-6-2 楼板边防护示意图

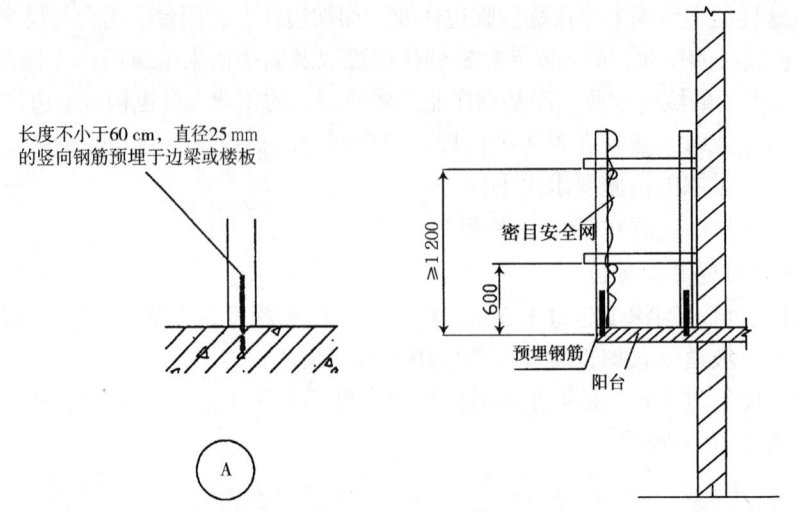

图2-6-3 楼板边防护立柱固定图　　图2-6-4 阳台边防护示意图

（4）因施工需要临时拆除临边防护的，必须设置专人监护，监护人员撤离前必须将原有防护设施复位。

3．楼梯及休息平台边安全防护

（1）建筑工程应设置楼梯防护栏杆，楼梯防护栏杆底部设置挡脚板。

（2）分层施工的楼梯口和梯段边，必须安装临时护栏，屋顶楼梯口应随工程结构进度安装正式的防护栏杆。

（3）搭设楼梯防护栏杆，横杆和栏杆柱宜采用 $\phi 48\ mm \times 3.5\ mm$ 的钢管，上道栏杆离地 $1.0 \sim 1.2\ m$，下道栏杆离地 $0.5 \sim 0.6\ m$，立杆高度 $1.2\ m$，立杆间距 $2\ m$，如图2-6-5所示。

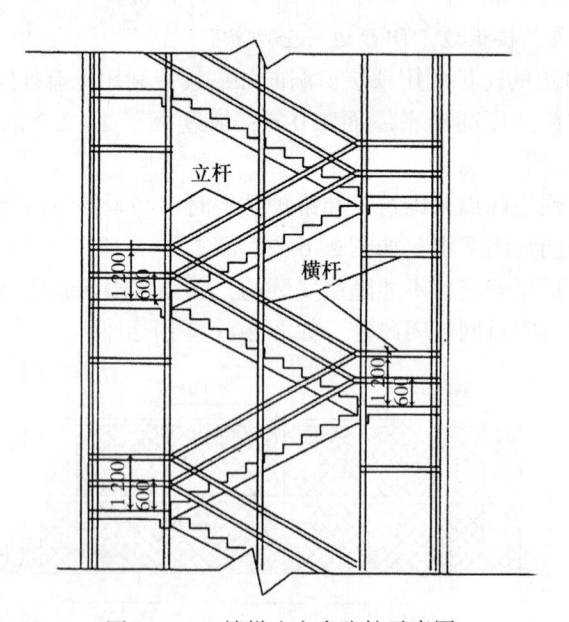

图2-6-5 楼梯边安全防护示意图

（4）防护栏杆和挡脚板均涂刷红白颜色相间的油漆警示标志。

4. 卸料平台边安全防护

(1) 卸料平台应设置在窗口部位,要求台面与楼板取平或搁置在楼板上。上、下层卸料平台在建筑物的垂直方向上必须错开设置,不得搭设在同一平面位置内,以免出现物体打击事故。

(2) 卸料平台三面设置不低于 1.5 m 高的防护栏杆,通常采用硬质挡板进行封闭。底部设置不低于 18 cm 高的挡脚板。

(3) 运料人员或指挥人员进入平台时,必须有可靠的安全防护措施。

(4) 卸料平台搭设完成后,必须经过相关人员检查验收合格后,方可使用。使用期间应在明显部位悬挂平台的限载标识。

(二) 防护栏杆杆件的规格及连接要求

(1) 毛竹横杆小头有效直径不应小于 70 mm,栏杆柱小头直径不应小于 80 mm,并须用不小于 16# 的镀锌钢丝绑扎,不应少于 3 圈。

(2) 木质横杆上杆直径不应小于 70 mm,下杆直径不应小于 60 mm,栏杆梢径不应小于 75 mm,并须用相应长度的圆钉钉紧,或用不小于 12# 的镀锌钢丝绑扎,要求表面平顺和稳固。

(3) 钢筋横杆上杆直径不应小于 16 mm,下杆直径不应小于 14 mm,钢筋柱直径不应小于 18 mm,采用电焊或镀锌钢丝绑扎固定。

(4) 钢管栏杆宜采用 ϕ 48 mm×3.5 mm 的钢管,以扣件固定。

(5) 其他钢材或角钢等做防护栏杆时,应选用强度相当的规格管材,电焊固定。

(三) 搭设防护栏杆的规定

(1) 防护栏杆应由上、下两道横杆及栏杆柱组成,上杆距地面高度为 1.0~1.2 m,下杆距地面高度为 0.5~0.6 m,立柱间距不大于 2 m。

(2) 在基坑四周固定时,可采用钢管并打入地面,深 50~70 cm。钢管离边口的距离不应小于 50 cm。当基坑周边采用板桩时,钢管可打在板桩外侧。

(3) 当在混凝土楼面、屋面或墙面固定时,可用预埋件与钢管或钢筋焊接牢固。采用竹、木栏杆时,可在预埋件上焊接 30 cm 长的角钢,上下打孔,用螺栓与竹、木杆连接。

(4) 当在砖或砌块等砌体上固定时,可预先砌入规格相适应的预埋铁,加以栏杆固定。

(5) 栏杆柱的固定及其与横杆连接,其整体构造应使防护栏杆在上杆任何处,能经受任何方向的 1 000 N 外力。当栏杆所处位置有发生人群拥挤、车辆冲击或物件碰撞等可能时,应加大横杆截面或加密立柱间距。

(6) 防护栏杆必须自上而下用安全立网封闭,或在栏杆下边设置严密固定、高度不低于 18 cm 高的挡脚板或 40 cm 的挡脚竹笆。板与笆下边距地面的空隙不得大于 10cm。

(7) 当临边的外侧面临街道时,除防护栏杆外,敞口立面必须采取满挂安全网或其他可靠措施进行封闭处理。

二、洞口防护架

施工过程中,由于管道、设备以及工艺要求,设置预留的各种孔与洞,给施工人员带来一定的危险。在洞口附近作业,称为洞口作业。孔与洞的意思是一样的,只是大小不同。根据《建筑施工高处作业安全技术规范》(JGJ 80—1991)，在水平面上短边尺寸小于 250 mm 的，垂直面上高度小于 750 mm 的为孔；在水平面上短边尺寸等于或大于 250 mm，垂直面上等于或大于 750 mm 的为洞。

洞口作业的防护措施，主要有设置防护栏杆、用遮盖物盖严、设置防护门以及张挂安全网等多种形式。

（一）预留洞口安全防护

洞口设置防护措施时，必须符合下列要求：

（1）楼板、屋面和平台等面上短边尺寸小于 25 cm，但长边大于 25 cm 的孔口，必须用坚实盖板盖设。盖板应能防止挪动移位，如图 2-6-6 所示。

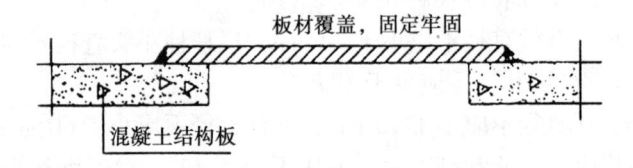

图 2-6-6　边长 50 cm 以下洞口防护示意图

（2）楼板面等处边长为 25~50 cm 的洞口，安装预制构件时的洞口以及缺件临时形成的洞口，可用竹、木等作盖板，盖住洞口。盖板须能保持四周搁置均衡，并有固定其位置的措施。如图 2-6-6 所示。

（3）边长为 50~150 cm 的洞口，必须设置以扣件扣接钢管而成的网格，并在其上铺满竹笆或脚手板；也可以采用贯穿于混凝土板内的钢筋构成防护网，钢筋网间距不得大于 20 cm，如图 2-6-7 所示。

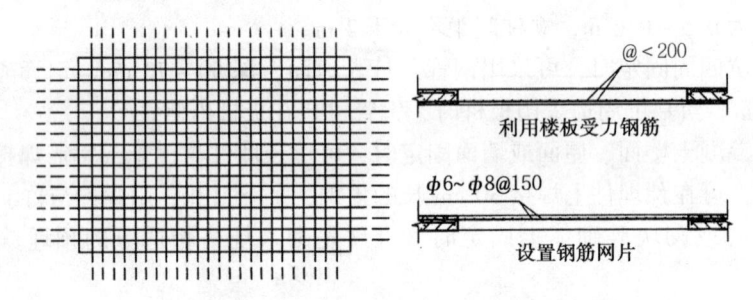

图 2-6-7　边长 50~150 cm 洞口防护示意图

（4）边长在 150 cm 以上的洞口，四周设防护栏杆，洞口下张设安全网，如图 2-6-8 所示。

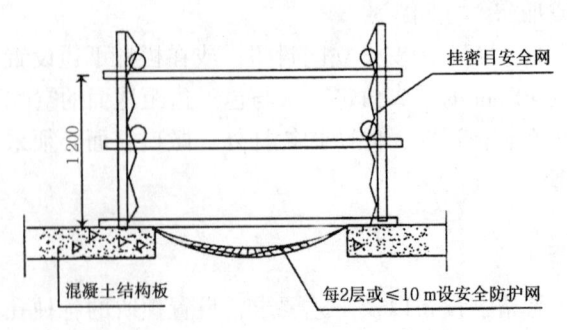

图 2-6-8　边长 150 cm 以上洞口防护示意图

（5）垃圾井道和烟道，应随楼层的砌筑或安装而消除洞口。

（6）位于车辆行驶道旁的洞、深沟与管道坑、槽，所加盖板应坚固，应能承受后车轮有效承载力2倍的荷载。

（7）墙面等处的竖向洞口，凡落地的洞口应加装开关式、工具式或固定式的防护门，门栅网格的距离不应大于15 cm，也可以采用防护栏杆，下设挡脚板（笆）。

（8）下边沿至楼板或底面低于80 cm的窗台等竖向洞口，如侧边落差大于2 m时，应加设1.2 m高的临时栏杆。

（9）对邻近人和物，有坠落危险的其他竖向孔、洞口，均应加盖或设置防护，并有固定其位置的措施。

（二）楼梯口安全防护

楼梯口（边）设置高度不低于1.2 m的防护栏杆，涂刷红白相间油漆，用密目网进行封闭。安全防护同"楼梯及休息平台边安全防护"。

（三）电梯井口安全防护

（1）电梯井口设置高1.2~1.5 m的防护门，门栅网格的间距不大于15 cm，底部设置不小于18 cm高的挡脚板。

（2）电梯井内每隔两层（不大于10 m）设置一道水平网。网内无杂物，网与井壁封闭严密。电梯井口的防护设施应形成定型化、工具化，牢固可靠，涂刷黄黑或红白相间的油漆。如图2-6-9所示。

图2-6-9 电梯井口安全防护图

（四）通道口安全防护

（1）施工现场的进出建筑物主体的通道口、井架或物料提升机进口处，施工升降机进口处等搭设防护棚。

（2）防护棚顶部应满铺5 cm厚木板或相当于5 cm厚木板强度的其他材料，两侧设防护栏杆，与棚顶连接，其1 200 mm以下高度设两道水平竖杆，间距不大于1 800 mm，通道口两侧内挂密目安全网封严。出入口处防护棚的长度应视建筑物的高度而定，符合坠落半径的尺寸要求，如图2-6-10所示。

（3）作业区各作业位置至相应坠落高度基准面的垂直距离中的最大值，称为该作业区的高处作业高度，简称作业高度。作业高度H为2~5 m时，坠落半径为3 m；H为5~15 m

时，坠落半径为4 m；H 为15~30 m 时，坠落半径为5 m；H 为30 m 以上时，坠落半径为6 m。防护棚长度不得低于坠落半径。

（4）当使用竹笆等强度较低材料时，应采用双层防护棚，以缓冲落物。防护棚上部严禁堆放材料。

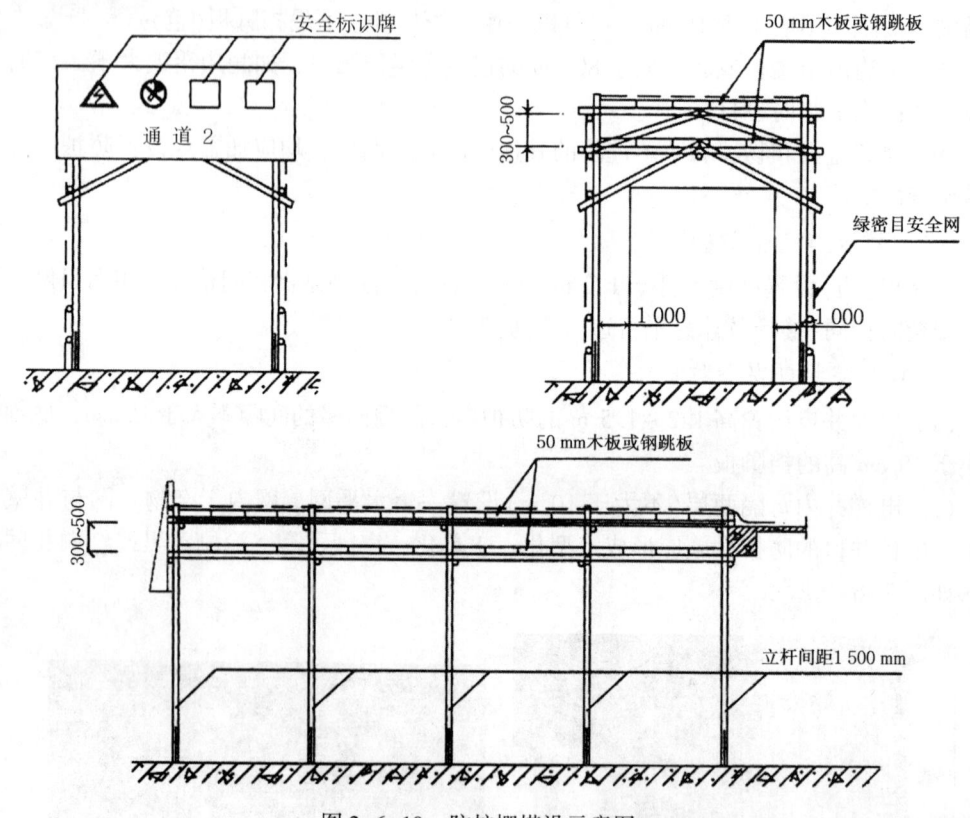

图 2-6-10 防护棚搭设示意图

三、事故案例

（一）案例一：高处坠落死亡事故

1. 事故概况

2006年10月28日12点40分，某建筑安装工程公司在某项目部施工时发生一起高处坠落死亡事故，死亡1人，事故直接经济损失30万元。当时韩某和陈某2名作业人员被安排在二层平台（接料平台约10 m² 左右，距一层地面垂直高度5.65 m）做接料工作。根据施工作业程序，采用QT20型塔吊上料（有专门的信号指挥者）。开始吊第一吊砂浆灰，接着吊红砖，当时砖笼距二层楼面约3 m左右，韩某边看砖笼边往后退，在后退时被平台地面的一块砌块绊倒，从身后临边洞口坠落一层回填土地面，导致坠落事故发生。

2. 原因分析

（1）接料员韩某接料过程中（砖笼距二层楼面3 m左右），边接料边倒退，自主安全意识差，倒退时被砌块绊倒，从临边洞口坠落至一层地面是造成本次事故的原因之一。

（2）临边洞口安全防护不到位，根据《建筑施工高处作业安全技术规范》（JGJ 80—1991）的规定：边长在150 cm以上的洞口四周设防护栏杆，洞口下张设安全网。防护栏杆由上、下两道横杆及栏杆柱组成,上杆离地高度为1.0~1.2 m,下杆离地高度为0.5~0.6 m。而该设备预留洞南侧边长达2.5 m,没有水平防护网,只是在临边底部离地200 mm设有一道防护水平杆,200 mm以上没有防护水平杆,是导致本次事故发生的又一原因。

(3)安全培训不到位,经查韩某入厂三级安全培训教育只有"各类培训工作专项实施纪录",未达到24 h的培训纪录。

(4)安全管理不到位,一个项目部有4个施工点,项目部班子配备4个人,项目经理总负责,实际上是每个项目副经理负责一个点,存在着管理上的缺失和责任落实不到位的问题。

(5)对分包队伍管理监督不到位。

(6)现场安全员监管不到位,虽发现并提出临边洞口防护不到位,但要求29日整改复查,并于2006年10月28日下发了"安全事故隐患整改通知单",没有立即要求进行整改,为事故发生留下了隐患。

(二)案例二:预留洞口未防护,工人坠落死亡

1. 事故概况

2003年1月1日14时50分,正在建设的大连某大厦工地,发生一名作业人员从设备预留洞口处坠落,当场摔死。

该大厦主体工程由某局东北公司总包承建。2003年1月1日下午,项目分包负责人张某安排工人臧某、刘某、王某清理地下一层施工后遗留的建筑垃圾。该分包未经总包允许私自在地面一层设备吊装口上方安装电葫芦(电葫芦操作平台未采取任何防护措施),用于地下一层至地下三层垃圾的运输。其工作程序是:将清理好的建筑垃圾装袋后从东侧设备吊装口吊运(吊运过程违章操作)到一层垃圾堆放处。下午14时40分左右,垃圾清理完毕后,开始恢复因清理垃圾时拆除设备预留洞口的防护栏杆,14时50分工人臧某蹲在设备预留洞口旁扶正插接防护栏杆的钢筋时,由于用力过猛,把ϕ12 mm的钢筋扳断,导致臧某从地下一层坠落至地下三层(洞口尺寸3 198 mm×8 000 mm,坠落高度8.7 m。预留口未设水平兜网),摔伤致死。

2. 原因分析

经过事故调查组的现场勘察取证,调阅相关材料,询问有关人员,认定此起高处坠落事故是由于作业人员安全意识淡薄、施工现场安全设施有缺陷等造成的生产安全责任事故,发生的具体原因如下:

(1)工人臧某缺乏安全意识,酒后上岗作业,在已拆除防护的设备吊装预留洞口边缘从事扶正插接防护栏杆的钢筋时,没有采取任何安全防护措施,用力过猛,不慎从地下一层坠落至地下三层,是造成此起死亡事故发生的直接原因。

(2)项目分包负责人张某安全意识淡薄,在组织清理地下一层施工后遗留的建筑垃圾时,违反施工现场安全管理制度,在已拆除临边防护的设备吊装口旁作业时,未采取安全防护措施,在恢复设备吊装口临边防护时,指挥不当,也未采取其他安全防护措施,是造成此起坠落死亡事故发生的主要原因。

(3)分包单位对施工现场的安全管理不到位,对现场作业人员安全教育不够,在施工作业中对安全防护的重视不够,设备吊装预留口未设水平兜网,是造成此起死亡事故发生的间接原因。

(4)总包单位对在施工现场进行清理建筑垃圾的分包单位的安全管理有漏洞,对地下

一层至地下三层的建筑垃圾如何清运未向分包的施工人员下达安全交底书。对分包违章冒险作业没有及时发现，是造成此起死亡事故的间接原因，也是重要原因。

第七节　脚手架拆除安全知识

一、拆除前的准备工作

（1）拆除前，必须填写脚手架拆除申请表，经项目技术负责人审批后方可拆除。现场工长要向拆除施工人员进行书面安全技术交底。班组要学习安全技术操作规程。

（2）脚手架拆除前应全面检查脚手架的扣件连接、连墙件、支撑体系等是否符合构造要求，如果存在问题必须进行加固。

（3）应根据检查结果补充完善施工组织设计中的拆除顺序和措施，经主管部门批准后方可实施。

（4）清除脚手架上的杂物及地面障碍物、如脚手板上混凝土、砂浆块、扣件、垃圾等。

（5）拆除前，项目负责人向拆除作业人员进行书面安全交底，交底要有记录，且针对性要强，拆除架子的注意事项必须讲清楚。

（6）拆除前施工现场拉好警戒线，做好标识，设置专门的人员进行巡查，及时纠正违章作业。

二、拆除程序

（1）拆除脚手架严禁上下同时作业。拆除程序与搭设程序相反，即从钢管的顶端起，由上而下，按层按步拆除，先拆后搭的杆件，先拆架面材料后拆构架材料，先拆结构后拆附墙件。剪刀撑、连墙件不能一次性全部拆除，应随层进行拆除。

（2）拆除脚手架应按如下工艺流程进行：

拆除安全网→拆除防护栏杆→拆除挡脚板→拆除横向水平杆→拆除纵向水平杆→拆除剪刀撑→拆连墙件→拆立杆→杆件传递至地面→清除扣件→按规格码放→拆横向扫地杆→拆纵向扫地杆→拆底座→拆垫板

三、拆除要求

（1）做好拆架准备工作。设专人负责拆除区域安全，禁止非拆除人员进入拆架区。

（2）拆除作业必须由上而下逐层进行，严禁上下同时作业。连墙件必须随脚手架逐层拆除，严禁先将连墙件整层或数层拆除后再拆除脚手架。

（3）在脚手架上从事拆除作业必须系好安全带。拆除钢管脚手架时至少要5~8人配合操作，3人在脚手架上拆除，2人在下面配合拆除，1人指挥，另外2~3人负责清运钢管。脚手架上3人在拆除脚手架时，必须听从指挥，互相配合。一般拆除水平杆要先松开两端头扣件，后松开中间扣件，再水平托举取下；拆除立杆时，应把稳上部，再松开下连接后取下；拆除连墙件和斜撑时，必须事先计划好先拆哪个部位，后拆哪个部位，不得乱拆，否则容易发生脚手架倒塌事故。

（4）当脚手架拆至下部最后一根立杆的高度时，应先在适当位置搭设抛撑，加固后再拆除连墙件。

（5）当脚手架采取分段、分立面拆除时，对不拆除的脚手架两端必须设置连墙件或横向斜撑进行加固。

（6）所有拆下来的杆件和扣件不得随意抛掷，以免损坏杆件和扣件，甚至伤人，将杆件和扣件随时清运到指定地点，按规格分类码放整齐。

第八节　脚手架事故原因分析及预防措施

脚手架工程，尤其是模板支架工程，结构和使用环境复杂，安装技术要求高，承受的荷载较大，稍有疏忽，极易发生失稳坍塌。扣件式钢管脚手架是当前我国房屋建筑、市政工程使用量很大，应用最普遍的脚手架，常见的问题较多，有人员资格、施工技术、管理不到位等多个方面，这些问题的存在往往是导致事故的主要原因。

一、脚手架事故的原因分析

（一）技术管理不到位

（1）从事脚手架、钢管模板支架搭设的作业人员未按照规定接受专门教育，未取得特种作业人员操作资格证书，无证上岗作业。

（2）作业人员安全生产意识差。

（3）身体健康状况不适应脚手架搭设作业。

（4）酒后登高作业。

（5）未按照规定编制脚手架专项施工方案（组织设计）。

（6）方案未按照规定程序进行审查、论证、批准。

（7）方案内容不符合安全技术规范标准。

（8）方案中未对地基承载力、连墙件进行计算，未按照规定对立杆、水平杆进行计算。

（9）方案缺乏针对性，不具指导施工作用。

（10）方案编写过于简单，缺少平面、立面图以及节点、构造等详图，不具备施工指导作用。

（11）未按照方案要求搭设、拆除脚手架。

（12）未按照规定进行安全技术交底。

（13）未按照规定进行分段搭设、分段检查验收投入使用。

（14）作业人员未按照规定戴安全帽、系安全带、穿安全鞋。

（二）材料存在质量问题

（1）扣件破损，螺杆螺母滑丝。

（2）扣件所使用材料不合格。

（3）扣件盖板厚度不足，承载力达不到要求。

(4) 扣件、底座锈蚀严重，承载力严重不足。
(5) 扣件严重变形。
(6) 木垫板厚度不足，长度不足两跨。
(7) 新购钢管、扣件未按照规定进行抽样检测检验。
(8) 钢管、扣件使用前未进行全面检查，质量存在问题。
(9) 进场钢管没有生产许可证、产品合格证以及备案手续。
(10) 钢管壁较薄，壁厚偏差超过 0.5 mm。
(11) 钢管锈蚀严重，承载力降低。
(12) 钢管打孔、焊接破坏，承载力不足。
(13) 脚手板规格不符合要求，存在质量问题。

（三）搭设不规范

1. 立杆基础不规范
(1) 基础发生不均匀沉降。
(2) 基土上直接搭设架体时，立杆底部不铺设垫板。
(3) 基础没有分层夯实，承载力不足。
(4) 基础没有排水设施，基础被水浸泡。
(5) 脚手架附近开挖基础、管沟，对脚手架、模板支架基础构成威胁等。
(6) 基础下的管沟、枯井等未进行加固处理。
(7) 立杆底部未设置底座，或数量不足。
(8) 地基没有进行承载力计算，承载力不足。
(9) 对软地基未采取夯实、设混凝土垫层等加固处理。
(10) 基土上直接搭设模板支架未设垫板，或者木垫板面积不够，板厚不足 50 mm。
(11) 模板支架四周无排水措施造成积水，导致基土尤其是湿陷性黄泥土受水浸泡沉陷。
(12) 搭在结构上的模板支架，对结构未进行验收复核、加固，结构承载力不足。

2. 杆件间距不规范
(1) 立杆不顺直，弯曲度超过 20 mm。
(2) 脚手架基础不在同一高度时，靠边坡上方的立杆轴线到边坡的距离不足 500 mm。
(3) 脚手架未设扫地杆。
(4) 扫地杆设置不合理，纵向扫地杆距地大于 200 mm，横向扫地杆固定在纵向扫地杆以上且间距较大。
(5) 脚手架底层步距超过 2 m。
(6) 立杆偏心荷载过大，顶步以下立杆采用搭接接长。
(7) 双立杆中副立杆过短，长度小于 6 m。
(8) 对接接头没有交错布置，同一步内接头较集中。
(9) 落地式卸料平台未单独设置立杆。
(10) 模板支架柱距过大，分布不均匀。
(11) 纵向水平杆设在立杆外侧。
(12) 纵向水平杆搭接长度不足 1 m，用一个或两个旋转扣件连接。

（13）两根相邻纵向水平杆接头设在同步同跨中，相距不足 500 mm。

（14）主节点处横向水平杆拆除，或未设置横向水平杆。

（15）脚手架未高出作业层。

（16）单排脚手架脚手架眼设置位置不符合规范要求。单排脚手架的横向水平杆插入墙内长度不足 180 mm。

3. 拉接不规范

（1）连墙件设置不符合要求，连墙件与架体连接的连接点位置不在主节点 300 mm 范围内。

（2）连墙件与建筑结构连接不牢固。

（3）连墙件设置数量严重不足。

（4）装饰装修、墙体砌筑等阶段，违规随意拆除连墙件。

（5）拆除脚手架时，未随拆除进度拆除连墙件，连墙件拆除过多。

（6）对高度在 24 m 以上的脚手架未采用刚性连墙件。

（7）违规使用仅能承受拉力、仅有拉筋的柔性连墙件。

（8）模板支架未按照规定将水平杆尽可能顶靠周围结构。

（9）高层脚手架没有局部卸载装置。

（10）脚手架与塔吊、施工升降机、物料提升机等架体连接在一起，或与模板支架连在一起。

（11）悬挑卸料平台与脚手架连接。

（12）模板支架纵横向水平拉杆严重不足。

4. 剪刀撑不规范

（1）脚手架剪刀撑设置不规范，未跟上施工进度，搭接接头扣件数量不足。

（2）模板支架未按照规定设置水平、竖向剪刀撑。

5. 架体防护不规范

（1）作业层脚手板下纵向水平杆间距超过 400 mm。

（2）作业层脚手板铺设不满，没有固定。

（3）脚手板接头不规范，出现长度大于 150 mm 的探头板。

（4）未设置栏杆和挡脚板，或设置位置高度及尺寸不规范。

（5）脚手架未挂随层网、层间网或首层网，挂设不严密。

（四）使用不当

（1）作业层施工荷载过大，超出设计要求。

（2）模板支架、缆风绳、泵送混凝土和砂浆的输送管固定在脚手架上。

（3）脚手架上悬挂起重设备。

（4）在使用期间随意拆除主节点处杆件、连墙件。

（5）在脚手架上进行电、气焊作业时，没有防火措施。

（6）脚手架没有按照规定设置防雷措施。

（7）未按规定进行定期检查，长时间停用和大风、大雨、冻融后未进行检查。

（8）模板上荷载集中。

（9）混凝土梁未从跨中向两端对称分层浇筑。

（10）预压模板支架时，由于砂袋被雨水浸泡过后重量增加，使得预压荷载超过支架设计承载力而造成支架坍塌。

（五）拆除不当

（1）没有制定拆除方案，没有进行安全技术交底。

（2）没有在拆除前对脚手架的扣件连接、连墙件、支撑体系等是否符合构造要求做全面检查。

（3）拆架时周围没有设置围栏或警戒标志。

（4）在电力线路附近拆除脚手架不能停电时，未采取有效防护措施。

（5）拆除作业人员踩在滑动的杆件上操作。

（6）拆架过程中遇有管线阻碍时，任意割移。

（7）拆除脚手架时，上下同时作业。

（8）先将连墙件整层或数层拆除后再拆脚手架。

（9）拆架人员不配备工具套，随意放置工具。

（10）拆除过程中如更换人员，没有重新进行安全技术交底。

（11）采用成片拽倒或拉倒方法拆除。

（12）高处抛掷拆卸的杆件、部件。

（六）脚手架事故的共性问题

1. 人的方面

在建筑施工过程中，各级管理人员的违章指挥是造成事故的原因之一。此外，监护人的失职、操作者本人的违章作业，也会造成大量的事故。尤其是脚手架的登高架设人员从事脚手架搭设与拆除时，未按规定正确佩戴安全帽和系安全带。有些作业人员安全意识差，对可能遇到或发生的危险估计不足，对施工现场存在的安全防护不到位等问题不能及时发现，也会导致事故的发生。

2. 物的方面

脚手架搭设不符合规范要求。在部分建筑施工现场，脚手架搭设不规范的现象比较普遍，一是脚手架操作层防护不规范；二是密目网、水平兜网系结不牢固，未按规定设置随层兜网和层间网；三是脚手板设置不规范；四是悬挑架设置不规范，由此可能导致伤亡事故的发生。另外，有些脚手架使用劣质的材料制造，刚度达不到要求，使用前未进行必要的检验检测，都会造成重大伤亡事故的发生。

3. 安全管理方面

脚手架搭设与拆除方案不全面，安全技术交底无针对性。项目部重视施工现场、忽视安全管理资料的现象比较普遍，施工工程应当编制专项安全技术方案，明确脚手架搭设与拆除、基坑支护、模板工程、临时用电、塔机拆装等的安全操作规程。如果不编制施工方案，或者不结合施工现场实际情况，照抄标准、规范，应付检查；安全技术交底仍停留在"进入施工现场必须戴安全帽"的层次上，缺乏针对性；工程施工过程中凭个人经验操作，就会不可避免地因事故隐患和违反操作规程、技术规范等问题，引发重大伤亡事故。

安全管理方面存在的另一个问题是，安全检查不到位，未能及时发现事故隐患。脚手架的搭设与拆除作业过程中发生的伤亡事故，大都存在违反技术标准和操作规程等问题，但施工现场的项目经理、工长、专职安全员在定期安全检查和日常检查中，均未能及时发现问题,或发现问题后未及时整改和纠正,最终导致重大生产安全事故的发生。

二、脚手架事故的预防措施

(一)加强培训教育,提高安全意识,增加自我保护能力,杜绝违章作业

安全生产教育培训是实现安全生产的重要基础工作。企业要完善内部教育培训制度,通过对职工进行三级教育、定期培训,开展班组班前活动,利用黑板报、宣传栏、事故案例剖析等多种形式,加强对一线作业人员的培训教育,增强安全意识,掌握安全知识,提高职工搞好安全生产的自觉性、积极性和创造性,使各项安全生产规章制度得以贯彻执行。脚手架等特种作业人员必须持证上岗,并每年接受规定学时的安全培训。《建筑施工扣件式钢管脚手架安全技术规范》规定,脚手架搭设人员必须是经过按现行国家标准《特种作业人员安全技术考核管理规则》考核合格的专业架子工。上岗人员应定期体检,合格者方可持证上岗。《建筑安装工人安全技术操作规程》规定,进入施工现场必须戴安全帽,禁止穿拖鞋或光脚。在没有防护设施的高空、悬崖和陡坡施工,必须系安全带。正确使用个人安全防护用品是防止职工因工伤亡事故的第一道防线,是作业人员的"护身符"。

(二)严格执行脚手架搭设与拆除的有关规范和要求

1. 脚手架作业层防护要求

脚手板:脚手架作业层应满铺脚手板,板与板之间紧靠,离开墙面120~150 mm;当作业层脚手板与建筑物之间缝隙大于150 mm时,应采取防护措施。脚手板一般应至少两层,上层为作业层,下层为防护层。只设一层脚手板时,应在脚手板下设随层兜网。自顶层作业层的脚手板向下宜每隔12 m满铺一层脚手板。

防护栏杆和挡脚板:均应搭设在外立杆内侧;上栏杆上皮高度应为1.2 m;挡脚板高度不小于180 mm;中栏杆应居中设置。

密目网与兜网:脚手架外排立杆内侧,要采用密目式安全网全封闭。密目网必须用符合要求的系绳将网周边每隔45 cm系牢在脚手管上。建筑物首层要设置兜网,向上每隔3层设置一道,作业层下设随层网。兜网要采用符合质量要求的平网,并用系绳系牢,不可留有漏洞。密目网和兜网破损严重时,不得使用。

2. 连墙件的设置要求

连墙件的布置间距除满足计算要求外,尚不应大于最大间距;连墙件宜靠近主节点设置,偏离主节点的距离不应大于300 mm;应从底层第一步纵向水平杆开始设置,否则应采用其他可靠措施固定;宜优先采用菱形布置,也可采用方形、矩形布置。一字形、开口形脚手架的两端必须设置连墙件,连墙件的垂直间距不应大于建筑物的层高,并不应大于4 m。高度24 m以下的单、双排架,宜采用刚性连墙件与建筑物可靠连接,亦可采用拉筋和顶撑配合使用的附墙连接方式,严禁使用仅有拉筋的柔性连墙件。高度24 m以上的双排架,必须采用刚性连墙件与建筑物可靠连接。连墙件中的连墙杆或拉筋宜水平设置,当不能水平设置时,与脚手架连接的一端应下斜连接,不应采用上斜连接。

3. 剪刀撑设置要求

每组剪刀撑跨越立杆根数为5~7根;高度在24 m以下的单、双排脚手架,必须在外侧立面的两端各设置一组,由底部到顶部随脚手架的搭设连续设置;高度24 m以上的双排架,在外侧立面必须沿长度和高度连续设置;剪刀撑斜杆应与立杆和伸出的横向水平杆

进行连接；剪刀撑斜杆的接长均采用搭接。

4. 横向水平杆设置要求

主节点处必须设置一根横向水平杆，用直角扣件扣接且严禁拆除；作业层上非主节点处的横向水平杆，宜根据支承脚手板的需要等间距设置，最大间距不应大于纵距的1/2；使用钢脚手板、木脚手板、竹串片脚手板时，双排架的横向水平杆两端均应采用直角扣件固定在纵向水平杆上。

5. 脚手架拆除要求

拆除前的准备工作：全面检查脚手架的扣件连接、连墙件、支撑体系是否符合构造要求；根据检查结果补充完善施工方案中的拆除顺序和措施，经主管部门批准后实施；由工程施工负责人进行拆除安全技术交底；清除脚手架上杂物及地面障碍物。

拆除时要求：拆除作业必须由上而下逐层进行，严禁上下同时作业；连墙件必须随脚手架逐层拆除，严禁先将连墙件整层或数层拆除后再拆脚手架，分段拆除高差不应大于2步，如大于2步应增设连墙件加固；当脚手架拆至下部最后一根长立杆的高度时，应先在适当位置搭设临时抛撑加固后，再拆除连墙件；当脚手架分段、分立面拆除时，对不拆除的脚手架两端，应按照规范要求设置连墙件和横向斜撑加固；各构配件严禁抛掷至地面。

（三）加强脚手架构配件材质的检查，按规定进行检验检测

由于种种原因，大量不合格的安全防护用具及构配件流入施工现场，因安全防护用具及构配件不合格而造成的伤亡事故占有很大比例。因此，施工企业必须从进货的关口把住产品质量关，保证进入施工现场的产品必须是合格产品，同时在使用过程中，要按规定进行检验检测，达不到使用要求的安全防护用具及构配件不得使用。

脚手架钢管应采用质量符合《碳素结构钢》（GB/T 700—2006）规定的产品。冲压钢脚手板、连墙件材质应符合《碳素结构钢》中的规定，木脚手板材质应符合《木结构设计规范》（GB 50005—2003）中Ⅱ级材质的规定。扣件材质应符合《钢管脚手架扣件》（GB 15831—2006）的规定。旧钢管使用前要对钢管的表面锈蚀深度、弯曲变形程度进行检查。旧扣件使用前应进行质量检查，有裂缝、变形的严禁使用，出现滑丝的螺栓必须更换。

（四）制定有针对性的、切实可行的脚手架搭设与拆除方案，严格进行安全技术交底

安全防护方案是规定施工现场如何进行安全防护的文件，所以必须根据施工现场的实际情况，针对现场的施工环境、施工方法及人员配备等情况进行编制，按照标准、规范的规定，制定切实有效的防护措施，并认真落实到工程项目的实际工作中。

脚手架搭设施工方案包括如下内容：

（1）编制依据：《建筑施工扣件式钢管脚手架安全技术规范》（JGJ 130—2001）、《建筑施工安全检查标准实施指南》、工程施工组织设计、施工图纸等。

（2）工程概况及施工条件。

（3）脚手架结构形式选择、基础处理、搭设要求、杆件间距、连墙件设置位置、连接方法，并绘制施工详图及大样图。

（4）落地式外脚手架的搭设高度超过规范规定的要进行设计计算，设计计算的内容包括纵向、横向水平杆等受弯构件的强度和连接扣件的抗滑承载力计算；立杆的稳定性计算；连墙件的强度、稳定性和连接强度的计算；立杆地基承载力计算等。

对50 m以下的常用敞开式双排脚手架（单排允许高度≤24 m），采用规范规定的构造

尺寸，且符合构造规定时，相应杆件可不再进行设计计算。但连墙件、立杆地基承载力等仍应根据实际荷载进行设计计算。

当搭设高度在25~50 m时，应从构造上对脚手架整体稳定性进行加强。纵向剪刀撑必须连续设置，增加横向剪刀撑，连墙件强度相应提高，间距缩小，以及在多风地区对搭设高度超过40 m的脚手架，考虑风涡流的上翻力，应在设置水平连墙件的同时，还应有抗上翻力作用的连墙措施等，以确保脚手架的使用安全。

当搭设高度超过50 m时，可采用双立杆加强或采用分段卸荷，沿脚手架全高分段将脚手架与梁板结构用钢丝绳吊拉，将脚手架的部分荷载传给建筑物承担；或采用分段搭设，将各段脚手架荷载传给由建筑物伸出的悬挑梁、架承担，并经设计计算。

多层悬挑的脚手架，必须经设计计算确定。其内容包括：悬挑梁或悬挑架的选材及搭设方法，悬挑梁的强度、刚度、抗倾覆验算，与建筑结构连接做法及要求，上部脚手架立杆与悬挑梁的连接等。悬挑架的节点应该采用焊接或螺栓连接，不得采用扣件连接做法。

(5) 脚手架搭设方案由施工现场技术负责人编制，经上一级技术部门、安全部门审核，公司或分公司技术负责人审批后执行。施工方案应与施工现场搭设的脚手架类型相符，当现场因故改变脚手架类型时，必须重新修改脚手架方案并经审批后方可施工。方案经审定后，必须遵照执行，不得随意变更。如遇特殊情况需要变更的，应由编制人出具变更通知单，审批人签发后方可生效。

(6) 严格执行安全技术交底制度。安全技术交底工作，是施工负责人向作业人员进行职责落实的法律要求，要严肃认真地进行，不能流于形式。安全技术交底在正式作业前进行，不但要口头讲解，同时应有书面文字材料，并履行签字手续，施工负责人、生产班组、现场安全员各留一份。安全技术交底主要包括两方面的内容：一是在施工方案的基础上进行的，按照施工方案的要求，对施工方案进行细化和补充；二是讲明安全注意事项，保证操作者的人身安全。交底内容不能过于简单，千篇一律口号化，应按分部分项工程，针对作业条件的变化具体进行。

(五) 落实安全生产责任制，强化安全检查

安全生产责任制度是建筑企业最基本的安全管理制度。建立并严格落实安全生产责任制，是搞好安全生产的最有效的措施之一。安全生产责任制要将企业各级管理人员，各职能机构及其工作人员和各岗位生产工人在安全生产方面应做的工作及应负的责任加以明确规定。工程项目经理部的管理人员和专职安全员，要根据自身工作特点和职责分工，严格执行定期安全检查制度，并经常进行不定期的、随机的检查，对于发现的问题和事故隐患，要按照"定人、定时间、定措施"的原则进行及时整改，并进行复查，消除事故隐患，防止职工伤亡事故的发生。

脚手架检查、验收应根据规范、施工组织设计及变更文件和技术交底文件进行。在基础完工、脚手架搭设前、作业层上施加荷载前、每搭设完10~13 m高度后、达到设计高度后、遇有6级大风与大雨、寒冷地区开冻、停用超过一个月，均要组织检查与验收。

脚手架使用中，应定期检查下列项目：杆件的设置和连接、连墙件、支撑、门洞桁架等的构造是否符合要求；地基是否积水，底座是否松动，立杆是否悬空；扣件螺栓是否松动；立杆的沉降与垂直度的偏差是否符合规范规定；安全防护措施是否符合要求；是否超载。

习题二

一、判断题

1. 脚手架立杆应绑在纵向水平杆的外侧。
2. 脚手架出现整体失稳破坏的主要原因是超载。
3. 脚手架的立杆应立于平整夯实的地面上，并加设底座或垫板。
4. 立杆接长(除顶层顶步可以采用搭接外)必须采用对接扣件对接。
5. 确定立杆位置的原则是：最后一个跨间尺寸一定要等于或小于技术规程的要求尺寸。
6. 纵向扫地杆应固定在立杆的内侧。
7. 承重脚手架的立杆接长，除顶层顶步外，不能采用搭接形式。
8. 纵向扫地杆应固定在横向扫地杆的上方。
9. 钢管脚手架纵杆水平杆接长时，可以采用对接或搭接。
10. 钢管脚手架的立杆采用对接接长时，两根相邻立杆的接头不应设置在同步内。
11. 装修用钢管脚手架的立杆接长时可以使用搭接。
12. 脚手架的立杆不可直接立于硬土地上。
13. 主节点处必须设置一根横向水平杆，非作业层可拆除。
14. 当脚手板长度小于 2 m 时，可采用两根横向水平杆支承。
15. 脚手板的铺设可采用对接或搭接铺设。
16. 脚手板必须按脚手架的宽度满铺，板与板之间靠紧。
17. 脚手架必须设置纵、横向扫地杆。
18. 每根立杆底部应设置底座和垫板。
19. 横向扫地杆应采用直角扣件固定在纵向扫地杆下方的立杆上。
20. 连墙件在施工中不允许随意变更或拆除。
21. 抛撑应在连墙件搭设后方可拆除。
22. 脚手架搭设两步后抛撑就可以拆除。
23. 门洞桁架下的两侧立杆应为双管立杆，副立杆高度应高于门洞口 1~2 步。
24. 单排脚手架过门洞时应增设立杆或增设一根纵向水平杆。
25. 连墙件的主要作用是防止脚手架内倒外倾。
26. 脚手架应从第二步纵向水平杆处开始设置连墙件。
27. 开口型脚手架连墙件设置的垂直距离不应大于建筑物的层高，并不大于 4 m。
28. 对于高度在 24 m 及以下的单、双排脚手架可采用拉筋和顶撑配合使用的附墙连接方式。
29. 开口型双排脚手架的两端均必须设置横向斜撑。
30. 剪刀撑的斜杆接长可采用搭接或对接。
31. 高度在 24 m 以下的封闭型双排脚手架可不设横向斜撑。
32. 每组剪刀撑的设置必须由底到顶连续设置。
33. 高度在 24 m 以上的双排脚手架应在外侧全立面连续设置剪刀撑。
34. 剪刀撑的设置必须由底到顶间断设置。

35. 脚手架高度大于 6 m 时，应采用"之"字形斜道。
36. 斜道不宜设在有外电线路一侧的架体上。
37. 运料斜道宽度不宜小于 1.5 m，人行斜道宽度不宜小于 1.0 m。
38. 斜道应设在有外电线路一侧的架体上。
39. 斜道脚手板顺铺时，接头应采用搭接，下面的板头应压住上面的板头。
40. 悬挑脚手架型钢悬挑梁宜采用双轴对称截面的型钢。
41. 悬挑架的节点应该采用焊接或螺栓连接，不得采用扣件连接。
42. 悬挑架一次高度不宜超过 20 m。
43. 型钢悬挑梁高度不应小于 160 mm。
44. 锚固型钢悬挑梁的 U 型钢筋环钢筋直径不宜小于 16 mm。
45. 型钢悬挑梁悬挑端应设置能使脚手架立杆与钢梁可靠固定的定位点。
46. 悬挑架的外立面必须设置连续剪刀撑。
47. 悬挑架作业层外侧，应设置防护栏和挡脚板。
48. 悬挑架的外立面必须用密目式安全网全封闭。
49. 单层斜挑架包括防护栏杆及斜立杆部分，全部用密目式安全网封闭。
50. 按规定作业层下应设一道防护网，防止人和物坠落。
51. 安全网作防护层时必须封挂严密、牢靠。
52. 密目式安全网只能用于立网防护。
53. 碗扣式脚手架承载力大，不易发生失稳坍塌。
54. 碗扣式脚手架一般锈蚀不影响装拆作业。
55. 碗扣式脚手架各构件尺寸统一，结构间距灵活性差。
56. 碗扣式脚手架能用于大跨度网架施工。
57. 碗扣式脚手架结构稳固可靠，不易发生失稳坍塌，且承载力大。
58. 碗扣式脚手架接头具有可靠的自锁能力。
59. 碗扣式脚手架根据施工需要能组成不同尺寸和荷载的脚手架。
60. 碗扣式钢管脚手架钢管规格应为 ϕ 48 mm×3.5 mm。
61. 碗扣式脚手架外套管长度不小于 160 mm。
62. 碗扣式脚手架可调托撑钢板厚度不得小于 5 mm。
63. 碗扣式脚手架可调托撑丝杆与调节螺母啮合长度不得少于 6 扣。
64. 碗扣式脚手架可调托撑丝杆插入立杆内的长度不得小于 150 mm。
65. 碗扣式脚手架的可变荷载包括操作人员、器具、材料、风荷载等。
66. 碗扣式脚手架可根据场地情况，设置排水措施。
67. 碗扣式脚手架立杆底座应设置 50 mm 厚的通长垫板。
68. 碗扣式脚手架搭设在土壤地基上的立杆必须采用可调底座。
69. 碗扣式脚手架首层立杆应采用不同长度交错布置。
70. 碗扣式脚手架的扫地杆施工时严禁拆除。
71. 碗扣式脚手架斜杆应设置在纵、横杆的碗扣节点上。
72. 碗扣式脚手架的连墙件水平间距不应大于 4.5 m。
73. 门式脚手架在拆除同一层的构配件和加固件时，应按先上后下、先外后内的顺序进行。

74. 门架整体搭设完毕后，统一调整其水平度和垂直度。
75. 门架及配件的规格型号可以混用，扣件式钢管架子的钢管直径不同，不得混用。
76. 门架高度在 45 m 以上时，应每步设置一道水平架。
77. 门架的转角处和间断处的一个跨距范围内每步设一道水平架，端部可不设。
78. 门式脚手架高度在 15 m 时，在转角处可不设水平架。
79. 门式脚手架的水平杆可由挂扣式脚手板代替。
80. 门式架的连墙件必须在架体搭设完毕后统一设置，并同时检查是否有漏连之处。
81. 门式模板支撑架的立杆底部应设置双向水平拉结杆。
82. 满堂红脚手架剪刀撑的设置要由底到顶，四面必须设置，其他部位可不设。
83. 模板支架在混凝土结构达到规定的强度后，就应立即拆除。
84. 高度在 30 m 以上的碗扣式脚手架应沿脚手架外侧全高方向连续设置剪刀撑，两组剪刀撑之间设置碗扣式斜杆。
85. 承重脚手架的立杆接长，可采用搭接形式。
86. 碗扣式模板支撑架第一步立杆的长度应一致，各立杆的接头应在同一水平面上。
87. 门式模板支撑架的立柱底部应设置双向水平拉结杆。
88. 模板支撑架拆除时，第一步应先拆底部的扫地杆，再拆连墙件。
89. 模板支撑架的拆除应从顶层开始往下逐层进行，先拆可调托撑、斜杆、横杆，后拆立杆。
90. 扣件式模板支撑架的立杆接长方式应采用对接连接，也可采用搭接连接。
91. 梁或梁垫下及其两侧各 500 mm 的范围内应按规定设置横向水平杆。
92. 整体式附着升降脚手架架体的悬挑长度不得大于 8 m。
93. 附着升降脚手架架体的外立面的特殊部位必须设置剪刀撑。
94. 附着升降脚手架的升降吊点超过两个时，不能使用手拉葫芦。
95. 附着升降脚手架的架体宽度不应大于 1.2 m。
96. 附着升降脚手架的防坠装置应设置竖向主框架部位，且每一竖向主框架处必须设置一个。
97. 附着升降脚手架，在每一作业层架体外侧必须设置上、下两道防护栏杆。
98. 附着升降脚手架的水平梁架及竖向主框架在两相邻附着支撑结构处的高度差应不大于 20 mm。
99. 二氧化碳灭火器可以用作扑救电气火灾。
100. 附着升降脚手架在升降和使用工况下，架体悬臂高度应大于 6 m。
101. 附着升降脚手架在升降过程中，出现异常情况，任何人发出的停止指令都应服从。

二、填空题

102. 脚手架的钢管使用前必须进行＿＿＿＿＿＿处理。
103. 当扣件夹紧钢管时，开口处的最小距离应小于＿＿＿＿＿＿ mm。
104. 脚手板可采用钢、木、竹材料制作，每块质量不宜大于＿＿＿＿＿＿ kg。
105. 脚手架立杆顶端栏杆宜高出女儿墙上端＿＿＿＿＿＿ m。

106. 抛撑与地面的倾角应在_____之间。
107. 单、双排脚手架都应设置_____。
108. 脚手架高度在_____m以上时，应采用"之"字形斜道。
109. 型钢悬挑脚手架悬挑式脚手架的外立面应设置_____剪刀撑。
110. 高度大于45 m的门式脚手架在搭设中应每_____步设置一道水平架。

三、单选题

111. 纵向水平杆搭接长度不应小于( )m，应等间距设置3个旋转扣件固定。
A．0.5　　　　　B．1.0　　　　　C．1.5
112. 扣件式钢管脚手架的钢管采用的规格为( )。
A．φ48.3 mm×3.6 mm　　B．φ48 mm×3.5 mm　　C．φ51 mm×3.5 mm
113. 脚手架的单根立管承载力可达( )kN。
A．5~15　　　　B．15~35　　　　C．35~45
114. 脚手架的钢管必须有产品质量( )。
A．合格证　　　　B．许可证　　　　C．体系认证
115. 旧钢管在使用前要进行检查，锈蚀严重部位应将钢管( )进行检查。
A．压扁　　　　B．除锈　　　　C．截断
116. 使用时扣件螺栓拧紧扭力矩为( )N·m。
A．10~35　　　　B．20~40　　　　C．40~65
117. 扣件螺栓不得有( )现象。
A．过长　　　　B．滑丝　　　　C．过短
118. 木脚手板的厚度不应小于( )mm。
A．30　　　　B．40　　　　C．50
119. 试验表明底座下加设木垫板(厚5 cm，长200 cm)时，可将地基土的承载力提高( )倍。
A．3　　　　B．5　　　　C．7
120. 垫板宜采用长度不少于( )跨。
A．2　　　　B．3　　　　C．5
121. 垫板长度大时，将有助于克服立杆的不均匀( )。
A．沉陷　　　　B．悬空　　　　C．连接
122. 作业层端部脚手板探头长度取( )mm。
A．150　　　　B．200　　　　C．300
123. 脚手板铺设时离开墙面的距离为( )mm。
A．80~100　　　　B．100~120　　　　C．120~150
124. 冲压钢脚手板、木脚手板、竹串片脚手板应设置在( )根横向水平杆上。
A．二　　　　B．三　　　　C．四
125. 脚手板搭接时，搭接长度不应小于( )mm。
A．100　　　　B．150　　　　C．200
126. 主节点处必须设置一根横向水平杆，用( )扣件扣接且严禁拆除。
A．旋转　　　　B．对接　　　　C．直角

127. 作业层上非主节点的横向水平杆,最大间距不应大于纵距的( )。
   A. 1/2   B. 1/3   C. 1/4

128. 立杆采用搭接接长时,搭接长度不应小于( )m。
   A. 0.5   B. 1.0   C. 1.5

129. 杆件端部至扣件盖板的边缘距离不应小于( )mm。
   A. 50   B. 100   C. 150

130. 脚手架立杆顶端栏杆宜高出檐口上端( )m。
   A. 1.1   B. 1.3   C. 1.5

131. 当立杆采用对接接长时,立杆的对接扣件应( )布置。
   A. 错开   B. 对齐   C. 平行

132. 立杆的两个相邻接头在高度方向错开的距离不宜小于( )mm。
   A. 300   B. 400   C. 500

133. 脚手架连墙件设置的位置、数量应按专项施工( )确定。
   A. 方案   B. 材料   C. 进度

134. 脚手架连墙件有刚性连墙件和柔性连墙件两种,一般情况应优先采用( )连墙件。
   A. 刚性   B. 柔性   C. 中性

135. 脚手架连墙件应靠近主节点设置,偏离主节点的距离不应大于( )mm。
   A. 100   B. 200   C. 300

136. 设置连墙件时应优先选用( )形布置。
   A. 菱   B. 方   C. 矩

137. 开口型脚手架的两端必须设置连墙件,连墙件的垂直间距不应大于建筑物的层高,并且不应大于( )m。
   A. 3   B. 4   C. 6

138. 抛撑应采用( )杆件。
   A. 通长   B. 搭接   C. 对接

139. 单、双排扣件式脚手架门洞宜采用上升斜杆,斜杆与地面的倾角应在( )之间。
   A. 15°~25°   B. 25°~40°   C. 45°~60°

140. 门洞桁架中伸出上下弦杆的杆件端头,均应增设一个( )扣件。
   A. 旋转   B. 对接   C. 防滑

141. 抛撑应在连墙件搭设连接之( )方可拆除。
   A. 前   B. 后   C. 中

142. 单排脚手架洞口处,应在平面桁架的每一节间设置一根( )。
   A. 斜腹杆   B. 立杆   C. 剪刀撑

143. 剪刀撑是防止脚手架( )变形的重要杆件和措施。
   A. 纵向   B. 横向   C. 扭曲

144. 每组剪刀撑的宽度不应小于( )跨。
   A. 2   B. 3   C. 4

145. 剪刀撑的斜杆接长应采用搭接,搭接长度不应小于( )m。
   A. 0.5   B. 1.0   C. 1.5

146．剪刀撑斜杆应用旋转扣件固定在与之相交的(　　)的伸出端或立杆上。
　　A．横向水平杆　　　　B．纵向水平杆　　　　C．斜杆

147．开口型双排脚手架的(　　)均必须设置横向斜撑。
　　A．两端　　　　　　　B．顶端　　　　　　　C．首层

148．高度在 24 m 以上的封闭型脚手架，除拐角应设置横向斜撑外，中间每隔(　　)跨设置 1 道。
　　A．4　　　　　　　　B．6　　　　　　　　　C．8

149．斜道的脚手板上应每隔(　　)mm 设置一根防滑木条，木条厚度宜为 20～30 mm。
　　A．150～200　　　　 B．250～300　　　　　C．350～400

150．脚手架运料斜道宽度不宜小于(　　)m。
　　A．1　　　　　　　　B．1.5　　　　　　　　C．2.5

151．脚手架人行斜道的坡度应采用(　　)。
　　A．1∶2　　　　　　　B．1∶3　　　　　　　　C．1∶6

152．脚手架运料斜道的坡度应采用(　　)。
　　A．1∶3　　　　　　　B．1∶5　　　　　　　　C．1∶6

153．脚手架斜道两侧及平台外围均应设置栏杆及挡脚板，栏杆高度应为(　　)m。
　　A．1　　　　　　　　B．1.2　　　　　　　　C．1.8

154．斜道脚手板横铺时，应在横向水平杆下增设(　　)支托杆。
　　A．纵向　　　　　　　B．斜向　　　　　　　C．外侧

155．斜道脚手板顺铺时，接头应采用搭接，下面的板头应压住上面的板头，板头的凸棱处应用(　　)填平。
　　A．水泥　　　　　　　B．塑料　　　　　　　C．三角木

156．悬挑式脚手架搭设人员必须(　　)上岗。
　　A．持证　　　　　　　B．每天　　　　　　　C．晚上

157．悬挑式脚手架一次高度不宜超过(　　)m。
　　A．20　　　　　　　　B．24　　　　　　　　C．30

158．悬挑梁尾部应将(　　)处及以上固定于钢筋混凝土梁板结构上。
　　A．一　　　　　　　　B．两　　　　　　　　C．三

159．悬挑式脚手架用于锚固的 U 型钢筋拉环或螺栓应采用(　　)成型。
　　A．热弯　　　　　　　B．冷弯　　　　　　　C．焊接

160．悬挑式脚手架用于锚固的 U 型钢筋拉环或螺栓与型钢间隙应用(　　)楔紧。
　　A．木楔　　　　　　　B．砖头　　　　　　　C．水泥

161．悬挑钢梁悬挑长度应按设计确定，固定长度不应小于悬挑长度的(　　)倍。
　　A．0.8　　　　　　　B．1.0　　　　　　　　C．1.25

162．脚手架立杆的定位点离悬挑梁端部不应小于(　　)mm。
　　A．50　　　　　　　　B．80　　　　　　　　C．100

163．悬挑梁采用钢压板连接固定时，钢压板尺寸不应小于(　　)(宽×厚)。
　　A．50 mm×10 mm　　 B．80 mm×10 mm　　　C．100 mm×10 mm

164．型钢悬挑脚手架悬挑梁采用螺栓角钢压板连接固定时，角钢的规格不应小于

( )。

　　A. 63 mm×63 mm×6 mm　　B. 63 mm×50 mm×5 mm　　C. 50 mm×50 mm×5 mm

165. 型钢悬挑脚手架悬挑梁锚固位置设置在楼板时，楼板的厚度不宜小于( )mm。

　　A. 80　　　　　　　B. 100　　　　　　　C. 120

166. 多层悬挑架上搭设的脚手架，按( )脚手架的要求搭设。

　　A. 落地式　　　　　B. 门式　　　　　　C. 碗扣式

167. 采用U型钢筋环锚固悬挑梁时最后一道U型环距挑梁端部不应小于( )mm。

　　A. 100　　　　　　B. 200　　　　　　　C. 300

168. 碗扣式脚手架斜杆应设置在纵、横杆的碗扣( )。

　　A. 上端　　　　　　B. 下端　　　　　　C. 节点

169. 封圈的碗扣式脚手架拐角处应设置一组纵向( )斜杆。

　　A. 间断　　　　　　B. 上、下端　　　　C. 通高

170. 当碗扣式脚手架高度小于或等于24 m时，每隔( )跨应设置一组纵向通高斜杆。

　　A. 3　　　　　　　B. 5　　　　　　　　C. 7

171. 当碗扣式脚手架高度大于24 m时，每隔( )跨应设置一组纵向通高斜杆。

　　A. 3　　　　　　　B. 4　　　　　　　　C. 5

172. 碗扣式脚手架当采用钢管扣件做连墙件时，连墙件应与( )连接。

　　A. 立杆　　　　　　B. 横杆　　　　　　C. 斜杆

173. 碗扣式脚手架连墙件应水平设置，当不能水平设置时，与脚手架连接的一端应( )连接。

　　A. 下斜　　　　　　B. 上斜　　　　　　C. 随意

174. 碗扣式脚手架内立杆与建筑物距离应小于或等于( )mm。

　　A. 100　　　　　　B. 150　　　　　　　C. 200

175. 碗扣式脚手架设置机动车通行洞口时，必须设置( )措施。

　　A. 防倾斜　　　　　B. 防倒塌　　　　　C. 防撞击

176. ( )的门式脚手架，在转角处、端部及间断处的一个跨距范围内，每步设置一道。

　　A. 45 m以上　　　　B. 45 m以下　　　　C. 50 m

177. 门式脚手架的连墙件必须随脚手架( )搭设。

　　A. 间断　　　　　　B. 同步　　　　　　C. 隔两跨

178. 门式脚手架的连墙件，水平方向一般每隔( )跨设置一个。

　　A. 二　　　　　　　B. 四　　　　　　　C. 六

179. 门式脚手架的连墙件一般竖向每隔( )步设置一个。

　　A. 三　　　　　　　B. 五　　　　　　　C. 七

180. 门式脚手架高度大于( )m时，应每步设置一道水平杆。

　　A. 15　　　　　　　B. 45　　　　　　　C. 50

181. 门架的水平杆可由门架两侧的水平加固杆和( )脚手板代替。

　　A. 木　　　　　　　B. 钢　　　　　　　C. 挂扣式

182. 承重用满堂脚手架，立杆纵横向间距≤( )m。
   A. 1.5　　　　　　　B. 1.8　　　　　　　C. 2.0
183. 装修用满堂脚手架，立杆纵横向间距应为( )m。
   A. 1.5　　　　　　　B. 1.8　　　　　　　C. 2.0
184. 承重用满堂脚手架，纵横向大横杆步距为( )m。
   A. 1.2　　　　　　　B. 1.5　　　　　　　C. 1.8
185. 装修用满堂脚手架，纵横向大横杆步距为( )m。
   A. 1.5　　　　　　　B. 1.8　　　　　　　C. 2.0
186. 满堂模板支撑架四边与中间每隔( )排支架立杆应设置一道纵向剪刀撑。
   A. 四　　　　　　　B. 五　　　　　　　C. 六
187. 碗扣式脚手架主杆上的碗扣接头安装间距为( )mm。
   A. 450　　　　　　　B. 500　　　　　　　C. 600
188. 碗扣式脚手架的顶杆是( )承力杆。
   A. 框架垂直　　　　B. 框架水平　　　　C. 支撑架顶端垂直
189. 模板支撑架各水平拉结杆的间距(步高)一般不大于( )m。
   A. 1.6　　　　　　　B. 1.8　　　　　　　C. 2.0
190. 碗扣式钢管脚手架第一层的立杆选择应为( )。
   A. 3.0 m　　　　　B. 1.8 m　　　　　C. 3.0 m和1.8 m两种
191. 承重用满堂脚手架，作业层小横杆间距应为( )m。
   A. 1.0　　　　　　　B. 1.2　　　　　　　C. 1.5
192. 装修用满堂脚手架，作业层小横杆间距应为( )m。
   A. 1.2 m　　　　　B. 1.5 m　　　　　C. 1.8 m
193. 以下哪种不是碗扣式钢管脚手架的连墙件设置方式。( )
   A. 柔性拉结固定法　B. 砖墙缝固定法　　C. 混凝土墙体固定法
194. 扣件式模板支撑架在设置纵、横两个方向的水平拉结杆的同时，还必须设置( )。
   A. 挡脚板　　　　　B. 斜杆　　　　　　C. 底座
195. 模板支架的拆除必须在混凝土结构达到规定的强度后，由单位( )对支撑架做全面检查，并确认后，方可拆除。
   A. 负责人　　　　　B. 安全员　　　　　C. 工程技术人员
196. 碗扣式(普通型)脚手架的组合形式是( )。
   A. 1.8 m×1.2 m×1.8 m　　B. 1.2 m×1.2 m×1.8 m　　C. 2.4 m×1.2 m×1.8 m
197. 碗扣式(重型)脚手架的组合形式是( )。
   A. 1.8 m×1.2 m×1.8 m　　B. 0.9 m(或1.2 m)×1.2 m×1.8 m
   C. 2.4 m×1.2 m×1.8 m
198. 附着升降脚手架在升降和使用工况下，架体悬臂高度不应大于( )m。
   A. 6　　　　　　　　B. 8　　　　　　　　C. 10
199. 附着升降脚手架架体外立面必须沿全高设置( )。
   A. 挡脚板　　　　　B. 连墙件　　　　　C. 剪刀撑

200. 整体式附着升降脚手架的控制中心应由( )控制操作。
    A. 项目负责人   B. 项目安全员   C. 专人
201. 整体式附着升降脚手架升降操作时各邻提升点间最大高差不得大于( )mm。
    A. 80   B. 100   C. 150
202. 附着式脚手架的架体宽度不应大于( )m。
    A. 1.2   B. 1.5   C. 1.8

四、多项选择题

203. 脚手架主节点是指( )三杆紧靠的扣接点。
    A. 立杆   B. 连墙杆   C. 纵向水平杆   D. 横向水平杆
204. 落地式钢管脚手架的优点是( )。
    A. 承载力大   B. 加工、装拆简便   C. 搭拆灵活   D. 适用范围广
205. 钢管、扣件脚手架均有国家标准，要求( )。
    A. 加工简单   B. 通用性好   C. 承载力小   D. 装拆复杂
206. 钢管、扣件脚手架，扣件连接简单，且( )。
    A. 易于操作   B. 操作难度大   C. 装拆简便   D. 适用范围小
207. 扣件连接不受( )的限制。
    A. 高度   B. 材料   C. 方向   D. 角度
208. 钢管表面应平直、不应有裂纹和( )等。
    A. 分层   B. 压痕   C. 划道   D. 硬弯
209. 脚手架钢管必须有( )。
    A. 营业执照   B. 销售许可证   C. 产品质量合格证   D. 材质检验报告
210. 搭设脚手架所使用的钢管严禁( )。
    A. 靠墙   B. 接高   C. 焊接   D. 打孔
211. 扣件形式主要有( )等。
    A. 三角扣件   B. 直角扣件   C. 旋转扣件   D. 对接扣件
212. 新扣件进场必须有产品( )和专业检测单位的测试报告。
    A. 销售许可证   B. 生产许可证   C. 营业执照   D. 质量合格证
213. 目前脚手板的材质有( )。
    A. 冲压钢脚手板   B. 木脚手板   C. 竹串片脚手板   D. 竹芭脚手板
214. 作业层脚手板应( )。
    A. 铺稳   B. 铺实   C. 满铺   D. 花铺
215. 脚手架上铺脚手板是方便施工人员进行施工( )材料等。
    A. 操作   B. 加工   C. 运输   D. 堆放
216. 连墙件能够保证脚手架( )。
    A. 稳定   B. 倾斜   C. 可靠   D. 安全
217. 连墙件的布置形式有( )。
    A. 菱形   B. 方形   C. 矩形   D. 圆形
218. 双排脚手架应设置( )，单排脚手架应设置剪刀撑。
    A. 剪刀撑   B. 抛撑   C. 横向斜撑   D. 纵向斜撑

219. 单、双排脚手架，均必须在外侧（　）间隔不超过15 m的立面上，各设置一道剪刀撑。

A．两端　　　　　B．上部　　　　　C．中间　　　　　D．转角

220. 多层悬挑架上搭设的脚手架的（　），应符合扣件式钢管脚手架安全技术规范的要求。

A．立杆　　　　　B．纵向水平杆　　C．横向水平杆　　D．连墙件

221. 悬挑梁上应按作业层的要求（　），防止人、物坠落。

A．满铺脚手板　　　　　　　　　　B．挂一道水平安全网

C．与建筑物缝隙封严　　　　　　　D．作空间隔离

222. 多层悬挑架上用安全网作防护层必须封挂（　）。

A．整齐　　　　　B．统一　　　　　C．严密　　　　　D．牢靠

223. 碗扣式脚手架的主要特点是（　）等。

A．承载力大　　　B．安全可靠　　　C．高功效　　　　D．便于管理

224. 碗扣式脚手架的优点是（　）等。

A．结构简单　　　B．轴向连接　　　C．零部件少　　　D．作业强度低

225. 碗扣式脚手架广泛应用于（　）等多种工程施工中。

A．房屋　　　　　B．桥梁　　　　　C．涵洞　　　　　D．大跨度网架

226. 碗扣式脚手架立杆的碗扣节点有（　）等。

A．上碗扣　　　　B．下碗扣　　　　C．横杆接头　　　D．斜杆接头

227. 碗扣式脚手架避免螺栓作业，（　）等。

A．构件轻便　　　B．牢固　　　　　C．使用安全可靠　D．操作要求高

228. 碗扣式钢管脚手架主要构配件种类有（　）等。

A．横杆　　　　　B．专用斜杆　　　C．间横杆　　　　D．斜杆

229. 碗扣式钢管脚手架钢管外观质量要求（　）等。

A．无裂缝　　　　B．无锈蚀　　　　C．无结疤　　　　D．平直光滑

230. 碗扣式钢管脚手架铸造件表面不得有（　）现象等。

A．砂眼　　　　　B．缩孔　　　　　C．裂纹　　　　　D．浇冒口残余

231. 碗扣式钢管脚手架冲压件表面不得有（　）等。

A．毛刺　　　　　B．缩孔　　　　　C．裂纹　　　　　D．氧化皮

232. 碗扣式钢管脚手架焊接件焊缝不得有（　）等。

A．夹砂　　　　　B．咬肉　　　　　C．裂纹　　　　　D．未焊透

233. 碗扣式钢管脚手架架体立杆的上碗扣应（　）。

A．上下窜动　　　B．前后窜动　　　C．转动灵活　　　D．不得有卡滞

234. 模板支撑架的可变荷载包括（　）等。

A．施工人员　　　B．材料　　　　　C．施工设备　　　D．风荷载

235. 碗扣式钢管脚手架构配件进场检查内容包括（　）等是否符合要求。

A．钢管壁厚　　　B．焊接质量　　　C．外观质量　　　D．可调底座

五、简答题

236. 悬挑式脚手架的作业层外侧，应设置哪些防护措施防止人、物坠落？

237. 扣件表面不得有哪些缺陷？

238. 落地式钢管脚手架由哪几部分组成？

第三章　跨越架安全知识

第一节　跨越架基础知识

一、跨越架概述

在线路施工过程中，特别是架线施工作业中，需要经常越过已有的地面结构物。如原有的电力线、通信线、河流、公路、铁路、海峡、房屋建筑等。在跨越施工中可能对线材本身和被跨越物产生一定的安全风险，一旦处理不当就会发生安全事故。跨越作业是线路施工中的一项重要作业内容。目前，常用的跨越方式，是在被跨越物上方搭设跨越架。跨越架具有一定的强度，完全隔离施工线路和被跨越物。跨越架可以承受来自展放的线材的重量和一定的水平拉力，保护线材免于磨损，同时保护被跨越物免受损坏。也有用架空索道作为跨越架的。

跨越架搭设是输电线路导地线架设必不可少的施工准备，搭设进度应保证展放导引绳或导地线需要，搭设质量应保证各种安全距离，经得起风雨考验，有足够的稳定性，架体稳定性尤为重要。过密的搭设跨越架未必安全，密度大，架体重量增加，这对平衡风压有利，但同时增加迎风面积，为此要密度适当，做到牢固、经济、合理。

（一）跨越架在输电线路建设中的作用

架空输电线路经常跨越公路、铁路、电力线、通讯线、管道、江河。为保证公路、铁路的正常运行，电力线不间断供电，通讯线通讯畅通，不危及管道的安全，在架设导地线之前，需在被跨物上方搭设跨越架，以保证导地线架设需要和保证被跨物的安全。跨越江河采用特殊的跨越施工方案。在人力放线中跨越架用来支持导地线；在张力放线中用来支持导引绳和封顶网。跨越铁路跨越架如图 3-1-1 所示，跨越线路跨越架如图 3-1-2 所示。

（二）跨越架分类及用途

1. **按材料划分**

（1）金属跨越架：由钢管、扣件组合而成。主要用于公路、铁路、通讯线的跨越；对于电力线禁止使用金属跨越架，以保证带电线路的安全运行和搭设跨越架的安全。

（2）竹木跨越架：由杉杆、竹竿用铁线或麻绳绑扎而成，用于各种跨越。对于电力线，必须使用竹木跨越架，它具有一定的绝缘性，可保证带电线路的安全运行，带电体与人体及跨越架无法构成导电回路，对人体不放电。但人体与带电体过近易造成相间短路，导致人体触电。

图 3-1-1 跨越铁路跨越架

图 3-1-2 跨越线路跨越架

(3) 索道跨越架：就是在跨越架上架设高空索道，安装滑车。通过索道上的滑车跨越障碍物。

(4) 带电跨越架：由塔头、中间节、标准节、塔根及拉线构成，并配有绝缘网、提升井架和液压升降装置。带电跨越架承载能力较大，主要用于高压电力线的跨越。对于路面较宽的公路、路基较宽的铁路及分歧处宜用带电跨越架。

(5) 吊担跨越架：吊担两端用钢丝绳套悬挂在铁塔横担上，一端绑在铁塔上，侧面设拉线控制吊担位置，顺线路方向设拉线稳定吊担，中吊担两端固定在铁塔上，通过被跨越物搭设跨越架，吊担与跨越架之间架设封网。主要用于被跨物距铁塔较近及连续跨越的情况。

2. 按跨越方式分

（1）单面跨越架：在被跨物一侧搭设跨越架，由杉杆、竹竿用铁丝或麻绳绑扎而成，主要用于低压电力线、乡间道路、简单通讯线的跨越。

（2）双面跨越架：在被跨物两侧搭设的跨越架，由杉杆、竹竿用铁丝绑扎而成。用于高压电力线、重要通讯线、公路、铁路的跨越。

（3）中间跨越架：在被跨越物中间搭设的跨越架，由杉杆、竹竿用铁丝绑扎而成，或用钢管及扣件组合而成，下部加配重使之稳重，用于宽路基公路中间或铁路汇集点铁道之间。

（4）单排跨越架：用于被跨越物较低者，如低压电力线、通讯线，可搭单面单排架或双面单排架。

（5）双排跨越架：用于被跨越物虽然不高但较重要，应搭双面双排架。

（6）多排跨越架：用于被跨物较高，根据高度应搭三排及以上的跨越架，中间跨越架必须为多排跨越架。

（三）对跨越架的一般规定

（1）跨越架应具有在安全施工允许的条件下本身自立的强度，并能满足施工设计强度的要求。

（2）跨越架的组立必须牢固可靠、所处位置准确。

（3）跨越不停电电力线的跨越架，应适当加固并应用绝缘材料封顶口。

（4）跨越架架顶的横辊要有足够的强度，且横辊表面必须使用对导线磨损小的绝缘材料，如用金属杆件做横辊，则必须在其上包胶。

（5）跨越架应按有关规定保持对被跨越物的安全距离，即保持对被跨越物的有效遮护。

（6）跨越架经使用单位验收合格后方可使用。

（7）跨越架上应按有关规定悬挂醒目标志。

（8）强风、暴雨过后应对跨越设施进行检查，确认合格后方可使用。

（9）搭设和拆除跨越架时应设安全监护人。

（10）参加跨越不停电线路的施工人员必须熟练掌握跨越施工方法并熟悉安全措施，经本单位组织培训和技术交底后方可参加跨越施工。

（11）跨越不停电线路时采用何种跨越架，应根据被跨越的电力线路电压等级、架线施工方法及其他具体情况综合考虑。

二、跨越架构造与搭设、拆除技术

（一）跨越架的构造

1. 构成

跨越架由竖杆、水平杆撑杆、羊角撑及拉线构成，如图3-1-3所示。竖杆又称立柱、冲天杆、站杆；水平杆又称横杆、顺水杆、纵向水平杆；可用拉线代替周围撑杆。

（1）单排跨越架：由竖杆、水平杆、十字斜杆、三角撑及羊角撑构成，如图3-1-4所示，通常用于380 V、一般通讯线和乡间土道。

（2）双排跨越架：每排杆由竖杆、水平杆、十字斜撑、正面三角撑、两侧三角撑构成，两排架之间装十字斜撑，其中一排设羊角撑，如图3-1-5所示，通常用于10 kV、单回35 kV、重要通讯线及较窄公路。

图3-1-3 跨越架的构造

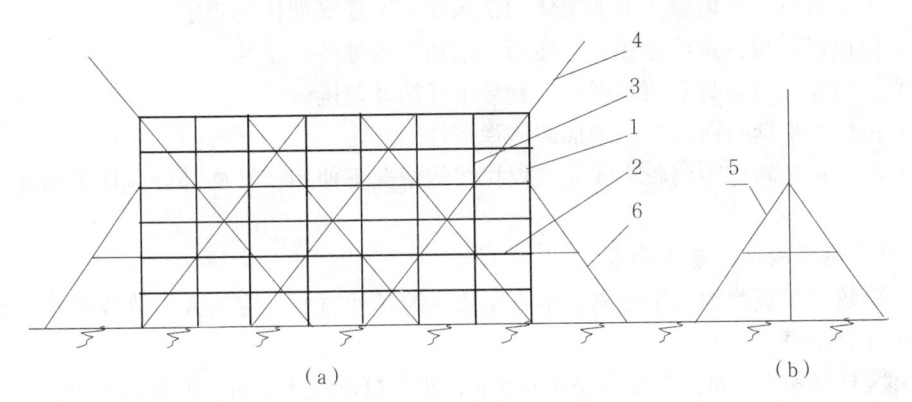

图3-1-4 单排跨越架
(a) 正面；(b) 侧面
1——竖杆；2——水平杆；3——十字斜撑；4——羊角撑；5——正面三角撑；6——侧面三角撑

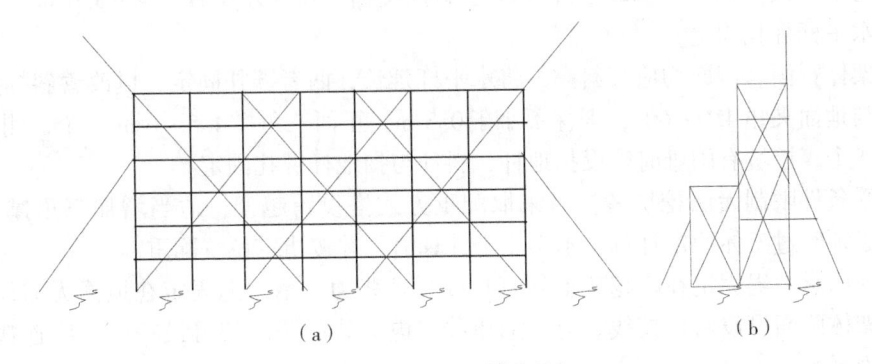

图3-1-5 双排跨越架
(a) 正面；(b) 侧面

(3) 多排跨越架：与双排架基本相同，以阶梯形较为合理，如图3-1-6所示，通常用于铁路、较宽公路、35 kV及以上电力线等较高建筑。

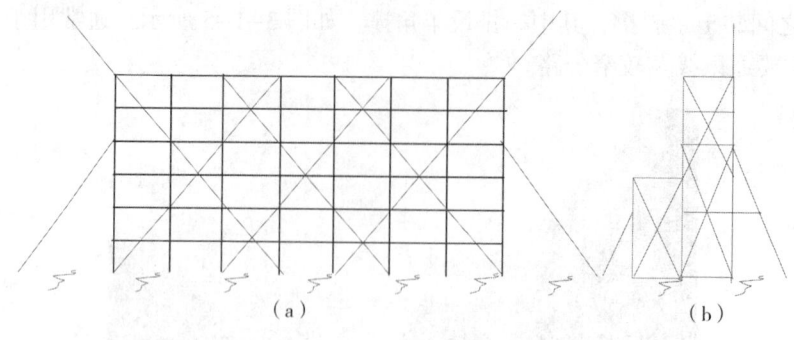

图 3-1-6　多排跨越架
(a) 正面；(b) 侧面

2. 部件作用

(1) 竖杆：使跨越架高度封网后保证对被跨物的安全距离，固定封网。

(2) 水平杆：为作业人员的站立件，接长竖杆，与竖杆连成一体，增加架体的稳定性，支持封网或固定封网承力绳，人力放线支持导地线。

(3) 十字斜撑、三角撑：增加架体的抗风能力，提高架体的稳定性。

(4) 扫地杆：与三角撑连在一起使用，增加三角撑的稳定性。

(5) 羊角撑：增加脚手架宽度，限制导地线活动范围。

(6) 拉线：平衡封网张力，增加架体稳定性。

(7) 配重：在斜撑距离较小或无法设拉线的情况下使用，平衡部分风压，增加架体的稳定性。

3. 对跨越架构造的基本要求

(1) 跨越架对被跨物水平距离、垂直距离、跨越架宽度，应按人力放线或张力放线的对应公式计算。

(2) 竖杆间距 1.5 m，埋深不小于 0.5 m；水平杆间距 1.2 m，顶端设羊角撑。设羊角撑的目的是增加跨越架宽度，限制导地线活动范围。

(3) 排间距离约 3 m，装十字斜撑，4.5～6 m 装十字斜撑一个，埋深不小于 0.3 m，十字斜撑与水平面夹角 45°～60°，上下十字斜撑交错，排间水平杆 2.4～3.6 m 一个，十字斜撑与水平杆绑扎固定。

(4) 架体正面、侧面均应装斜撑，将水平杆延长，两者绑扎固定，以改善斜撑受力条件，斜撑与地面夹角 45°～60°，埋深不小于 0.3 m，正面三角撑 4.5～6 m 一个，侧面三角撑每排架 2 个。挖坑有困难时须设扫地杆，斜杆与扫地杆绑扎固定。

(5) 受条件限制无法挖坑者，可采取配重方式搭设跨越架，适当增加三角撑及扫地杆，配重必须经过架体稳定计算，不得小于计算值，并按指定位置配重。

(6) 封网承力绳固定在跨越架上须打拉线平衡张力，承力绳固定在地面无需设拉线。为了稳固架体两面可设对称拉线。对于通讯线、电力线的跨越架可设一面拉线连接绳索，以保持受力平衡。

(二) 搭设跨越架的施工准备

(1) 施工前的准备：搭设跨越架施工前，应进行技术交底，学习架设方案，组织有关人员学习安全规程，按工具配备表对准备在搭设跨越架施工中使用的工器具，逐件进行规格、数量、要求的检查与核对。

（2）方案报批：提前向建设单位报送方案，并取得批复。搭设期间请建设单位派人到现场监督。

（3）埋设地锚：按要求进行定位、分坑、挖坑并埋设拉线地锚。

（4）退重合闸：对被跨电力线路，申请退出其自动重合闸装置，并保证在全部施工期间，线路发生故障时不强行送电。

（5）立跨越架：跨越架的立杆、大横杆、小横杆间距、搭设长度、剪刀撑、支杆或拉线、羊角设置应满足规程规范和技术措施的要求，应悬挂醒目的警告标志，并经使用单位验收合格。

（6）保证工期：认真执行严密的措施，每日检查工器具工况，责任明确，监护到位。

（三）跨越架搭设、拆除一般要求

（1）跨越架的形式应根据被跨越物的大小和重要性确定。重要的跨越架（跨越 110 kV 及以上电力线路、高速公路、电气化铁路等）应由项目经理部提出搭设方案，经公司审批后实施。

（2）搭设或拆除跨越架应设监护人。

（3）搭设跨越重要设施的跨越架，应事先与被跨越设施的所属单位取得联系，必要时应请其派人员监督检查。

（4）跨越架的搭设或拆除，应在被跨越电力线停电后进行。

（5）跨越电力线、铁路、公路的跨越架必须进行封顶。跨越电气化铁路和 35 kV 及以上电力线的跨越架，必须使用绝缘尼龙绳（网）封顶；跨越 35 kV 以下电力线的跨越架，可采用杉篙杆硬封顶，否则也必须采用绝缘尼龙绳（网）封顶。

（6）跨越架与铁路、公路及通讯线的最小安全距离应符合表 3-1-1 的规定。

表 3-1-1　　　　　　　　跨越架与被跨越物的最小安全距离　　　　　　单位：m

被跨越物名称 跨越架部位	铁路	公路	通信线
与架面水平距离	至路中心：3.0	至路边：0.6	0.6
与封顶杆垂直距离	全轨顶：6.5	全路面：5.5	1.0

（7）跨越架与带电体之间的最小安全距离在考虑施工期间的最大风偏后不得小于表 3-1-2 的规定。

表 3-1-2　　　　　　　　跨越架与带电体之间的最小安全距离　　　　　　单位：m

被跨越电力线电压等级/kV 跨越架部位	≤35	63~110	220
架面与导线的水平距离	1.5	2.0	2.5
无地线时，封顶网（杆）与带电体的垂直距离	1.5	2.0	2.5
有地线时，封顶网（杆）与带电体的垂直距离	0.5	1.0	2.5

跨越电气化铁路时，跨越架与带电体的最小安全距离，必须满足对 35 kV 电压等级的有关规定。

跨越不停电线路时，作业人员不得在跨越架内侧攀登或作业，并严禁从封顶架上通过。

（8）跨越架的立杆应垂直，埋深不应小于 50 cm，简易架立杆埋深应适当加大，杆坑底部应夯实；遇松土或无法挖坑时应绑扫地杆。跨越架的横杆应与立杆呈直角搭设。

（9）跨越架两端及每隔 6~7 根立杆应设剪刀撑、支杆或拉线。剪刀撑、支杆或拉线与地面的夹角不得大于 60°，支杆埋入地下的深度不得小于 30 cm。

（10）跨越架立杆有效部分的小头直径不得小于 7 cm，横杆有效部分的小头直径不得小于 8 cm，6~8 cm 的可双杆合并或单杆加密使用。

（11）跨越架的立杆、大横杆应错开搭接，搭接长度不得小于 1.5 m；绑扎时小头应压在大头上，绑扣不得少于 3 道。立杆、大横杆、小横杆相交时，应先绑 2 根再绑第 3 根，不得 1 扣绑 3 根。

（12）跨越架的立杆间距不得大于 1.5 m，大横杆间距不得大于 1.2 m，小横杆间距不得大于 1 m。

（13）临近带电电力线及跨越主要交通要道的跨越架上应悬挂醒目的警告标志。

（14）跨越架搭设完毕后必须经技术、安全部门验收，合格后方可使用；强风、暴雨过后应对跨越架进行检查，确认合格后方可使用。

（15）拆除跨越架应自上而下逐根进行，架材应有人传递，不得抛扔；严禁上下同时拆架或将跨越架整体推倒。

（16）跨越架宽度应符合规定。人力放线的跨越架，跨越铁路、公路、通讯线、低压电力线超出新建线路两边导线各 1.5 m；跨越电力线超出新建线路两边导线各 2 m；张力放线的跨越架，风偏后超出新建线路两边导线各 1.5 m。

（17）具有一定的承载能力及自稳能力。能承受各种水平力、下压力，尤其是风的压力，在各种外力作用下，保持其稳定性。从架体自身稳定性考虑，应加大排间距离、斜撑坡比、竖杆埋深。中间跨越架靠自身重量平衡水平力，必须装地面水平杆（扫地杆）、斜撑，并将两者连成一体，适当配重，保证稳定可靠。

（18）对封顶的基本要求：

① 跨越电力线跨越架的封顶杆、封顶网必须使用绝缘材料，绝缘性能必须良好，网绳在一年试验期内，封顶杆应干燥。严禁使用金属材料作电力线跨越架封顶。

② 封顶绝缘工具的有效长度不得小于表 3-1-3 的规定。

表 3-1-3　　　　　　　　封顶绝缘工具的有效长度　　　　　　　　单位：m

项　目	带电体的电压等级/kV							
	10 以下	35(20~44)	60	110	154	220	330	500
绝缘操作杆的有效长度	0.7	0.9	1.0	1.3	1.7	2.1	3.1	4.0
绝缘工具、绳索的有效长度	0.4	0.6	0.7	1.0	1.4	1.8	2.8	3.7

③ 封顶前用射枪将 ϕ3 mm 蚕丝绳射过被跨物，以射绳引导 ϕ10 mm 蚕丝绳（导引绳），并站在架顶进行引导，严防引导过程减少线间距离。

④ 用引导绳引导承力绳或封顶杆过程中，严防与被跨物接触，否则影响对被跨物的距离和减少线间距离。

⑤ 承力绳的弛度应小于封网后弛度，封网后弛度应不大于规定值，大跨距应增加承力绳数量或装绝缘撑杆。

⑥ 封顶杆用于间距较小的双面架。

（四）跨越架搭设、拆除危险点及安全防范措施

跨越架主要包括架体和封顶。跨越架搭设与拆除包括架体和封顶的搭设和拆除。架体搭设方法主要有整体组立、分解组立（分段、逐根）、倒装组立等，主要工具有抱杆、吊车、倒装架等。封顶有一般封顶和绝缘封顶两种。绝缘封顶方式主要有毛竹、木质材料的封顶，还有跨越有电线路的封顶。绝缘封顶的方法有飞艇、航空动力伞、氢气球、航空模型等多种方式。

1. 金属结构及钢管、木质、竹质跨越架的危险及安全防范措施

不同材料的跨越架搭设和拆除工艺有较大的区别，因此需要根据作业指导书要求进行作业。搭设和拆除的危险点及安全防范措施也有所不同，这里列出共性部分，具体作业时还要特殊情况特殊对待。

金属跨越架、木质、竹质跨越架搭设、拆除危险点及安全防范措施如表3-1-4所列。

表3-1-4　金属跨越架、木质、竹质跨越架搭设、拆除危险点及安全防范措施

序号	危险点	安全防范措施
1	施工作业指导书内容过于简单	施工作业指导书包括线路断面图、跨越架架体和拉线地锚位置分坑图、架体组装图、绝缘网封顶组装图、施工安全责任记录表、材料和工器具明细表及人员组织安排等
2	定位没有经过测量	跨越架架体组立前必须对其位置进行复测
3	采用倒装分段组立措施不当	1. 提升架地面必须敷设道木 2. 提升架必须用经纬仪进行双向观测调直 3. 提升架必须采取拉线稳定，拉线与地面夹角应控制在30°～60°范围内 4. 倒装组立过程中，架体高度达到被跨导线的水平高度或超过15 m时，必须采用临时拉线控制，拉线应随时监视并随时加以调整。此时的提升速度也应适当放慢 5. 操作提升系统时严禁超速、超负荷工作
4	采用吊车整体组立安全措施不正确	1. 根据架体重量和组立高度，按起重机的允许工作荷重起吊，不得超载 2. 起吊时，吊臂应平行带电线路方向摆放 3. 整体起吊时，严禁大幅度甩杆 4. 架体宜在与带电线路垂直的方向上进行地面组装 5. 架体头部被吊起距地面0.8 m时，停车检查各连接部位连接可靠后方可继续起吊；在与地面夹角呈80°～85°时，吊车应停止动作，检查架体拉线与地锚连接可靠，并通过拉线调整架体与地面垂直后方可摘掉吊钩
5	连接螺栓不紧固	架体连接螺栓必须紧固
6	拉线位置不当	金属结构架体的拉线位置应根据现场地形情况确定，必须满足施工设计要求

续表 3-1-4

序号	危险点	安全防范措施
7	拉线地锚埋深不足，拉线过松	各拉线地锚埋深必须按"地锚设计分坑图"及架体设计要求进行，并由安全人员监护。架体组立完成后，应将其各层拉线按设计要求锚固，并调至设计预紧力
8	线材没有保护	跨越架顶端必须设置挂胶滚筒或挂胶滚动横梁
9	临近带电线路时安全距离不够	在攀登不停电线路杆塔向两侧投绳时，应顺线路登塔，确保人、工器具与导线的安全距离
10	封顶网强度不足或弛度过大	封顶网的承力绳必须绑牢，且张紧后的最大弛度不大于施工设计值 0.5 m
11	挂钩未整理	敷设绝缘网时，应事先在地面上将网上所有挂钩整理好
12	余绳未收卷	在大绝缘网敷设好后，将所余网绑在一侧横担上，使网自身张紧，将余绳卷好，放入高于地面 5 m 的架体上
13	用提升架拆除跨越架时，在拆除过程中要求	1. 提升架拉线打好后，方可松开被拆架体的拉线。提升架用经纬仪调直后，方可开始架体的拆除工作 2. 被拆架体的上层拉线必须有保护措施（设置缆风绳） 3. 架体的缆风绳必须与拆架工作密切配合，保持架体稳定
14	用吊车拆除跨越架时，在拆除过程中要求	1. 严格按施工组织设计作业 2. 吊车的摆放位置应能避免大幅度转臂、甩杆 3. 吊车吊钩吊实后，方可拆除架体拉线 4. 架体、塔头、塔根必须设置缆风绳 5. 架体落地时应注意避免损伤塔上附件
15	钢管、木质、竹质跨越架施工工艺要求	1. 绑扎跨越架时必须绑扎牢固 2. 在被跨电力线路上方绑扎跨越架时，应用棕绳绑扎

2. 索道跨越架搭设、拆除危险点及安全防范措施

索道跨越架搭设、拆除危险点及安全防范措施如表 3-1-5 所列。

表 3-1-5　　　　索道跨越架搭设、拆除危险点及安全防范措施

序号	危险点	安全防范措施
1	索道跨越没有进行强度计算复核	索道的承载绳受力、弛度计算应按初始状态和展放导地线时的最大受力状态计算
2	安全距离不足	应确保与被跨越电力线的安全距离以及考虑索道绳外加荷载的影响
3	跨越档布置不当	在布置放线段时，宜将跨越档布置在张力场一端，使之以一牵一单牵方式通过索道
4	索道位置错误	在跨越档距较大时，合理布置索道位置，增加承力绳上硬支点，增加分力专用滑车
5	索道弛度不正确	索道自然弛度应与放线时导线的弛度接近

第二节　带电跨越架构造与搭设、拆除技术

一、带电跨越架构造

(1) 带电跨越架的构造如图 3-2-1 所示。

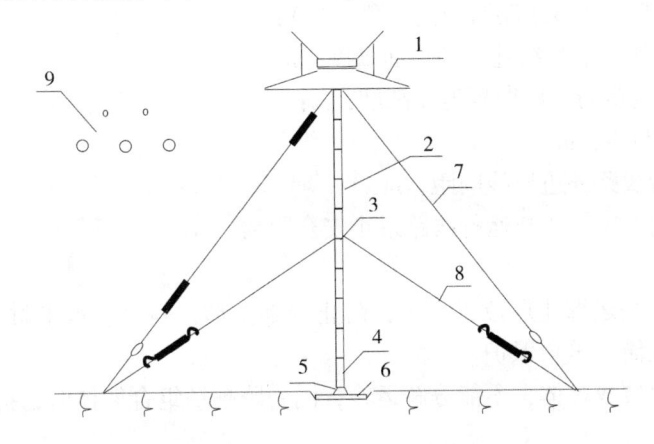

图 3-2-1　带电跨越架组装图

1——塔头(横担、塔翅、羊角撑杆、挂胶滚筒)；2——标准节；3——中间节；4——上层塔根；5——球铰；
6——枕木；7——上层拉线(胶杆、手扳葫芦)；8——下层拉线(双钩紧线器)；9——带电线路

(2) 带电跨越架由架体、提升井、动力和保护四部分构成。

① 架体部分：架体组合式钢结构(螺栓连接)，由一个塔头、一个塔根、一个中间节和若干个标准节组成。塔头包括横担、挂胶滚筒、塔翅、羊角撑杆拉线挂板，高度 1.1 m，标准节长 2.4 m，中间节与标准节相同，设有拉线板，塔根长 2.3 m，包括底座、铰接球。

② 提升井部分：提升井是组合式钢结构，分主井、副井，各边两片组成，与下部的支撑件相连，并设有操作平台。

③ 动力部分：分为液压提升和机械提升两种，机械提升实为倒装组塔法。液压提升是通过液压泵站、高压油管传动，千斤顶顶升。

④ 保护部分：提升井用对角 4 条拉线稳定，架体用上下两层或上中下三层拉线稳定，与邻近带电体之间使用胶杆绝缘拉线。

二、带电跨越架的搭设、拆除

(一) 带电跨越架的搭设

1. 搭设带电跨越架的施工准备

根据地形条件，被跨线路导地线对地距离，导线线间距离，跨越档档距，跨越点与杆塔距离，新建线路两边导线间距，以及交叉角等，确定跨越架的位置及跨越架间距离。

(1) 跨越架高度：根据被跨越高度、安全距离及封网弛度确定，跨越架之间的封网弛度较该处上方的导地线弛度大 0.5 m 以上，封网弛度由承力绳弛度、封网弛度及网兜三部

分构成，以尼龙网雨后不接触地线为准。

（2）跨越架与带电线路边导线距离确定，应满足两个条件：在架体组合过程应保证横担对带电体安全距离；上层拉线应保证对带电体的安全距离。先计算横担与带电体的安全距离，安全距离不符合要求时，跨越架顺线路方向外移，拉线与横担夹角45°，上层拉线与地面夹角60°，跨距按下式计算：

$$L=\frac{2\cos(\theta-45°)[0.58(H+2L_2-h)-0.866L_2]}{\sin\theta}+\frac{1.732L_2+L_1}{\sin\theta}$$

式中　θ——新建线路与运行线路跨越交叉角，(°)；
　　　H——跨越架上层拉线挂点到地面高度，m；
　　　h——运行线路的下导线到地面高度，m；
　　　L——跨越距离，m；
　　　L_1——运行线路外边导线间距，m；
　　　L_2——内侧上层拉线与运行线路最小安全距离，m。

2．设备运输

（1）架体装车吊运绑扎点位置正确，防止局部变形，斜材、水平材严禁作吊点使用；注意斜材、挂胶滚筒、羊角保护。

（2）提升井组装成整体，不能分解运输，同一跨越场组合架体时，拆架运输，不能拆下油缸。

（3）非施工状态，油缸、泵站的所有管接头均应带上油嘴堵头，以免油路中进入杂物。

（4）柴油机、机动绞磨、液压泵站、油管、尼龙网绳等部件应装箱运输。

3．架体基础

（1）架体基础为枕木，挖槽深度大于枕木厚度，敷设枕木略低于地面。

（2）敷设接地，接地棒深度不小于0.6 m，与球铰距离不小于1.5 m，接地线连接牢固。

（3）拉线坑方位符合要求，埋深不小于规定。

4．液压法跨越架组立

（1）在基础球铰旁组装塔头、两节标准节和塔根(简称头四节)带上上层拉线，用人字小抱杆，起立头四节，坐在铰球上，检查调整位置符合要求，设好拉线并找正。

（2）利用头四节两侧分片起吊提升井架，每片起吊后用横担下第一个横材上的手扳葫芦分片悬挂，进行两片合拢。合拢时，先将一片的上下层轨道(槽轮)与同侧架体主材对正入槽；用铁线或麻绳暂时捆住，以同样方法将另一侧架体主材入槽捆住。合拢后将提升井落在撑脚上，分别将轨道、横材、水平滑车、安装平台等部件安装就位，提升井架设拉线(可调)用双钩紧线器和撑脚上的调节螺杆，使提升井架与水平面垂直，四个脚盘与基础固定牢固，然后加四根水平拉线。调整上下层轨道(槽轮)螺栓，使槽轮与主材贴实。在组立提升井过程中，确保提升井油管缸的接头不得碰撞，并将各油管接好。

（3）液压系统空载运行10 min，调整溢流阀压力至60 MPa，空载上升至油缸全部伸出后缩回，检查各部的运行情况，确认是否漏油后方可工作。

(4) 组立架体：提升油缸带动"头四节"上升，当塔根底面高于水平滑车轨道时，停止提升，将水平滑车推入提升井内，塔根之下，将"头四节"下坐在水平滑车上。拆下包铁的连接螺栓，提升上三节使塔根脱离，用麻绳拴好塔根，拉出提升井，拉到一边。同样采用此逆过程加入标准节后，将上三节落下插入标准节的包铁内。上三节落下时应该注意不得卡在交接卡爪上。

架体组立完成后，将上下层拉线锚好，在经纬仪观测下，调整上下层拉线，使架体与地面垂直。

(二) 带电跨越架搭设、拆除一般要求

(1) 跨越施工严格执行跨越施工方案。

(2) 制定安全技术措施，重点是防止物体打击、高处坠落、跑线事故、跨越架倒塌事故、触电事故、电力线路故障或事故。

(3) 以下项目施工前，项目经理部要编制施工方案及安全措施：

① 跨越 35 kV 以上电力线路的施工。
② 跨越Ⅰ级以上等级公路的施工。
③ 跨越电气化铁路及 3 排以上铁轨的铁路施工。
④ 跨越高度超过 15 m 的跨越施工。
⑤ 跨越下方地形复杂的跨越施工。
⑥ 线路交叉角小于 30°或跨越宽度大于 70 m 的跨越施工。
⑦ 跨越其他重要跨越物的施工。
⑧ 施工线路钻过电力线路的施工。
⑨ 停电作业。

(4) 施工人员经教育、考试、体检合格，高处作业人员、机动绞磨操作人员、起重机操作人员、信号指挥人员、跨越架搭设人员应持证上岗。

(5) 施工用起重工器具(钢丝绳、滑车、地锚、U 形环、双钩、链条葫芦、手扳葫芦、卡线器、各种连接器、网套、各种受力连板等)、绞磨、牵张设备、汽车起重机等机械设备配备齐全，并经项目经理部检查验证合格。

(6) 安全围栏、安全帽、防冲击安全带、自控器、高空作业平台、验电器、接地线、屏蔽服、跨越用承力绳、网、尼龙滑车等安全施工设施配备齐全，并经项目经理部检查验收合格。

(7) 采用干燥的杉杆、竹竿搭设，严禁使用钢管等金属体搭设。

(8) 宜使用麻绳绑扎，使用铁线绑扎时，严格控制铁线活动范围，应按绑扎形状制弯。

(9) 作业人员必须站在架体外侧搭设跨越架，拉线与带电体的安全距离不得小于表 3-2-1 的规定。

表 3-2-1　　　　　　　　　拉线与带电体的安全距离

电压等级/kV	10	35	60~110	154~220	330	500
安全距离/m	1.0	2.5	3.0	4.0	5.0	6.0

(10) 必须使用绝缘绳传递工器具和材料,在架体外侧严禁使用钢丝绳传递。传递金属绑线,必须将铁线与传递绳绑扎牢固,严禁松散传递,严格控制铁线与带电体距离。

(11) 对跨越架搭设人员的基本要求:

① 经过专业培训,具备高处作业资格,具有一定的带电作业知识。

② 认真执行《电力建设安全工作规程》及《电业安全工作规程》有关规定,保证各种安全距离。

③ 工作认真负责,遵守技术方案及其要求,保证架体牢固、可靠、稳定。

④ 作业时绑好安全带及自锁器。

(三) 带电跨越架搭设、拆除危险点及安全防范措施

带电跨越架搭设、拆除危险点及安全防范措施如表 3-2-2 所列。

表 3-2-2　　带电跨越架搭设和拆除的一般危险点及安全防范措施

序号	危险点	安全防范措施
1	没有现场勘测	进行地形、线路复测。根据复测结果制定跨越施工方案
3	没有绝缘检查	不停电跨越施工使用的绝缘设备、器材应满足有关要求,且在使用前必须进行检查。绝缘绳、网的外观经检查有严重磨损、断丝、断股、污秽及受潮时不得使用
4	没有可靠接地	跨越场两侧的放线滑车上均应采取接地保护措施,在跨越施工前,所有接地装置必须安装完并且与铁塔可靠连接
5	放线通过跨越架时没有认真监护	放线牵引板经过跨越档两侧铁塔和跨越架时,应加强监视,牵引速度和张力大小也应进行调整,并听从跨越场的指挥。放线过程中,必须确保与牵引场、张力场和跨越场的联系畅通
6	施工人员作业位置不当	跨越不停电线路时,施工人员不得在跨越架内侧攀登或作业,并严禁从封顶架上通过
7	引绳使用错误	跨越不停电线路时,新建线路的导引绳通过跨越架时,应用绝缘绳做引绳
8	引绳展放不安全	跨越带电力线路时,引绳展放必须受控,防止发生触电事故
9	绳头没有控制	必须采取绳头控制措施,防止绳头没有控制而在跨越架上拖放

第三节　跨越架封网

一、一般要求

(1) 跨越电力线(含电气化铁路电力线)、通讯线使用绝缘材料封网;跨越公路、铁路封网材料不限。

(2) 承力绳的弛度应小于封网后弛度,封网弛度应大于跨越架上方导地线 0.5 m 以上,雨后封网保证对被跨物的安全距离,不应与地线接触。

(3) 封网时由一侧跨越架开始。对于公路、铁路封网时先将封网在一侧与承力绳挂好,利用车辆间隔时间迅速牵网;对于电力线、通讯线可边挂边牵引。全部过网后封网固定在跨越架上,调整封网弛度不大于规定值。

（4）以芳纶绳做承力绳者不许缠绕打结固定在跨越架上，可将一端用 U 形环与架上的绳套连接，另一端穿过架子上的滑车，手扳葫芦或双钩紧线器与地锚连接。两跨越架可以都挂滑车，芳纶绳经滑车串手扳葫芦或双钩紧线器与地锚连接。

（5）绝缘网绳保持干燥绝缘、清洁无污，不许黏油，装袋保管，装袋运输，使用时铺设苫布，承力绳不许着地，使用前应进行绝缘电阻测试。其绝缘电阻用 2 500 V 兆欧表或绝缘测试仪测量，2 cm 绝缘网绳的绝缘电阻不小于 500 MΩ。拆网时要求与展放相同。

（6）封网过程网上敷小导引绳，封网后逐级牵引导引绳，最后牵引放线导引钢绳。

二、跨越电力线封网

（1）用射枪或抛掷细蚕丝绳越过电力线，逐级引渡绝缘绳，最后引渡承力绳及封网牵引绳。

（2）对于被跨物较高者，可登高抛掷承力绳，承力绳带封网牵引绳，高空抛掷作业人员必须保证对带电体的安全，事先与运行单位联系杆塔是否具备邻近带电体作业条件，登高及作业过程必须设专人监护，严格控制人员活动范围。

（3）封网弛度。

跨越架不宜过高，过高势必减少导地线弛度，加大放线张力，甚至造成导地线经过跨越架困难，能保证对被跨物的安全距离即可。

第四节　跨越架搭设、拆除安全防护知识

一、跨越架搭设、拆除的一般要求

（一）交底与验收

必须严格按照施工方案搭设，要有严格的技术交底，对详细部位要有节点构造详图，操作人员必须严格执行，所有偏差数值必须控制在允许范围内。

由专门人员对已搭设好的跨越架按照方案进行验收，验收时要有量化内容，如横、立杆间距数值，立杆的垂直度、横杆的平整度等都应详细记载在验收记录中，不能简单用"符合要求"来代替。

（二）拆除方法

拆除前应制定施工方案，包括拆除架的步骤和方法、安全措施等。拆除顺序应遵守由上到下、先搭后拆、后搭先拆的原则，即先拆栏、脚手板、剪刀撑、斜撑，后拆小横杆、大横杆、立杆等，并按一步一清原则依次进行，禁止上下同时进行拆除作业。拆架子的高处作业人员应戴安全帽、系安全带、穿软底鞋作业，周围设围护栏杆或竖立警戒标志并有专人指挥，防止发生伤亡事故。拆下的扣件和配件应及时运至地面，严禁高空抛掷。

二、跨越架危险点及安全防范措施

设置跨越架的结构、高度、宽度、封顶材料等，应根据施工要求和跨越物的实际情况确定，必要时还应进行现场测量等工作，跨越架危险点及安全防范措施如表3-4-1所列。

表3-4-1　　　　　　　　　　危险点及安全防范措施

序号	危险点	安全防范措施				
1	跨越架型式使用不当	跨越架的型式应根据被跨越物的大小和重要性确定。重要的越线架及高度超过15m的越线架应由施工技术部门提出搭设方案，经审批后实施				
2	跨越架强度不满足要求	跨越架应具有在安全施工允许的条件下本身自立的强度，并能承受断线或跑线时的冲击荷载				
3	无监护人	搭设和拆除跨越架时应设安全监护人				
4	跨越架位置偏离或保护范围不足	跨越架的中心应在新线路(导线、避雷线、通信线)中心线上，宽度应超出新线两边各1.5m，且架顶两侧应设置外伸羊角				
5	不满足不停电跨越要求	跨越不停电电力线的跨越架，应适当加固并应用绝缘材料封顶				
6	架顶材料不满足要求	跨越架架顶的横辊要有足够的强度，且横辊表面必须使用对线材磨损小的绝缘材料。如用金属杆件做横辊，则必须在其上包胶				
7	跨越架与被跨越物间距不足	被跨越物名称、越线架部位	铁路	公路	通信线	
		与架面水平距离/m	至路中心：3.0	至路边：0.6	0.6	
		与封顶杆垂直距离/m	至轨顶：6.5	至路面：5.5	1.0	
8	跨越架未经验收	跨越架经使用单位验收合格后方可使用				
9	无安全标识	跨越架上应按有关规定悬挂醒目标志				
10	强风、暴雨后没有复检	强风、暴雨过后应对跨越设施进行检查，确认合格后方可使用				
11	整体组立措施不当	整体组立跨越架，应遵守整体组立杆塔的危险点及防范措施				
12	不当拆立	拆除钢管、毛竹、木质跨越架应自上而下逐根进行，架材应有人传递，不得抛扔；严禁上下同时拆架或将跨越架整体推倒				

三、跨越架搭设、拆除的安全防护措施

(1) 从事跨越架的搭设、维护、拆除的作业人员，必须熟悉有关跨越架的基本技术知识，并持证上岗。

(2) 操作人员应持证上岗。操作时必须配戴安全帽、系安全带、穿防滑鞋，严禁酒后作业。

(3) 大雾及雨、雪天气和6级以上大风时，不得进行跨越架搭设、拆除等高处作业。雨、雪天后作业，必须采取安全防滑措施。

(4) 搭设作业时，应做好自我保护，并保证作业现场其他人员的安全。

(5) 作业人员应佩戴工具袋，工具用后装于袋中，不允许放在架子上，以免掉落伤人。

(6) 架设材料要随上随用，以免放置不当时掉落。

(7) 工作结束之前，所有上架材料应全部搭设完毕，而且形成稳定的构架，不能形成稳定构架的部分应采取临时撑拉措施加固。

(8) 不得在跨越架基础及其邻近处进行挖掘作业。

（9）根据现场具体环境，在跨越架的外侧及顶部设醒目的安全标志、信号旗(灯)，以防过往车辆及吊机运行中碰撞跨越架。

（10）多人或多组进行拆卸作业时，应加强指挥，并相互询问和协调作业步骤，严禁不按程序任意施工。

（11）因拆除上部或一侧的附墙拉结而使跨越架不稳定，应加设临时撑拉措施，以防因其晃动影响作业安全。

（12）拆卸现场应有可靠的安全围护，并设专人看管，严禁非作业人员进入拆卸作业区内。

（13）严禁将拆卸下的杆部件和材料向地面抛掷。已吊至地面的架设材料应随时运出拆卸区域，保持现场清洁。

习题三

一、判断题

1. 跨越架是保证在跨越过程中线材本身和被跨越物的安全。
2. 在被跨物一侧搭设的跨越架称单面跨越架。
3. 在被跨物两侧搭设的跨越架称双面跨越架。
4. 跨越架经使用单位验收合格后方可使用。
5. 跨越架上应悬挂醒目标志。
6. 扫地杆与三角撑连在一起使用，可增加三角撑的稳定性。
7. 羊角撑可增加脚手架的宽度。
8. 受条件限制无法挖坑，可采用配重方式搭设跨越架。
9. 跨越架可以承受来自展放线材的重量和一定水平的拉力。
10. 跨越架架体正面、侧面均应装斜撑。
11. 跨越架十字斜撑与水平杆绑扎牢固。
12. 封网承力绳固定在跨越架上须打拉线平衡张力。
13. 为了稳固跨越架，架体两面可设对称拉线。
14. 双排跨越架可不设拉线。
15. 对被跨越的电力线路，须申请退出其自动重合闸装置。
16. 跨越架上的羊角设置应满足规程和技术措施的要求。
17. 在正常施工期间，工器具可以不用每天都检查。
18. 跨越架的形式应根据被跨越物的大小和重要性确定。
19. 搭设跨越架时，应事先通知被跨越设施的单位，必要时应请其派人监督。
20. 跨越架搭设或拆除，应在被跨越电力线停电后进行。
21. 跨越架与被跨越物应保证有最小的安全距离。
22. 封顶杆用于间距较小的双面架。
23. 从事跨越架搭设、维护、拆除工作五年以上的人员可以不用持证上岗。
24. 跨越架架体组立前必须对其位置进行复测。
25. 金属结构架体的拉线位置根据现场地形情况确定，必须满足施工设计要求。
26. 跨越架顶端必须设置挂胶滚筒或挂胶滚筒横梁。
27. 架体的缆风绳必须与拆架工作密切配合，以保持架体稳定。
28. 被拆架体的上层拉线必须有保护措施。
29. 采用索道跨越时，索道自然弛度应与放线时导线的弛度接近。
30. 采用索道跨越时，应确保与被跨越电力线的安全距离。
31. 采用索道跨越时，宜将跨越挡布置在张力场一端。
32. 封网弛度以尼龙网雨后不接触地线为准。
33. 带电跨越架架体基础敷设接地，接地线连接牢固。
34. 带电跨越架架体基础为枕木，敷设枕木略低于地面。
35. 作业人员必须站在架体外侧搭设跨越架。
36. 搭设跨越架过程中，传递工器具和材料必须使用绝缘绳。

37. 跨越电力线、通信线使用绝缘材料封网。
38. 跨越公路、铁路封网材料不限。

二、填空题

39. 跨越架水平杆间距应不超过_____ m。
40. 绝缘网敷设好后，将余绳卷好，放入高于地面_____ m的架体上。

三、单选题

41. 跨越架立杆间距为( )m。
   A. 1.2　　　　B. 1.5　　　　C. 1.8
42. 跨越架立杆埋深应不小于( )m。
   A. 0.5　　　　B. 0.8　　　　C. 1.2
43. 跨越架十字斜撑每( )m设置一组。
   A. 3~4　　　　B. 4.5~6　　　C. 6~8
44. 跨越架十字斜撑与地面的水平夹角为( )。
   A. 30°~40°　　B. 45°~60°　　C. 60°~70°
45. 跨越35 kV以下电力线的跨越架，可采用( )硬封顶。
   A. 钢管　　　　B. 杉篙　　　　C. 钢丝绳
46. 搭设和拆除跨越电力线时应在( )后进行。
   A. 通电　　　　B. 协商　　　　C. 停电
47. 跨越架的立杆、大横杆应错开搭接，搭接长度不得小于( )m。
   A. 0.5　　　　B. 1.0　　　　C. 1.5
48. 跨越架杆件搭接绑扎时小头应压在大头上，绑扣不得少于( )道。
   A. 2　　　　　B. 3　　　　　C. 5
49. 跨越架杆件相交时，不得一扣绑( )根。
   A. 2　　　　　B. 3　　　　　C. 4
50. 强风、暴雨过后应对跨越架进行( )，确认合格后方可使用。
   A. 检查　　　　B. 加固　　　　C. 检测
51. 拆除跨越架应自上而下( )进行，架材应有人传递，不得抛扔。
   A. 上下　　　　B. 逐排　　　　C. 逐根
52. 跨越架支杆的埋深不得小于( )mm。
   A. 300　　　　B. 500　　　　C. 800
53. 跨越电力线跨越架的封顶杆、封顶网必须使用( )材料。
   A. 绝缘　　　　B. 导电　　　　C. 半导电
54. 跨越电力线跨越架封顶时严禁使用( )材料作封顶。
   A. 绝缘　　　　B. 塑料　　　　C. 金属
55. 敷设绝缘网时，应事先在地面上将网上所有( )整理好。
   A. 挂钩　　　　B. 绑线　　　　C. 网面
56. 在被跨电力线路上方绑扎跨越架时，应用( )绑扎。
   A. 棕绳　　　　B. 铁丝　　　　C. 草绳
57. 绝缘网敷设好后，将所余网绑在一侧( )上。

A. 立杆　　　　B. 栏杆　　　　C. 横担

58. 带电跨越架架体标准节为( )m。
A. 2.0　　　　B. 2.4　　　　C. 3.0

59. 带电跨越架羊角撑杆高度为( )m。
A. 1.0　　　　B. 1.1　　　　C. 1.2

60. 带电跨越架提升井是组合式( )结构。
A. 钢　　　　B. 木　　　　C. 混合

61. 带电跨越架提升井用拉绳稳定,每组拉绳应设( )根。
A. 2　　　　B. 3　　　　C. 4

62. 带电跨越架提升井用拉绳稳定,与邻近带电体之间使用( )绝缘拉线。
A. 胶杆　　　　B. 竹竿　　　　C. 铁杆

63. 带电跨越架架体基础为枕木,挖槽深度( )枕木厚度。
A. 大于　　　　B. 小于　　　　C. 等于

64. 带电跨越架架体基础敷设接地,与球铰距离不小于( )m。
A. 1.0　　　　B. 1.5　　　　C. 2.0

65. 带电跨越架架体基础敷设接地,接地棒深度不小于( )m。
A. 0.4　　　　B. 0.5　　　　C. 0.6

66. 在架体外侧传递工器具和物料时严禁使用( )绳。
A. 钢丝　　　　B. 绝缘　　　　C. 草

67. 带电跨越架施工过程中传递工器具和物料必须使用( )绳。
A. 金属　　　　B. 绝缘　　　　C. 钢丝

68. 10 kV 带电跨越架拉绳与带电体的安全距离不得小于( )m。
A. 0.5　　　　B. 0.8　　　　C. 1.0

69. 35 kV 带电跨越架拉绳与带电体的安全距离不得小于( )m。
A. 1.5　　　　B. 2.5　　　　C. 3.0

70. 60～110 kV 带电跨越架拉绳与带电体的安全距离不得小于( )m。
A. 2.0　　　　B. 2.5　　　　C. 3.0

71. 154～220 kV 带电跨越架拉绳与带电体的安全距离不得小于( )m。
A. 2.0　　　　B. 3.5　　　　C. 4.0

72. 330 kV 带电跨越架拉绳与带电体的安全距离不得小于( )m。
A. 4.0　　　　B. 5.0　　　　C. 6.5

73. 500 kV 带电跨越架拉绳与带电体的安全距离不得小于( )m。
A. 6.0　　　　B. 7.0　　　　C. 7.5

74. 带电跨越架绑扎时宜采用麻绳绑扎,使用( )绑扎时,严格控制活动范围。
A. 纸绳　　　　B. 塑料　　　　C. 铁线

75. 跨越架搭设人员作业时应绑好( )及自锁器。
A. 拉结杆　　　　B. 安全网　　　　C. 安全带

76. 搭设不停电跨越架使用的绝缘绳受潮时不得( )。
A. 使用　　　　B. 更换　　　　C. 检测

77. 跨越场两侧的放线滑车上均应采取( )保护措施。
   A. 防撞   B. 接地   C. 防滑
78. 在跨越施工前,所有( )装置必须安装完毕并且与铁塔可靠连接。
   A. 机械   B. 避雷   C. 接地
79. 跨越不停电线路时,施工人员严禁从( )架上通过。
   A. 封顶   B. 防护   C. 跨越
80. 跨越不停电线路时,施工人员不得在跨越架( )侧攀登或作业。
   A. 外   B. 内   C. 左
81. 跨越不停电线路时,新建线路的导引绳通过跨越架时,应用( )做引绳。
   A. 钢丝   B. 铁丝   C. 绝缘绳
82. 跨越不停电线路时,引绳展放必须( )。
   A. 垂直   B. 受控   C. 水平
83. 封网时由跨越架( )开始。
   A. 右侧   B. 两侧   C. 一侧
84. 工作结束前不能形成稳定架构的部分应采取临时( )措施加固。
   A. 拉撑   B. 隔离   C. 支顶

四、多项选择题

85. 支撑跨越架的要求是密度适当,做到( )。
   A. 牢固   B. 经济   C. 合理   D. 方便
86. 金属跨越架主要用于( )的跨越。
   A. 公路   B. 铁路   C. 通信线   D. 电力线
87. 竹、木跨越架由( )用铁丝或麻绳绑扎而成。
   A. 钢管   B. 扣件   C. 杉杆   D. 竹竿
88. 金属跨越架由( )组合而成。
   A. 竹竿   B. 钢管   C. 杉杆   D. 扣件
89. 带电跨越架由( )及拉线构成。
   A. 塔头   B. 中间节   C. 标准节   D. 塔根
90. 跨越架按跨越的方式可分为( )等。
   A. 单面跨越架   B. 双面跨越架   C. 中间跨越架   D. 全面跨越架
91. 双面跨越架用于( )等的跨越。
   A. 高压电力线   B. 重要通信线   C. 公路   D. 铁路
92. 跨越架的羊角撑的作用是增加( )活动范围。
   A. 脚手架宽度   B. 脚手架稳定   C. 限制导地线   D. 限制人员
93. 跨越( )的跨越架必须进行封顶。
   A. 电力线   B. 铁路   C. 公路   D. 河流
94. 跨越架的( )相交时,应先绑2根再绑第三根。
   A. 栏杆   B. 立杆   C. 大横杆   D. 小横杆
95. 跨越架搭设完毕后必须经( )部门验收,合格后方可使用。
   A. 经营   B. 技术   C. 安全   D. 材料

165

96. 跨越架架体搭设方法主要有( )等。
   A. 整体组立　　B. 分解组立　　C. 倒装组立　　D. 临时组立
97. 跨越架封顶有( )两种。
   A. 一般封顶　　B. 绝缘封顶　　C. 金属封顶　　D. 导体封顶
98. 绝缘封顶方式主要有( )材料的封顶。
   A. 钢管　　　　B. 塑料　　　　C. 毛竹　　　　D. 木料
99. 带电跨越架由( )和保护四部分构成。
   A. 架体　　　　B. 动力　　　　C. 提升井　　　D. 起重机
100. 带电跨越架架体部分由( )组成。
   A. 塔头　　　　B. 塔根　　　　C. 中间节　　　D. 标准节
101. 带电跨越架塔头部分包括( )等组成。
   A. 横担　　　　B. 塔翅　　　　C. 挂胶滚筒　　D. 羊角撑杆
102. 带电跨越架提升井由( )组成。
   A. 主井　　　　B. 连接　　　　C. 间隔　　　　D. 副井
103. 带电跨越架动力部分分( )提升。
   A. 人工　　　　B. 混合　　　　C. 液压　　　　D. 机械
104. 带电跨越架的位置及间距的确定依据是( )等。
   A. 地形条件　　　　　　　　B. 被跨线路导地线对地距离
   C. 导线线间距离　　　　　　D. 跨越挡挡距
105. 带电跨越架架体在运输过程中应注意对( )的保护。
   A. 斜材　　　　B. 地材　　　　C. 挂胶滚筒　　D. 羊角
106. 放线通过跨越架时必须确保( )的联系畅通。
   A. 供应场　　　B. 牵引场　　　C. 张力场　　　D. 跨越场
107. 从事跨越架( )的作业人员，必须熟悉有关跨越架的基本技术知识，并持证上岗。
   A. 搭设　　　　B. 管理　　　　C. 维护　　　　D. 拆除

五、简答题

108. 跨越架按使用的材料可分为哪几类？
109. 跨越架的事故类型有哪些？

第四章　登高架设作业的安全管理

第一节　安全管理概述

一、基本概念

（一）安全与危险
安全与危险是相对的概念。
危险是指系统中存在导致发生不期望后果的可能性超过人们的承受程度。
安全是指生产系统中人员免遭不可承受危险的伤害。
（二）危险源
危险源是指可能造成人员伤害、疾病、财产损失、作业环境破坏或其他损失的根源或状态。
（三）事故与事故隐患
事故是指造成人员死亡、伤害、职业病、财产损失或者其他损失的意外事件。
事故隐患泛指生产系统中可导致事故发生的人的不安全行为、物的不安全状态和管理上的缺陷。
（四）本质安全
本质安全是指设备、设施或技术工艺含有内在的能够从根本上防止事故发生的功能。具体包括三方面的内容：
（1）失误—安全功能。指操作者即使操作失误，也不会发生事故或伤害，或者说设备、设施和技术工艺本身具有自动防止人的不安全行为的功能。
（2）故障—安全功能。指设备、设施或技术工艺发生故障或损坏时，还能暂时维持正常工作或自动转变为安全状态。
（3）上述两种安全功能应该是设备、设施和技术工艺本身固有的，即在规划设计阶段就被纳入其中，而不是事后补偿的。
本质安全是安全生产以预防为主的根本体现，也是安全生产管理的最高境界。实际上由于技术、资金和人们对事故的认识不足等原因，到目前还很难做到本质安全。

二、安全生产管理要求

安全生产管理需要处理好以下几方面的关系：
（1）安全与危险并存。安全与危险在同一事物的运动中是相互对立、相互依赖而存在的。只有有危险，才要进行安全管理，以防止危险。随着事物的运动变化，安全与危险每时每刻都在变化。因此，在事物的运动中，都不会存在绝对的安全或绝对的危险。

（2）安全与生产的统一。生产是人类社会存在和发展的基础，如生产中的人、物、环境都处于危险状态，则生产无法顺利进行，因此，安全是生产的客观要求。当生产完全停止，安全也就失去意义。就生产目标来说，组织好安全生产就是对国家、人民和社会最大的负责。有了安全保障，生产才能持续、稳定、健康发展。如果生产活动中事故不断发生，生产势必陷于混乱，甚至瘫痪。当生产与安全发生矛盾，危及员工生命或资产时，停止生产经营活动进行整治，消除危险因素以后，生产经营形势会变得更好。

（3）安全与质量同步。安全第一、质量第一这两个第一并不矛盾。安全第一是从保护生产因素的角度提出的，而质量第一是从关心产品成果的角度来强调的。安全为质量服务，质量需要安全保证。生产过程中如果丢掉哪一头，都要陷于失控状态。

（4）安全与速度互促。生产中违背客观规律，盲目蛮干、乱干，在侥幸中求得的进度缺乏真实与可靠的安全支撑，往往容易酿成不幸，不但无速度可言，反而会延误时间，影响生产。速度应以安全为保障，安全就是速度，我们应追求安全加速度，避免安全减速度，使安全与速度成正比关系。一味强调速度，置安全于不顾的做法是极其有害的。当速度与安全发生矛盾时，暂时减缓速度，保证安全才是正确的选择。

（5）安全与效益兼顾。安全技术措施的实施，会改善劳动条件，调动职工的积极性，带来经济效益。从这个意义上说，安全与效益是完全一致的，安全促进了效益的增长。在安全管理中，投入要适度，统筹安排。既要保证安全生产，又要经济合理，还要考虑力所能及。单纯为了省钱而忽视安全生产，或单纯追求安全不惜资金的盲目高投入，都不可取。

三、安全生产管理原则

（一）管生产与管安全同时进行

安全寓于生产之中，并对生产发挥促进和保证作用，因此，职业健康安全与生产虽有时会出现矛盾，但从安全生产管理的目标来看，两者表现出高度的统一。安全管理是生产管理的重要组成部分。安全与生产在实施过程中存在着密切的联系，有着共同管理的基础。

国务院在《关于加强企业生产中安全工作的几项规定》中明确指出：各级领导人员在管理生产的同时，必须负责管理安全工作。企业中各有关专职机构，都应该在各自业务范围内，对实现安全生产的要求负责。管生产同时管安全，不仅是对各级领导人员明确安全管理责任，同时，也向一切与生产有关的机构、人员明确了业务范围内的安全管理责任。由此可见，一切与生产有关的机构、人员，都必须参与安全管理，并在管理中承担责任。安全生产责任制度的建立，管理责任的落实，体现了管生产同时管安全的原则。

（二）坚持目标管理

安全管理的目标是对生产中的人、物、环境因素状态的管理，应有效地控制人的不安全行为和物的不安全状态，消除或避免事故，达到保护劳动者的安全和健康的目的。没有明确目标的安全管理是种盲目行为。盲目的安全管理，往往劳民伤财，危险因素依然存在。在一定意义上，盲目的安全管理只能纵容威胁人的安全状态，使其向更为严重的方向发展或转化。

(三) 贯彻预防为主的方针

安全生产的方针是"安全第一、预防为主、综合治理"。安全第一是从保护生产力的角度和高度，表明在生产范围内安全与生产的关系，肯定安全在生产活动中的位置和重要性。进行安全管理不是处理事故，而是在生产经营活动中，针对生产的特点，对生产要素采取管理措施，有效地控制不安全因素的发生与扩大，把可能发生的事故消灭在萌芽状态，以保证生产经营活动中人的安全。

(四) 坚持全员管理

安全管理不是少数人和安全机构的事，而是一切与生产有关的机构、人员共同的事，缺乏全员的参与，安全管理不会有生气、不会出现好的管理效果。当然，这并非否定安全管理第一责任人和安全监督机构的作用。单位负责人在安全管理中的作用固然重要，但全员参与安全管理更加重要。安全管理涉及生产活动的方方面面，涉及从工程项目的开工到竣工交付的全部生产过程，涉及全部的生产时间，涉及一切变化着的生产因素。因此，生产活动中必须坚持全员、全过程、全方位、全天候的动态安全管理。

(五) 坚持全过程安全控制管理

为了达到管理的目的，需要对生产因素状态进行全过程控制。因此，对生产中人的不安全行为和物的不安全状态的控制，必须看做是动态的安全管理的重点。事故的发生，是由于人的不安全行为与物的不安全状态的交叉。

(六) 坚持持续改进

安全管理是在变化着的生产经营活动中的管理，是一种动态管理。其管理意味着不断改进发展的、不断变化的，以适应变化的生产活动，消除新的危险因素。因此，需要不间断地摸索新的规律，总结控制的办法与经验，指导新的变化后的管理，从而不断提高安全管理水平。

第二节　登高架设作业人员安全管理制度和操作规程

一、安全生产管理制度

(一) 安全生产责任制度

安全生产责任制度是施工企业最基本的安全生产管理制度，是按照"安全第一、预防为主、综合治理"的安全生产方针和"管生产必须管安全"的原则，将企业各级负责人、各职能机构及其工作人员和各岗位作业人员在安全生产方面应做的工作及应负的责任加以明确规定的一种制度。安全生产责任制度是施工企业所有安全规章制度的核心。

登高架设作业人员应当遵守安全生产规章制度，服从管理，坚守岗位，遵照操作规程操作，不违章作业，对本工种岗位的安全生产、文明施工负主要责任。安全生产责任制主要包含以下内容：

(1) 认真贯彻、执行国家和省市有关建筑安全生产的方针、政策、法律法规、规章、标准、规范和规范性文件。

（2）认真学习、掌握本岗位的安全操作技能，提高安全意识和自我保护能力。

（3）严格遵守本单位的各项安全生产规章制度。

（4）遵守劳动纪律，不违章作业，拒绝违章指挥。

（5）积极参加本班组的班前安全活动。

（6）严格按照操作规程和安全技术交底进行作业。

（7）正确使用安全防护用具、机械设备。

（8）发生生产安全事故后，保护好事故现场，并按照规定的程序及时如实报告。

（二）安全生产教育培训制度

施工单位应当建立健全安全生产教育培训制度。登高架设作业人员应严格执行安全生产教育培训制度，按规定接受下列培训教育。

1. 三级教育

施工企业对新进场工人进行的安全生产基本教育，包括公司级安全教育（第一级教育）、项目级安全教育（第二级教育）和班组级安全教育（第三级教育），俗称"三级教育"。新进场的特种作业人员必须接受"三级"安全教育培训，并经考核合格后，方能上岗。

（1）公司级安全教育，由公司安全教育部门实施，应包括以下主要内容：

① 国家和地方有关安全生产方面的方针、政策及法律法规。

② 行业施工特点及施工安全生产的目的和重要意义。

③ 施工安全、职业健康和劳动保护的基本知识。

④ 施工人员安全生产方面的权利和义务。

⑤ 本企业的施工生产特点及安全生产管理规章制度、劳动纪律。

（2）项目级安全教育，由工程项目部组织实施，应包括以下主要内容：

① 施工现场安全生产和文明施工规章制度。

② 工程概况、施工现场作业环境和施工安全特点。

③ 机械设备、电气安全及高处作业的安全基本知识。

④ 防火、防毒、防尘、防爆基本知识。

⑤ 常用劳动防护用品佩戴、使用的基本知识。

⑥ 危险源、重大危险源的辨识和安全防范措施。

⑦ 生产安全事故发生时自救、排险、抢救伤员、保护现场和及时报告等应急措施。

⑧ 紧急情况和重大事故应急预案。

（3）班组级安全教育，由班组长组织实施，应包括以下主要内容：

① 本班组劳动纪律和安全生产、文明施工要求。

② 本班组作业环境、作业特点和危险源。

③ 本工种安全技术操作规程及基本安全知识。

④ 本工种涉及的机械设备、电气设备及施工机具的正确使用和安全防护要求。

⑤ 采用新技术、新工艺、新设备、新材料施工的安全生产知识。

⑥ 本工种职业健康要求及劳动防护用品的主要功能、正确佩戴和使用方法。

⑦ 本班组施工过程中易发事故的自救、排险、抢救伤员、保护现场和及时报告等应急措施。

2. 年度安全教育培训

登高架设作业人员应参加年度安全教育培训，培训时间不少于24学时，其教育培训情况记入个人工作档案。安全生产教育培训考核不合格的人员，不得上岗。

3. 经常性教育

施工企业应坚持开展经常性安全教育，经常性安全教育宜采用安全生产讲座、安全生产知识竞赛、广播、播放音像制品、文艺演出、简报、通报、黑板报等形式，在施工现场设置安全教育宣传栏、张挂安全生产宣传标语。特种作业人员应积极参加和接受经常性的安全教育。

4. 转场、转岗安全教育培训

作业人员进入新的施工现场前，施工单位必须根据新的施工作业特点组织开展有针对性的安全生产教育，使作业人员熟悉新项目的安全生产规章制度，了解工程项目特点和安全生产应注意的事项。

作业人员进入新的岗位作业前，施工单位必须根据新岗位的作业特点组织开展有针对性的安全生产教育培训，使作业人员熟悉新岗位的安全操作规程和安全注意事项，掌握新岗位的安全操作技能。

5. 新技术、新工艺、新材料、新设备安全教育培训

采用新技术、新工艺、新材料或者使用新设备的工程，施工单位应当充分了解与研究，掌握其安全技术特性，有针对性地采取有效的安全防护措施，并对作业人员进行教育培训。特种作业人员应接受相应的教育培训，掌握新技术、新工艺、新材料或者新设备的操作技能和事故防范知识。

6. 季节性安全教育

季节性施工主要是指夏季与冬季施工。季节性安全教育是针对气候特点可能给施工安全带来的危害而组织的安全教育，例如高温、严寒、台风、雨雪等特殊气候条件下施工时，建筑施工企业应结合实际情况，对作业人员进行有针对性的安全教育。

7. 节假日安全教育

节假日安全教育是针对节假日(如元旦、春节、劳动节、国庆节)期间和节假日前后，职工的思想和工作情绪不稳定，思想不集中，注意力分散，为防止职工纪律松懈、思想麻痹等进行的安全教育。同时，对节日期间施工、消防、生活用电、交通、社会治安等方面应当注意的事项进行告知性教育。

(三) 班前活动制度

施工班组在每天上岗前进行的安全活动，称为班前活动。施工企业必须建立班前安全活动制度。施工班组应每天进行班前安全活动，填写班前安全活动记录表。班前安全活动由班组长组织实施。班前安全活动应包括以下主要内容：

(1) 前一天安全生产工作小结，包括施工作业中存在的安全问题和应汲取的教训。

(2) 当天工作任务及安全生产要求，针对当天的作业内容和环节、危险部位和危险因素、作业环境和气候情况提出安全生产要求。

(3) 班前安全教育，包括项目和班组的安全生产动态，国家和地方的安全生产形势，近期安全生产事件及事故案例教育。

(4) 岗前安全隐患检查及整改，具体检查机械、电气设备、防护设施、个人安全防护

用品、作业人员的安全状态。

（四）安全专项施工方案编制和审批制度

所谓安全专项施工方案，是指施工过程中，施工单位在编制施工组织(总)设计的基础上，对危险性较大的分部分项工程，依据有关工程建设标准、规范和规程，单独编制的具有针对性的安全技术措施文件。

达到一定规模的危险性较大的分部分项工程以及涉及新技术、新工艺、新设备、新材料的工程，因其具有复杂性和危险性，在施工过程中易发生事故，导致重大人身伤亡或不良社会影响。

1. 安全专项施工方案的编制

实行施工总承包的，安全专项施工方案应当由施工总承包单位组织编制。其中，起重机械安装拆卸工程、深基坑工程、附着式升降脚手架等专业工程实行专业分包的，其专项方案可由专业承包单位组织编制。

2. 安全专项施工方案的审批

安全专项施工方案应当由施工单位技术部门组织本单位施工技术、安全、质量等部门的专业技术人员进行审核。经审核合格的，由施工单位技术负责人签字。实行施工总承包的，专项方案应当由总承包单位技术负责人及相关专业承包单位技术负责人签字。

不需专家论证的安全专项方案，经施工单位审核合格后报监理单位，由项目总监理工程师审核签字。

3. 安全专项施工方案的专家论证

超过一定规模的危险性较大的分部分项工程专项方案应当由施工单位组织召开专家论证会。实行施工总承包的，由施工总承包单位组织召开专家论证会。专家组一般由5名以上专家组成，本项目参建各方的人员一般不以专家身份参加专家组。

施工单位应当根据论证报告修改完善专项方案，并经施工单位技术负责人、项目总监理工程师、建设单位项目负责人签字后，方可组织实施。实行施工总承包的，应当由施工总承包单位、相关专业承包单位技术负责人签字。

（五）安全技术交底制度

安全技术交底是指将预防和控制安全事故的发生及减少其危害的安全技术措施以及工程项目、分部分项工程概况向作业班组、作业人员作出的说明。安全技术交底制度是施工单位有效预防违章指挥、违章作业和伤亡事故发生的一种有效措施。

1. 安全技术交底的程序和要求

施工前，施工单位的技术人员应当将工程项目、分部分项工程概况以及安全技术措施要求向施工作业班组、作业人员进行安全技术交底，使全体作业人员明白工程施工特点及各施工阶段安全施工的要求，掌握各自岗位职责和安全操作方法。安全技术交底应符合下列要求：

（1）施工单位负责项目管理的技术人员向施工班组长、作业人员进行交底。

（2）交底必须具体、明确，针对性强。

（3）各工种的安全技术交底一般与分部分项安全技术交底同步进行，对施工工艺复杂、施工难度较大或作业条件危险的，应当单独进行各工种的安全技术交底。

（4）交接底应当采用书面形式，交接底双方应当签字确认。

2. 安全技术交底的主要内容

(1) 工程项目和分部分项工程的概况。
(2) 工程项目和分部分项工程的危险部位。
(3) 针对危险部位采取的具体防范措施。
(4) 作业中应注意的安全事项。
(5) 作业人员应遵守的安全操作规程、工艺要点。
(6) 作业人员发现事故隐患后应采取的措施。
(7) 发生事故后应采取的避险和急救措施。

二、登高架设作业人员安全技术操作规程

(1) 登高架设作业人员属国家规定的特种作业人员，必须经有关部门培训，考试合格，持证上岗。应每年进行一次体检，凡患高血压、心脏病、贫血病、癫痫病以及不适于高处作业的不得从事登高架设作业。

(2) 班组接受任务后，必须根据任务的特点向班组全体人员进行安全技术交底，明确分工。悬挑式、门式、碗扣式和工具式插口脚手架或其他新型脚手架，以及高度在 30 m 以上的落地式脚手架和其他非标准的架子，必须具有上级技术部门批准的设计图纸、计算书和安全技术交底书。同时，搭设前班组长要组织全体人员熟悉施工技术和作业要求，确定搭设方法。搭脚手架前，班组长应带领作业人员对施工环境及所需的工具、安全防护设施等进行检查，消除隐患后方可开始作业。

(3) 正确使用个人劳动防护用品。必须戴安全帽，系安全带，衣着要灵便，穿软底防滑鞋，不得穿塑料底鞋、皮鞋、拖鞋和硬底或带钉易滑的鞋。作业时要思想集中，团结协作，互相呼应，统一指挥。不准用抛扔方法上下传递工具、零件等。禁止打闹和开玩笑。休息时应下架子，在地面休息。严禁酒后上班。

(4) 要结合工程进度搭设，不宜一次搭得过高。未完成的脚手架，搭设人员离开作业岗位时(如工间休息或下班时)，不得留有未固定构件，必须采取措施消除不安全因素和确保脚手架稳定。脚手架搭设后必须经施工员会同安全员进行验收合格后才能使用。在使用过程中，要经常进行检查，对长期停用的脚手架恢复使用前必须进行检查，鉴定合格后才能使用。

(5) 落地式多立杆外脚手架上均布荷载不得超过 3 kN/m^2，堆放标准：砖只允许侧摆 3 层；集中荷载不得超过 1.5 kN/m^2，用于装修的脚手架不得超过 2 kN/m^2。承受手推运输车及负载过重的脚手架及其他类型脚手架，荷载按设计规定执行。

(6) 高层建筑施工工地井字架、脚手架等高出周围建筑的，须防雷击。若在相邻建筑物、构筑物防雷装置的保护范围以外，应安装防雷装置，可将井字架及钢管脚手架一侧高杆接长，使之高出顶端 2 m 作为接闪器，并在该高杆下端设置接地线。防雷装置的冲击接地电阻值不得大于 4 Ω。

(7) 架子的铺设宽度不得小于 1.2 m。脚手板须满铺，离墙面不得大于 200 mm，不得有空隙和探头板。脚手板搭接时不得小于 200 mm；对头接时应架设双排小横杆，间距不大于 200 mm。在架子拐弯处，脚手板应交叉搭接。垫平脚手板应用木块，并且要钉牢，不得用砖垫。

（8）上料斜道的铺设宽度不得小于 1.5 m，坡度不得大于 1∶3，防滑条的间距不得大于 300 mm。

（9）脚手架的外侧、斜道和平台，要设 1 m 高的防护栏杆和不低于 180 mm 高的挡脚板。

（10）砌筑里脚手架铺设宽度不得小于 1.2 m，高度应保持低于外墙 200 mm。里脚手架的支架间距不得大于 1.5 m，支架底脚要垫木块，并支在能承受荷重的结构上。搭设双层架时，上、下支架必须对齐，同时支架间应绑斜撑拉固。

（11）砌墙高度超过 4 m 时，必须在墙外搭设能承受 1.6 kN 的安全网或防护挡板。多层建筑应在第二层和每隔 4 层设一道固定的安全网，同时再设一道随施工高度提升的安全网。

（12）拆除脚手架时，周围应设围栏或警戒标志，并设专人看管，禁止无关人员进入。拆除应按顺序由上而下进行，一步一清，不准上下同时作业。

（13）拆除脚手架大横杆、剪刀撑时，应先拆中间扣，再拆两头扣，由中间的操作人往下传递杆件。

（14）拆下的脚手架材料应向下传递或用绳吊下，禁止往下抛扔。

第三节　脚手架、跨越架安全检查及验收

一、脚手架安全检查标准

建设部发布的国家强制性行业标准《建筑施工安全检查标准》（JGJ 59—1999）中，对落地式外脚手架、悬挑式脚手架、门型脚手架、挂脚手架、吊篮脚手架和附着式升降脚手架的安全技术要求和检查内容都有明确规定。架子工应根据这些规定，结合《建筑施工安全检查标准》的要求，对照检查和改进脚手架搭设的质量，完善脚手架安全保障措施。

二、脚手架的检查与验收

脚手架在搭设、使用过程中应分阶段进行检查、纠正或维修，做好验收，目的是要消除不安全因素和隐患，确保脚手架搭设作业人员和使用脚手架作业人员的安全。脚手架检查、验收的依据如下：

(1) 相关规范规定的检查项目和判定标准。
(2) 施工组织设计及变更文件，包括脚手架专项施工方案及变更文件。
(3) 技术交底文件。

检查与验收应全面、仔细、严格，不能敷衍失职，搭设过程中检查发现的问题，应随时纠正；验收和使用过程中检查出来的问题应有记录，应有书面整改通知、整改落实情况记录和复查结论。

（一）脚手架搭设和使用前的检查验收

竹脚手架搭设高度达三步时，应按脚手架专项设计方案要求进行检查。符合要求的，或经过纠正符合要求的，可以继续向上搭设，直到要求高度。

脚手架搭设完毕，应由施工单位、项目工程部的技术负责人、总监理工程师和安全管理人员，会同搭设班组一起，按《建筑施工安全检查标准》规定的项目和要求进行检查。检查合格的脚手架办理完交接验收手续后，方可交付使用。

(1) 钢管脚手架的阶段性检查与验收。

① 基础完工后及脚手架搭设前。

② 作业层上施加荷载前。

③ 每搭完 10～13 m 高度后。

④ 达到设计高度后。

⑤ 遇到 6 级大风或大雨后。

⑥ 寒冷地区解冻后。

⑦ 停用超过 1 个月。

(2) 阶段性检查保证脚手架搭设质量，满足使用的安全技术要求。

① 每一步的搭设构造均应符合规范要求，脚手架的垂直度和挠度均控制在允许偏差范围内，架子整体保持垂直、稳定，几何图形准确、美观。

② 脚手架与建筑结构的拉结点、剪刀撑、抛撑等稳固措施设置及时、正确、牢固，间距符合设计规定。

③ 脚手架沿建筑物的外围交圈封闭。一字形、开口型脚手架应有牢靠的稳固措施。

④ 钢管立杆底部应有底座和垫块。竹、木架子的底部杆件埋地，回填土夯实，无松动，并高出周围地面。扫地杆设置应符合规定。

⑤ 各杆件的间距、接长及倾斜角度等应符合规定。

⑥ 超过三步高的脚手架应设置人行斜道（或其他上下设施），防护栏杆、挡脚板和安全网应设置正确。

⑦ 扣件、镀锌铁丝或竹篾等脚手板的绑扎材料的材质和规格尺寸应符合要求，使用正确。

⑧ 防电、避雷等措施已落实。

(二) 脚手架使用中的检查与验收

大多数脚手架是在露天使用的，必然要受到日晒、雨淋、风吹等自然因素的不利影响；而且，脚手架是供各工种使用的登高作业工具，施工作业发生的碰撞、超荷载等，会使脚手架出现变形、松动及其他影响安全的现象。因此，在脚手架交付使用后，应经常检查，发现问题必须及时进行维修和加固，确保脚手架能满足施工需要和起到安全保护作用。

(1) 竹、木脚手架使用期间应设专人经常检查。特别要注意检查以下几项：

① 脚手架是否有倾斜或变形。

② 连墙件和拉结点是否完好无损，是否被擅自拆除或挪位。

③ 绑扎点的竹篾或镀锌铁丝是否有断裂、松脱或被人为改动过。

④ 立杆的基础是否有沉陷、积水，立杆是否有下沉或悬空现象。

⑤ 脚手板绑扎是否牢固，铺设是否严密或因移动而出现空隙、探头板等，是否有被损坏的脚手板。

⑥ 脚手架上的使用荷载必须控制在规定范围内。检查、督促脚手架作业班组正确堆

放材料、机具、设备等。

⑦ 安全网张挂是否牢固，有无破损。

⑧ 是否违规利用脚手架吊运重物、设置起重杆、在脚手架上拉结缆风绳或连接不同受力性质的脚手架。

⑨ 竹脚手架的顶撑是否有绑扎松脱或倾斜等现象。

⑩ 安全防护栏杆等是否牢固。

(2) 钢管脚手架使用中，应按《建筑施工扣件式钢管脚手架安全技术规范》(JGJ 130 2011)的规定，定期检查下列项目：

① 杆件的设置和连接、连墙件、支撑、门洞桁架等的构造是否符合要求。在脚手架使用期间，严禁拆除主节点处的纵横向水平杆、纵横向扫地杆和连墙件。

② 地基是否积水，底座是否松动，立杆是否悬空。

③ 扣件螺栓是否松动。

④ 高度在 24 m 以上的脚手架，其立杆的沉降偏差(允许±10 mm)与垂直度的偏差(允许±100 mm)是否符合规范的规定。

⑤ 安全防护措施是否符合要求。

⑥ 是否超载。

(3) 高层建筑脚手架除了应做以上相关项目检查外，还必须注意检查脚手架的支撑部位、卸荷设置等是否正常、有效。

三、跨越架的安全检查与验收

(一)跨越架验收规定及流程

1. 施工跨越架搭设与验收规程

(1)《电业安全工作规程》。

(2)《电力建设安全工作规程》。

2. 跨越电力线路的跨越架搭设规定及流程

(1) 跨越 35 kV 及以上线路所搭设的越线架必须由施工单位征得线路运行单位同意，编制施工方案报生产技术部批准，并报安监部备案，按规定履行工作许可手续。

(2) 跨越 10 kV 线路所搭设的越线架必须由施工单位编制施工方案报线路运行单位批准，并报安监部备案，按规定履行工作许可手续。

(3) 跨越架搭设完毕后必须组织相关部门负责人进行验收。

(4) 跨越架必须经验收合格后方可使用。

3. 跨越障碍物、道路、铁路、桥梁、河流等越线架搭设规定及流程

(1) 必须由施工单位编制施工方案报相关部门批准，并与有关单位联系，施工期间应请有关单位派人到现场协调监督施工。

(2) 跨越架搭设由施工单位验收合格后方可使用。

4. 变电所内搭设脚手架规定及流程

(1) 必须由施工单位编制施工方案报相关部门批准备案，并征得变电运行单位同意，按规定履行工作许可手续。

(2) 脚手架搭设由施工单位验收合格后书面上报相关部门组织验收。

(3) 必须由生产、技术、安全、质量等部门验收合格后方可使用。

（二）越线架搭设验收

(1) 跨越架搭设完毕，架设作业班组首先按施工要求先进行全面自检，合格后通知项目部施工管理部门进行检查验收，并办理《跨越架使用许可证》，验收人员对验收结论要签字认可。

(2) 跨越架验收应随施工进度进行，实行工序验收制度。跨越架的搭设分单元进行的，单元中每道工序完工后，必须经过现场施工技术人员检查验收，合格后方可进入下道工序和下一单元施工。25 m 以上的脚手架，应在搭设过程中随进度分段验收。

(3) 由业主、监理提供设计的跨越架和报请施工监理审批的跨越架，验收时必须请业主、监理派人参加验收，并对验收结论签字认可。

(4) 跨越架验收以设计和相关规定为依据，验收的主要内容有：

① 跨越架的材料、构配件等是否符合设计和规范要求。

② 跨越架的布置、立杆、横杆、剪刀撑、斜撑、间距、立杆垂直度等的偏差是否满足设计、规范要求。

③ 各杆件搭接和结构固定部分是否牢固，是否满足安全可靠要求。

④ 大型跨越架的避雷、接地等安全防护、保险装置是否有效。

⑤ 跨越架的基础处理、埋设是否正确和安全可靠。

⑥ 安全防护设施是否符合要求。

(5) 跨越架检查验收的方法应按逐层、流水段进行，并根据验收的主要内容编制检查验收表，对照检查验收表逐项检查。

第四节　脚手架、跨越架安全管理

一、脚手架的安全管理

脚手架的安全管理包括脚手架的防火、防电、避雷、恶劣气候的防护措施、通道防护、"四口"防护等，是确保脚手架安全使用的重要条件，必须严格遵守有关的强制性条例的规定，认真落实，并经常检查维修。

（一）防火措施

施工现场存有大量可燃物(如木料等)、易燃物(如油漆、刨花等)、易爆物(氧气、乙炔瓶等)，如果用火不慎，违反防火规定或防火措施不力，就有可能引起火灾，烧毁某些材料、施工设施和建筑物，包括各类施工脚手架。

竹、木脚手架的杆件，其主要成分是纤维素。竹材和木材在常温与通风的条件下不会自燃，但如果周围有火源，竹、木杆受高温烘烤或火焰侵袭，随着温度的升高，竹、木材受热分解析出可燃气体(一氧化碳、氢气、甲烷等)含量增大，在一定温度下，会燃烧起来，并在短时间内蔓延，殃及整个架体及周围的材料和建筑物。必须特别注意竹、木脚手架的防火。

钢管和其他金属脚手架，在受到电火花、电弧或火焰包围时，会使金属杆件受损，甚至局部断裂，威胁整个架体的稳定。电弧的温度可达 3 000 ℃以上，不仅能使导线绝缘物燃烧，而且能使金属熔化，是钢管和金属脚手架极危险的火源。

各类脚手架的防火应与施工现场的防火措施密切配合，同步进行，主要应做好以下几点：

（1）脚手架附近应配置一定数量的灭火器和消防装置。登高架设作业人员应懂得灭火器的基本使用方法和扑救火灾的基本常识。

（2）必须及时清理和运走脚手架上及周围的建筑垃圾，特别是锯末、刨花等易燃物，以免窜入火星引燃起火。

（3）在脚手架上或脚手架附近临时动火，必须事先办理动火许可证，事先清理动火现场或采用不燃材料进行分隔，配置灭火器材，并有专人监管，与动火工种配合、协调。

（4）禁止在脚手架上吸烟。禁止在脚手架或其附近存放可燃、易燃、易爆的化工材料和建筑材料。

（5）管理好电源和电器设备。停止生产时必须断电，预防短路，以及在带电情况下维修或操作电器设备时产生电弧或电火花损害脚手架，甚至引发火灾，烧毁脚手架。

（6）室内脚手架应注意照明灯具与脚手架之间的距离，防止长时间强光照射或灯具过热，使竹、木材杆件发热烤焦，引起燃烧。严禁在满堂脚手架室内烘烤墙体或动用明火。严禁用灯泡、碘钨灯烤火取暖及烘衣服、手套等。

（7）动用明火(电焊、气焊、喷灯等)要按消防条例及建设单位、监理单位、施工单位的规定办理动用明火审批手续，经批准并采取一定的安全措施后方可作业。工作完毕后要详细检查脚手架上、下范围内是否有余火，是否损伤了脚手架，确认无隐患后方可离开作业地点。

（二）防电措施

在脚手架搭设时，常常会遇到非施工现场专用的外界已存在的高、低压电力线路和变压器等电力设备。这些线路称为外电线路，大多数为架空线路，少数场地也会遇到埋地电缆线路。由于外电线路和电力设备的存在，特别是当它们与要搭设的脚手架位置相距较近时，常常会由于架子工递送杆件(尤其是金属杆件)或搭设作业等意外触碰外电线或带电设备而酿成直接接触触电伤害或线路断开掉下触电伤害事故。尤其是在高压电线附近的搭设作业，即使人体或金属杆件还没有触及线路，但已接近至一定距离时，亦会因高压空间放电而构成触电伤害事故。为了确保脚手架施工作业安全和使用安全，防止登高架设作业人员和其他人员受外电线路和电器设备的伤害，必须切实做好外电安全防护措施。

（1）搭设脚手架与外电线路之间必须保持可靠的安全操作距离。脚手架的外侧边缘与外电架空线路之间的最小安全操作距离不应小于表4-4-1所列数值。

表4-4-1　　　　　　　　外电架空线路最小安全操作距离表

外电线路电压/kV	<1	1~10	35~110	154~220	330~500
最小安全操作距离/m	4	6	8	10	15

（2）搭设安全防护设施。如果因施工现场条件限制，脚手架与外电线路之间达不到规定的安全操作距离时，必须编制外电线路防护方案，采取相应防护措施。主要采用增设绝缘隔离作用的屏障、遮栏、围栏或保护网等，并在相应位置悬挂醒目的警告标志牌，以警示施工作业人员。搭、拆防护设施时须设警戒区，有专人防护。

（3）外电线路与遮栏、屏障等防护设施之间的安全距离应不小于表4-4-1所列数值。

如上述安全距离和防护设施均无法实施时，必须会同有关部门予以解决，请电力部门迁移外电线路和变压器，或采取改变工程位置等措施，否则不得强行施工，冒险搭设脚手架。

（4）外电线路和变压器等带电体的防护隔离设施，应在脚手架搭设之前完成，不应在脚手架完成以后再搭设，也不应与脚手架搭设同步。搭设防护架时，必须停电。

（5）高压输变电线或变压器防护隔离设施采用屏障式或围栏式，应视其与施工现场搭设脚手架的距离而定。隔离排架必须全部采用竹材搭设。潮湿的竹竿、木杆也会传电，因此禁止在雨雪天搭设防护设施。绑扎材料宜采用竹篾等绝缘材料，围封材料应用硬质绝缘材料。

排架应搭成三排以上落地式排架，纵、横立杆间距不大于1.8 m，步距一般也不大于1.8 m。顶部邻近高压线处可采用单排护栏形式，最上面的护栏应高出高压线的水平面1 m左右，严禁持平或低于高压线的水平高度。隔离排架可按毛竹脚手架工艺要求搭设，必须有可靠的稳固措施，使其不会因风吹雨打或其他原因而发生倾斜或倒塌。

（6）钢管脚手架（包括各类钢脚手架）不得搭设在距离35 kV以上的高压线路4.5 m以内的地区和距1~10 kV高压线路3 m以内的地区。

钢管脚手架在搭设和使用期间，必须严防与带电体接触。在脚手架上安放和使用电焊机、混凝土振捣器等时，应在设备下面垫放干燥木板，操作者要戴绝缘手套，穿绝缘鞋，经过架体的电线必须按规定架设，并要严格检查和采取安全防范措施。电焊机等带电设备应有保护性接地或接零措施。

钢管脚手架需要经过靠近380 V以内的电力线路且距离在2 m内时，搭设和使用期间应断电或拆除电源；如不能拆除时，应采取可靠的绝缘措施。

（7）对电线和钢管脚手架等进行包扎隔绝时，可由专业电工用橡胶布、塑料布或其他绝缘性能良好的材料进行包扎。包扎好的电线，应用麻绳扎牢，用瓷瓶固定，与钢管脚手架保持一定的距离。如果不能使电线与钢管脚手架离开，可在包扎好的电线与包扎好的钢管脚手架之间设置可靠的隔离层，并绑扎牢固以免晃动摩擦。

（8）钢管脚手架应采取接地处理。如果电力线路垂直穿过或靠近钢管脚手架时，应将电力线路周围至少2 m以内的钢管脚手架水平连接，并将线路下方的钢管脚手架垂直连接进行接地。如果电力线路和钢管脚手架平行靠近时，应将靠近电力线路的一段钢管脚手架在水平方向连接，并在靠墙的一侧每隔25 m设一接地极，接地极入土深度为2~2.5 m。

（9）夜间施工和深基坑操作的照明线通过钢管脚手架时，应使用电压不超过12 V的低压电源。

（10）严禁在脚手架上拖拉或缠绑电线、直接安装照明灯具等。

（三）避雷

在雷雨季节，搭设在旷野山坡上和雷击区域高于四周建筑物的金属脚手架和垂直运输工具，均应设置避雷装置。避雷装置包括接闪器、接地极和接地线。

（1）接闪器即避雷针，可用直径25~32 mm、壁厚不小于30 mm的镀锌管或直径不小于12 mm的镀锌钢筋制作，设在房屋四角的脚手架立杆上，高度不小于1 m，并应将最上层所有的横杆连通，形成避雷网络。在垂直运输架上安装接闪器时，应将一侧的中间立杆接高，高出顶端不小于2 m，在该立杆下端设置接地线，并将卷扬机外壳接地。

（2）接地极应尽可能采用钢材。垂直接地极可用长1.5~2.5 m、直径25~30 mm、壁厚不小于2.5 mm的钢管，直径不小于20 mm的圆钢或50 mm×5 mm的角钢。水平接地可选用长度不小于3 m、直径8～14 mm的圆钢或厚度不小于4 mm、宽度25～40 mm的扁钢。另外，也可以利用埋设在地下的金属管道(可燃或有爆炸介质的管道除外)、金属桩、钻管、吸水井管以及与大地有可靠连接的金属结构作为接地极。接地极按脚手架上的连续长度在50 m之内设置一个。接地电阻不得超过20 Ω。接地极埋入地下的最高点，应在地面下不低于50 cm处，埋设时应将新填土夯实。蒸汽管道或烟囱风道附近经常受热的土层内，位于地下水位以上的砖石、焦砟或沙子内，以及特别干燥的土层内都不得埋设接地极。

(3) 接地线即引下线，可采用截面不小于16 mm^2 的铝导线或截面不小于12 mm^2 的铜导线，也可在连接可靠的前提下，采用直径不小于8 mm的圆钢或厚度不小于4 mm的扁钢。接地线的连接要绝对接触可靠，连接时应将接触表面的油漆及氧化层清除，露出金属光泽，并涂中性凡士林。接地线与接地极的连接，最好用焊接，焊接点的长度应为接地线直径的6倍以上或扁钢宽度的2倍以上。如用螺栓连接，接触面不得小于接地线截面积的4倍，拼接螺栓直径应不小于9 mm。

(4) 设置避雷装置时应注意以下事项：

① 接地装置在设置前要根据接地电阻限值、土的湿度和导电特性等进行设计。对接地方式和位置的选择、接地极和接地线的布置、材料的选用、连接方式、制作和安装要求等都要作出具体规定。装设完成后要用电阻表测定是否符合要求。

② 接地极的位置，应选择人们不易走到的地方，以避免和减小跨步电压的危害，防止接地线遭受机械损伤。接地极应该和其他金属或电缆之间保持3 m(含3 m)以上的距离。

③ 接地装置的使用期在6个月以上时，不宜利用裸铝导体作为接地极或接地线。在有强腐蚀性的土壤中，应使用镀锌或镀铜的接地极。

④ 施工期间遇有雷击或阴云密布(将有雷雨)时，钢管脚手架或竹、木脚手架上的操作人员应立即撤离。

(四) 恶劣气候防护

(1) 外脚手架除了应按规定设置避雷设施外，还应做好恶劣气候的防范和保护措施。

(2) 雨天和雪天进行外脚手架上作业时，必须采取可靠的防滑、防寒和防冻措施。水、冰、霜、雪均应及时清除。

(3) 遇到6级以上强风、浓雾、大暴雨等恶劣气候，不得进行外脚手架的搭设、拆除操作和攀登。

(4) 雨季和大雨之后应注意检查架设在脚手架上的电线绝缘是否良好，穿越架体的电线是否与架体接触或摩擦；脚手架基础排水是否良好。发现有积水时，应及时排除，以防长期积水，引起架体下沉、倾斜。轻度下沉时，可采取垫实的方法补强；对严重的下沉，应采取加绑扫地杆或斜撑、加杆等方法进行加固处理。

(5) 台风季节应注意收听气象消息。台风到来之前，应做好脚手架的检查和加固。为防止台风涡旋上翻，将脚手架托起掀翻，可采用放置上吊杆和对应下撑杆的办法，每隔五步设置一道。同时，设置水平支撑杆，抵御台风涡流的侧向力对架体的破坏。井字架应加固缆风绳的地锚。

(6) 大风、大雨、大雪过后，应立即对脚手架进行详细检查，发现有节点绑扎连接不紧、杆件变形、连墙件损坏或松动、架体倾斜等现象，应立即维修和加固，经施工技术负责部门检查核实，确认无问题后，方允许使用架子作业。

（五）脚手架使用、维护、保养技术措施

（1）设专人每天对脚手架进行巡回检查，检查立杆、垫板有无下沉、松动，架体所有扣件有无滑扣、松动，架体各部构件是否完整齐全。

（2）做好脚手架基础排水，下雨过后要对脚手架架体基础进行全面检查，严禁脚手架基底积水下沉。

（3）操作层施工荷载不得超过 3.0 kN/m²，不得将横杆支撑、缆风绳等固定在脚手架上，严禁在脚手架上悬挂重物。

（4）严禁任何人任意拆除脚手架上任何部件。

（5）遇有 6 级以上大风、大雾、大雨和大雪天气应暂停脚手架作业，在复工前必须检查无问题后方可继续作业。

二、跨越架的安全管理

（1）跨越架搭设完成后，未经检查验收或检查验收中发现的问题没有整改完毕的或安全防护设施不完善的，不得投入使用。

（2）在跨越架醒目的位置应挂告示牌，注明跨越架通过验收的时间、使用期限、一次允许在跨越架上作业的人数、最大承受荷载等。

（3）跨越架在使用过程中，实行定期检查制度：

① 跨越架定期安全检查，一般每周一次，并应根据具体检查对象编写安全检查表，对照安全检查表的内容逐项进行检查。对于靠近爆破地点的跨越架，每次爆破后应进行检查。

② 如遇大风、大雨、撞击等特殊情况时，要对跨越架的强度、稳定性、基础等进行专门检查，发现问题及时报告处理。

（4）跨越架在使用期间，严禁拆除主节点处的纵、横向水平杆，纵、横向扫地杆、连墙件及撑、拉、提、吊设施，未经主管部门同意，不得任意改变跨越架的结构、用途或拆除构件，如必须改变排架结构，应征得原设计同意，重新修改设计；跨越架上的安全防护设施禁止随意拆除，未设置或设置不符合要求时，必须加设或改善后，方可上跨越架作业。

（5）在施工中，若发现跨越架有异常情况，应及时报告跨越架设计部门和安全部门，由设计部门和安全部门对跨越架进行检查鉴定，确认跨越架的安全稳定性后方可使用。

（6）在跨越架上进行电、气焊或在有跨越架的部位从事吊装作业时，必须采取防电、防火和防撞击跨越架的措施，并派专人监护。

第五节　施工现场安全管理

一、施工现场消防安全要求

（一）消防知识概述

1. 起火条件

在一定温度下，与空(氧)气或其他氧化剂进行剧烈化学反应而发生的热效发光现象的过程称为燃烧，俗称起火。任何燃烧事件的发生必须具备以下三个条件：

（1）存在能燃烧的物质。凡能与空气中的氧或其他氧化剂起剧烈化学反应的物质，都可称为可燃物质，如木材、油漆、纸张、天然气、汽油、酒精等。

（2）有助燃物。凡能帮助和支持燃烧的物质都叫助燃物，如空气、氧气等。

（3）有能使可燃物燃烧的火源，如火焰、火星和电火花等。

只有上述三个条件同时具备，并相互作用才能燃烧、起火。

自燃是指可燃物质在没有外来热源的作用下，由其本身所进行的生物、物理或化学作用而产生热，当达到一定的温度时，发生的自动燃烧现象。在一般情况下，能自燃的物质有植物产品、油脂、煤及硫化铁等。

2. 动火区域

根据工程选址位置、周围环境、平面布置、施工工艺和施工部位不同，施工现场动火区域一般可分为三个等级。

（1）一级动火区域，也称为禁火区域。在施工现场凡属下列情况之一的，均属一级动火区域：

① 在生产或者贮存易燃易爆物品场区内进行施工作业。

② 周围存在生产或贮存易燃易爆品的场所，在防火安全距离范围内进行施工作业。

③ 施工现场内贮存易燃易爆危险物品的仓库、库区。

④ 施工现场木工作业区，木器原料、成品堆放区。

⑤ 在密闭的室内、容器内、地下室等场所，进行配制或者调和易燃易爆液体和涂刷油漆等作业。

（2）凡属下列情况之一的，均属二级动火区域：

① 禁火区域周围的动火作业区。

② 登高焊接或者金属切割作业区。

③ 木结构或砖木结构临时职工食堂的炉灶处。

（3）凡属下列情况之一的，均属三级动火区域：

① 无易燃易爆危险物品处的动火作业。

② 施工现场燃煤茶炉处。

③ 冬季燃煤取暖的办公室、宿舍等生活设施。

在一、二级动火区域施工，必须认真遵守消防法规，严格按照有关规定，建立健全防火安全制度。动火作业前必须按照规定程序办理动火审批手续，取得动火证；动火证必须注明动火地点、动火时间、动火人、现场监护人、批准人和防火措施。没经过审批的，一律不得实施明火作业。

3. 火灾险情处置

在施工现场发生火灾时，应一方面迅速报警，一方面组织人员积极扑救。

（1）火灾处置的基本原则。

① 先控制，后扑灭。

② 救人重于救火。

③ 先重点，后一般。

④ 正确使用灭火器材。

(2) 火灾处置的基本要点。

① 立即报告。无论在任何时间、地点，一旦发现起火都要立即报告工程项目消防安全领导小组。

② 集中力量。主要利用灭火器材，控制火势，集中灭火力量在火势蔓延的主要方向进行扑救以控制火势蔓延。

③ 消灭飞火。组织人力监视火场周围的建筑物、物料堆放等场所，及时扑灭未燃尽飞火。

④ 疏散物料。安排人力和设备，将受到火势威胁的物料转移到安全地带，阻止火势蔓延。

⑤ 积极抢救被困人员。人员集中的场所发生火灾，要有熟悉情况的人做向导，积极寻找和抢救被围困的人员。

(3) 火灾救助。

发生火灾时，应立即报警。我国火警电话号码为"119"。火警电话拨通后，要讲清起火的单位和详细地址，讲清起火的部位、燃烧的物质和火灾的程度以及着火的周边环境等情况，以便消防部门根据情况派出相应的灭火力量。

报警后，起火单位要尽量迅速地清理通往火场的道路，以便消防车能顺利迅速地进入扑救现场。同时，应派人在起火地点的附近路口或单位门口迎候消防车辆，使之能迅速准确地到达火场，投入灭火战斗。

(二) 基本消防器材的使用

1. 火灾的分类

现行国家标准《火灾分类》(GB/T 4968—2008)将起火物质分为以下六类：

(1) A类火灾：固体物质火灾。

(2) B类火灾：液体或可熔化的固体物质火灾。

(3) C类火灾：气体火灾。

(4) D类火灾：金属火灾。

(5) E类火灾：带电火灾，物体带电燃烧的火灾。

(6) F类火灾：烹饪器具内的烹饪物(如动植物油脂)火灾。

灭火器是火灾扑救中常用的基本消防器材，在火灾初起之时，由于范围小，火势弱，是扑救火灾的最有利时机，正确及时使用灭火器，可以挽回巨大的损失。

2. 灭火器的种类及选用

灭火器的种类很多，按其移动方式可分为手提式和推车式灭火器；按驱动灭火剂动力来源可分为储气瓶式、储压式、化学反应式灭火器；按所充装的灭火剂可分为泡沫、二氧化碳、干粉、卤代烷、酸碱、清水灭火器等。

(1) 泡沫灭火器一般能扑救A、B类火灾，但灭火级别低并且不能扑救带电火情，已基本淘汰。

(2) 二氧化碳灭火器能扑救B、C、E类火灾，对A类火灾无效，目前少量使用。

(3) 干粉灭火器能扑救A、B、C、E类火灾，但灭火级别低并受诸多条件限制，且药剂(硫酸铵盐)有腐蚀性，已逐渐换代。

(4) 卤代烷(1211)灭火器能扑救A、B、C、E类火灾，效果也较好。但不环保，破坏臭氧层，已禁用。

(5) 高效阻燃灭火器能扑救A、B、C、E类火灾，高效环保，灭火级别较高，能彻底生物降解，可辅助人员火场逃生，已广泛应用换代。

(三) 现场消防措施

1．消防组织管理措施

(1) 建立消防组织体系。

施工现场应当成立以项目负责人为组长、各部门参加的消防安全领导小组，建立健全消防制度，组织开展消防安全检查，一旦发生事故，负责指挥、协调、调度扑救工作。

(2) 成立义务消防队。

义务消防队由消防安全领导小组确定，发生火灾时，按照领导小组指挥，积极参加扑救工作。

(3) 编制消防预案。

工程项目部应当根据工程实际情况，编制火灾事故应急救援预案，有效组织开展消防演练。

(4) 组织消防检查。

行政保卫(安全)部门负责日常监督检查工作，安全巡视的同时进行消防检查，推动消防安全制度的贯彻落实。

(5) 消防安全教育。

施工现场项目部在安全教育的同时，开展形式多样的宣传教育，普及消防知识，提高员工防火警惕性。

(6) 建立动火审批制度。

施工作业用火时，应当经施工现场防火负责人审查批准，领取动火证后，方可在指定的地点、时间内作业。

2．平面布置消防措施

(1) 施工现场要明确划分出禁火作业区。

(2) 施工现场的道路应畅通，夜间要有足够的照明。

(3) 施工现场必须设置消防车通道，其宽度应不小于3.5 m。

(4) 施工现场应设有足够的消防水源。

(5) 在施工现场明显和便于取用的地点配置适当数量的灭火器。

3．电、气焊过程中的消防措施

(1) 电、气焊作业前要明确作业任务，认真了解作业环境，确定动火的危险区域，并立出明显标志，危险区内的一切易燃、易爆品都必须移走。对不能移走的可燃物，要采取可靠的防护措施。

(2) 刮风天气，要注意风力的大小和风向变化，防止风把火星吹到附近的易燃物上，必要时应派人监护。

(3) 进行高层金属焊割作业时，要根据作业高度、风向、风力划定火灾危险区域，大雾天气和6级风时应当停止作业。

4．电工消防措施

(1) 根据负荷合理选用导线截面，不得随意在线路上接入过多负载。

(2) 保持导线支持物良好完整，防止布线过松。

(3) 导线连接要牢固。

（4）经常检查导线的绝缘电阻，保持绝缘层的强度和完整。

（5）不应带电安装和修理电气设备。

5. 高层建筑施工消防措施

（1）脚手架内的作业层应畅通，并搭设不少于2处与主体建筑内相衔接的通道。

（2）脚手架外挂的密目式安全网，必须符合阻燃标准要求，严禁使用不阻燃的安全网。

（3）金属焊割作业应当办理动火证，动火处应当配备灭火器，并设专人监护，发现险情，立即停止作业，采取措施，及时扑灭火源。

（4）临时用电线路应使用绝缘良好的电缆，严禁将线缆绑在脚手架上。

（5）应设立防火警示标志。

（6）在易燃易爆物品处施工的人员不得吸烟和随便焚烧废弃物。

二、现场作业环境基本要求

（一）现场风力的规定

根据《高处作业分级》（GB/T 3608—2008），风力大于5级时，禁止高处作业。

（二）现场温度的规定

根据《高处作业分级》，平均气温等于或低于5 ℃的作业环境禁止从事上述高处作业。

（三）现场照明的要求

脚手架的搭设、维护、拆除等工作，应尽量避免在夜间进行，如确需夜间作业，现场应有足够的照明，且夜间搭设脚手架的高度不得超过二级高处作业标准(15 m以下)。

（四）季节性的规定

1. 雨季施工措施

（1）暴雨大风前后，要检查临时设施、脚手架、机电设备、临时线路，发现倾斜、变形、下沉、漏雨、漏电等现象，应及时修理加固，有严重危险的，立即排除。

（2）对施工现场的临时设施进行全面检查，检查库房是否漏雨，各种施工机具是否盖好和垫高。做好现场排水系统，将地面雨水及时排出场外，确保主要运输道路的畅通，必要时在路面加铺防滑材料。

（3）对施工现场的排水设施进行全面检查，确保施工现场雨水有组织排放和道路畅通无阻。

2. 炎热天气施工措施

（1）夏季作业应调整作息时间。从事高温作业的场所，应加强通风和采取降温措施。

（2）作业期间，做好后勤工作和卫生工作，做好人员的防暑降温工作，防止中暑和中毒以及疾病发生。

（3）做好后勤服务工作，采用有效的防暑降温措施。合理调整作业时间，避免中午高温气候作业。

3. 冬季施工措施

（1）冬季施工期间，合理安排作业计划，适当调整施工顺序，有关分项工作尽可能避免早晚施工。密切关注气象预报，随时掌握天气变化和寒潮信息，以便及时采取防护措施。

(2) 冬季施工应符合防火要求和指定专人负责管理。

(3) 施工现场的作业场所和道路应有有效的排水设施，及时排除积水，防止冰冻。

三、施工现场安全标志和安全色的要求

（一）安全标志

1. 常用安全标志的含义和使用范围

安全标志是用以表达特定安全信息的标志，由图形符号、安全色、几何形状（边框）或文字构成，包括提醒人们注意的各种标牌、文字、符号以及灯光等，以此表达特定的安全信息。其目的是引起人们对不安全因素的注意，防止发生事故。安全标志主要包括安全色和安全标志牌等。

安全标志设置在工矿企业、建筑工地、厂内运输和其他有必要提醒人们注意安全、容易发生事故或者危险性较大的场所，以提高人们的防范意识，减少或避免事故的发生。

2. 安全标志分类

根据国家标准《安全标志及其使用导则》（GB 2894—2008），安全标志分为禁止标志、警告标志、指令标志和指示标志四类。

（1）禁止标志。

禁止标志的含义是禁止人们不安全行为的图形标志。几何图形为白底黑色图案加带斜杆的红色圆环，并在正下方用文字补充说明禁止的行为模式。图4-5-1为施工现场常见的两种禁止标志——禁止吸烟，禁止烟火。

禁止吸烟　　　　禁止烟火

图4-5-1　禁止标志

（2）警告标志。

警告标志的基本含义是提醒人们对周围环境引起注意，以避免发生危险的图形标志。几何图形为黄底黑色图案加三角形黑边，并在正下方用文字补充说明当心的行为模式。图4-5-2为施工现场常用的两种标志警告标志——当心火灾，注意安全。

当心火灾　　　　注意安全

图4-5-2　警告标志

(3)指令标志。

指令标志的含义是强制人们必须做出某种动作或采用防范措施的图形标志。几何图形为圆形,以蓝底白线条的图形图案加文字说明。图4-5-3为施工现场常见的指令标志——必须系安全带,必须戴安全帽。

必须系安全带　　　　　　　必须戴安全帽

图4-5-3　指令标志

(4)提示标志。

提示标志的含义是向人们提供某种信息(如标明安全设施或场所等)的图形标志。图形以长方形、绿底(防火为红色)白线条加文字说明。图4-5-4为两种常见的提示标志——紧急出口、可动火区。

紧急出口　　　　　　　可动火区

图4-5-4　提示标志

3. 施工现场安全标志设置

(1)安全标志设置方式。

① 高度。安全标志牌的设置高度应与人眼的视线高度一致,禁止烟火、当心坠物等环境标志牌下边缘距离地面高度不能小于2 m;禁止乘人、当心伤手、禁止合闸等局部信息标志牌的设置高度应视具体情况确定。

② 角度。标志牌的平面与视线夹角应接近90°,观察者位于最大观察距离时,最小夹角不低于75°。

③ 位置。标志牌应设在与安全有关的醒目和明亮地方,并使大家看见后,有足够的时间注意它所表示的内容。环境信息标志宜设在有关场所的入口处和醒目处;局部信息标志应设在所涉及的相应危险地点或设备(部件)附近的醒目处。标志牌一般不宜设置在可移动的物体上,以免这些物体位置移动后,看不见安全标志。标志牌前不得放置妨碍认读的障碍物。

④ 顺序。同一位置必须同时设置不同类型的多个标志牌时,应当按照警告、禁止、指令、提示的顺序,先左后右,先上后下地排列设置。

⑤ 固定。施工现场设置的安全标志牌的固定方式主要为附着式、悬挂式两种。在其

他场所也可采用柱式。悬挂式和附着式的固定应稳固不倾斜,柱式的标志牌和支架应牢固地连接在一起。

4. 安全标志设置部位

根据国家有关规定,施工现场入口处、施工起重机械、临时用电设施、脚手架、出入通道口、楼梯口、电梯井口、孔洞口、桥梁口、隧道口、基坑边缘、爆破物及有害危险气体和液体存放处等属于危险部位,应当设置明显的安全标志。

安全标志的类型、数量应当根据危险部位的性质不同,设置不同的安全警示标志,如在爆破物及有害危险气体和液体存放处设置禁止烟火、禁止吸烟等禁止标志;在施工机具旁设置当心触电、当心伤手等警告标志;在施工现场入口处设置必须戴安全帽等指令标志;在通道口处设置安全通道等指示标志;在施工现场的沟、坎、深基坑等处,夜间要设红灯示警。

(二)安全色

1. 安全色定义

根据现行国家标准《安全色》(GB 2893—2008)规定,安全色是传递安全信息含义的颜色。

2. 安全色分类

安全色分为红、黄、蓝、绿四种颜色,分别标志禁止、警告、指令和提示。

(1)红色:表示禁止、停止、危险以及消防设备的意思。凡是禁止、停止、消防和有危险的器件或环境均应涂以红色的标记作为警示的信号。包括:各种禁止标志;交通禁令标志;消防设备标志;机械的停止按钮、刹车及停车装置的操纵手柄;机器转动部件的裸露部分,如飞轮、齿轮、皮带轮等轮辐部分;指示器上各种表头的极限位置的刻度;各种危险信号旗等。

(2)黄色:表示提醒人们注意。凡是警告人们注意的器件、设备及环境都应以黄色表示。包括:各种指令标志;交通指示车辆和行人行驶方向的各种标线等标志。

(3)蓝色:表示指令,要求人们必须遵守的规定。包括:各种警告标志;道路交通标志和标线;警戒标记,如危险机器和坑池周围的警戒线等;各种飞轮、皮带轮及防护罩的内壁;警告信号旗等。

(4)绿色:表示给人们提供允许、安全的信息。包括:各种提示标志;安全通道、行人和车辆的通行标志、急救站和救护站等;消防疏散通道和其他安全防护设备标志;机器启动按钮和安全信号旗等。

3. 对比色定义

对比色是使安全色更加醒目的反衬色,包括黑、白两种颜色。

4. 安全色与对比色的使用

安全色与对比色同时使用时,应按表4-5-1规定搭配使用。

表4-5-1　　　　　　　　安全色与对比色搭配使用规定表

安全色	对比色
红色	白色
蓝色	白色
黄色	黑色
绿色	白色

（1）黑色：用于安全标志的文字、图形符号和警告标志的几何边框。

（2）白色：用于安全标志中红、蓝、绿的背景色，也可用于标志的文字和图形符号。

（3）安全色与对比色的相间条纹：相间条纹为等宽条纹，倾斜约45°。

① 红色与白色相间条纹：表示禁止或提示消防设备、设施位置的安全标记。应用于交通运输等方面所使用的防护栏杆及隔离墩、液化石油汽车槽车的条纹、固定禁止标志的标志杆上的色带。

② 黄色与黑色相间条纹：表示危险位置的安全标记。应用于各种机械在工作或移动时容易碰撞的部位，如移动式起重机外伸腿、起重臂端部、起重吊钩和配重、剪板机的压紧装置、冲床的滑块等暂时或永久危险的场所或设备；固定警告标志的标志杆上的色带等。

③ 蓝色与白色相间条纹：表示指令的安全标记，传递必须遵守规定的信息。应用于道路与指示性导向标志、固定指令标志的标志杆上的色带。

④ 绿色与白色相间条纹：表示安全环境的安全标记。应用于固定提示标志杆上的色带。

习题四

一、判断题

1. 脚手架的拆除作业不能上下同时进行。
2. 脚手架的拆除顺序应为：先搭先拆、后搭后拆。
3. 脚手架的拆除作业必须由上而下逐层进行，严禁上下同时作业。
4. 未完成脚手架整体搭接时，必须派专人看管，可暂时不做临时拉接固定。
5. 承重脚手架的立杆接长，可采用搭接形式。
6. 季节性施工主要是指夏季和冬季施工。
7. 安全交底应当采用书面形式，双方应当签字确认。
8. 安全交底必须具体、明确，有针对性。
9. 登高架设作业人员每年进行一次体检，凡患有不适合高处作业疾病的人员不得从事登高架设作业。
10. 登高架设作业人员严禁酒后上岗。
11. 拆下的脚手架材料应向下传递或用绳子吊下，禁止往下抛扔。
12. 连墙件必须拆到当层时方可拆除，严禁提前拆除。
13. 进入施工现场的碗扣架主要构配件应有产品标识及产品质量合格证。
14. 大模板不得直接墩放在脚手架上。
15. 附着式升降脚手架升降时应划定安全警戒范围。
16. 电动吊篮应安装上、下限位装置。
17. 电动吊篮安全锁扣的配件应齐全完好。
18. 在电动吊篮内的作业人员应佩戴安全帽、系挂安全带。
19. 电动吊篮钢丝绳不得有松散、断股、打结现象。
20. 安装防护架时应先搭设操作平台。
21. 架设材料要随上随用，以免放置不当坠落。
22. 不得在脚手架基础附近进行挖掘作业。
23. 多人进行拆除作业时，应加强协调指挥，严禁不按程序施工。
24. 严禁在脚手架上拖拉或缠绑电线，直接安装照明灯具等。
25. 钢管脚手架在搭设和使用过程中，必须严防与带电体接触。
26. 外电线路和变压器等带电体的防护隔离设施，应在脚手架搭设之前完成。
27. 高压输变电线或变压器防护隔离设施采用屏障式或围栏式。
28. 竹、木材受热分解析出可燃气体，在一定温度下，会燃烧起来。
29. 钢管脚手架在受到电火花、电弧或火焰包围时，会使金属杆件受损、断裂，威胁整个架体的稳定。
30. 各类脚手架的防火应与施工现场的防火措施密切配合。
31. 作业人员可以在脚手架上休息吸烟。
32. 施工现场发生火灾时，应迅速报警，等待消防队灭火。
33. 施工现场动火区域一般可分为三个等级。
34. 一级动火区域，也称禁火区域。

35. 火灾处置原则是先救火后救人。
36. 施工作业用火时，应当经施工现场防火负责人批准，领取动火证后，方可在指定的地点、时间内作业。
37. 施工现场不用明确划出禁火作业区。
38. 钢管脚手架外挂的密目式安全网，可用不阻燃安全网。
39. 脚手架作业面应畅通，并有两处以上与主体衔接的通道。
40. 脚手架上可不用设置防火警示标志。
41. 施工现场必须特别注意竹、木脚手架的防火。
42. 脚手架附近应配置一定数量的灭火器和消防栓。
43. 在脚手架上临时动火，必须事先办理动火许可证。
44. 脚手架上的设备停用时必须断电，预防断路引起火灾。
45. 严禁在满堂脚手架室内烘烤墙体或动用明火。
46. 严禁用灯泡、碘钨灯取暖。
47. 脚手架上搭设临时疏散通道应采用不燃材料搭设。
48. 脚手架搭设应不影响安全疏散通道。
49. 防护棚支搭不能影响消防车通行及灭火操作。
50. 脚手架作业层应设置醒目的人员疏散示意图。
51. 施工人员进场后应了解逃生方法及路线。

二、填空题

52. 不同步或不同跨两个相邻的接头在水平方向错开的距离不应小于_____mm。
53. 吊篮安装和使用时，在_____m范围内如有高压线，应按现行规范采取隔离措施。
54. 施工现场发生火警或火灾，应立即报告_____部门。
55. 钢管脚手架不得搭设在距离10 kV高压线路_____m以内。

三、单选题

56. 搭设顺序要求严禁出现( )。
A. 立杆过高甩搓作业　　B. 随层安装连墙件作业　　C. 随时校正偏差作业
57. 下列不是脚手架施工方案主要内容是( )。
A. 高度限制和卸载要求　　B. 连墙点设置要求　　C. 材料运输的要求
58. 搭设脚手架的安全技术交底内容不包括( )等。
A. 人员工资　　B. 选用脚手架类型　　C. 地基处理情况
59. 纵向水平杆接长应采用( )扣件连接或搭接。
A. 旋转　　B. 直角　　C. 对接
60. 两根相邻纵向水平杆的接头不应设置在同步或( )内。
A. 同排　　B. 同跨　　C. 同行
61. 脚手板搭接铺设时，接头长度应为( )mm。
A. 100　　B. 150　　C. 200
62. 抛撑应在连墙件搭设连接之( )方可拆除。
A. 前　　B. 后　　C. 中

63. 单、双排脚手架均应设置( )。
    A. 横向斜撑　　　　　　　B. 抛撑　　　　　　　　C. 剪刀撑
64. 对输电线路的防护棚架搭设的材质要求,应使用( )。
    A. 钢管　　　　　　　　　B. 杉木　　　　　　　　C. 门架
65. 下列哪种形式的脚手架不得作为承重脚手架。( )
    A. 扣件式钢管　　　　　　B. 杉槁　　　　　　　　C. 碗扣式钢管
66. 对输电线路的防护棚架搭设的材质要求,应使用( )。
    A. 钢管　　　　　　　　　B. 杉木　　　　　　　　C. 门架
67. 碗扣式脚手架主杆上的碗扣节点间距应按( )mm 模数设置。
    A. 350　　　　　　　　　　B. 450　　　　　　　　　C. 600
68. 碗扣式钢管脚手架第一层的立杆选择应为( )。
    A. 2.4 m 和 1.8 m　　　　　B. 1.8 m　　　　　　　　C. 2.4 m
69. 高层脚手架应安装防雷装置,防雷装置的接地电阻值不得大于( )Ω。
    A. 4　　　　　　　　　　　B. 8　　　　　　　　　　C. 10
70. 高层脚手架应安装防雷装置,可在脚手架一侧高杆接长,使之高出顶端( )m 作为接闪器。
    A. 2　　　　　　　　　　　B. 4　　　　　　　　　　C. 6
71. 满堂竹脚手架每搭设( )步高度,应对搭设质量进行一次检查。
    A. 两　　　　　　　　　　　B. 四　　　　　　　　　　C. 五
72. 脚手架停用超过( )个月,需进行检查验收。
    A. 1　　　　　　　　　　　B. 3　　　　　　　　　　C. 6
73. 脚手架遇到( )级大风后,需进行检查验收。
    A. 4　　　　　　　　　　　B. 5　　　　　　　　　　C. 6
74. 扣件式钢管脚手架每搭设( )m,需进行检查验收。
    A. 3~5　　　　　　　　　　B. 6~8　　　　　　　　　C. 10~12
75. 在电动吊篮内的作业人员不能超过( )人。
    A. 2　　　　　　　　　　　B. 3　　　　　　　　　　C. 4
76. 不得将电动吊篮作为( )运输设备。
    A. 垂直　　　　　　　　　　B. 水平　　　　　　　　　C. 起重
77. 遇有雷雨天气或( )级以上大风时,不得进行吊篮作业。
    A. 4　　　　　　　　　　　B. 5　　　　　　　　　　C. 6
78. 吊篮作业完毕后应将吊篮放至地面,同时将( )切断。
    A. 钢丝绳　　　　　　　　　B. 电源　　　　　　　　　C. 保险绳
79. 防护架应配合施工进度搭设,高度不能超过连墙件以上( )个步距。
    A. 1　　　　　　　　　　　B. 2　　　　　　　　　　C. 3
80. 吊篮的悬挂机构宜采用( )联结方式进行拉接固定。
    A. 柔性　　　　　　　　　　B. 刚性　　　　　　　　　C. 弹性
81. 吊篮的悬挂机构前支架严禁支撑在( )。
    A. 女儿墙上　　　　　　　　B. 女儿墙内　　　　　　　C. 屋顶上

82. 吊篮的悬挑横梁应前高后低，前后水平高差不应大于横梁长度的( )%。
A. 2　　　　　　　　　B. 3　　　　　　　　　C. 5

83. 在吊篮内作业时，人员应从( )进入吊篮内。
A. 地面　　　　　　　　B. 屋顶　　　　　　　　C. 窗口

84. 吊篮升降运行时，工作平台两端高差不得超过( )mm。
A. 100　　　　　　　　B. 150　　　　　　　　C. 200

85. 门式脚手架通道口高度不宜大于( )个门架高度。
A. 2　　　　　　　　　B. 3　　　　　　　　　C. 4

86. 当门式脚手架搭设在楼面等建筑物结构上时，门架立杆下宜铺设( )。
A. 垫板　　　　　　　　B. 沙土　　　　　　　　C. 油毡

87. 搭设门架的地面标高宜高于自然地坪标高( )mm。
A. 10～50　　　　　　　B. 50～100　　　　　　C. 100～150

88. 吊篮平台应在其显著位置标明允许使用( )及使用规定。
A. 人员　　　　　　　　B. 荷载　　　　　　　　C. 形式

89. 吊篮平台每次投入使用前均应对其杆件、焊缝、( )等进行检查。
A. 材料　　　　　　　　B. 工具　　　　　　　　C. 防护设施

90. 承插式脚手架首段架体高度达到( )m时需进行验收。
A. 4　　　　　　　　　B. 6　　　　　　　　　C. 8

91. 模板支架及脚手架在使用期间，不得擅自( )架体结构杆件。
A. 拆除　　　　　　　　B. 改变　　　　　　　　C. 减少

92. 在脚手架或模板支架上进行电焊、气焊作业时，必须有( )措施和专人监护。
A. 防火　　　　　　　　B. 防暑　　　　　　　　C. 防风

93. 脚手架内的作业层应畅通，并搭设不少于( )处与主体建筑内相衔接的通道。
A. 2　　　　　　　　　B. 4　　　　　　　　　C. 5

94. 脚手架外挂的密目式安全网，必须符合( )标准要求。
A. 阻燃　　　　　　　　B. 消防　　　　　　　　C. 安全

95. 含有大量尘埃但无爆炸和火灾危险的场所，应选用( )型照明器。
A. 防爆　　　　　　　　B. 防尘　　　　　　　　C. 防震

96. 有爆炸和火灾危险的场所，按危险场所等级选用( )型照明器。
A. 防震　　　　　　　　B. 防尘　　　　　　　　C. 防爆

97. 施工面积较大，地下多层施工、施工环境复杂的临建设施，应编制单项照明( )方案。
A. 用电　　　　　　　　B. 消防　　　　　　　　C. 安全

98. 施工现场必须设置消防车通道，其宽度应不小于( )m。
A. 3.5　　　　　　　　B. 4.0　　　　　　　　C. 4.5

99. 脚手架的安全管理是确保脚手架安全使用的( )条件。
A. 重要　　　　　　　　B. 次要　　　　　　　　C. 一般

100. 登高架设作业人员应懂得灭火器的基本使用方法和( )的基本常识。
A. 金属熔化　　　　　　B. 扑救火灾　　　　　　C. 脚手架

101．脚手架与外电力之间必须保持( )的安全操作距离。
A．可靠　　　　　　　B．密切　　　　　　　C．最近

102．烟头虽然不大，但烟头的表面温度可达到( )℃。
A．100～200　　　　　B．200～300　　　　　C．300～400

103．固定动火作业时，与在建工程的防火间距不应小于( )m。
A．4　　　　　　　　B．6　　　　　　　　C．10

104．避雷针应设在房屋四角的脚手架上，高度应不小于( )m。
A．0.5　　　　　　　B．0.8　　　　　　　C．1、0

105．电力线路和钢管脚手架平行靠近时，应每隔( )m设一接地极。
A．5　　　　　　　　B．15　　　　　　　C．25

106．带电体隔离防护设施严禁在( )天搭设。
A．雨雪　　　　　　　B．白　　　　　　　　C．阴

107．''救人重于救火''是火灾处置的基本( )。
A．要点　　　　　　　B．原则　　　　　　　C．方式

108．在脚手架上临时动火，作业完毕后应仔细检查脚手架上、下范围内是否有( )。
A．工具　　　　　　　B．材料　　　　　　　C．余火

109．在跨越架上进行吊装作业时，必须采取( )跨越架的措施。
A．防倾斜　　　　　　B．防撞击　　　　　　C．防坍塌

四、多项选择题

110．落地式脚手架的地基处理要求有( )等。
A．地基平整夯实　　　　　　　B．有排水措施
C．经验收合格　　　　　　　　D．填土符合国家标准

111．扣件式钢管脚手架的( )等应符合设计要求。
A．钢管规格　　　B．间距　　　　　C．扣件　　　　　D．垫板

112．暴风雪及台风、暴雨后，应对脚手架进行检查，发现有( )情况应立即处理。
A．违章　　　　　B．杆件松动　　　C．杆件变形　　　D．脱落

113．脚手架使用钢管时，应注意不得有( )等。
A．裂纹　　　　　B．硬弯　　　　　C．划道　　　　　D．压痕

114．建筑施工中的四口是指( )等。
A．楼梯口　　　　B．通道口　　　　C．电梯井口　　　D．大门口

115．建筑施工安装、拆除脚手架时( )。
A．应编制安装、拆除方案　　　　B．制定安全施工措施
C．由相应资质的单位承担　　　　D．由非专业人员进行

116．作业人员应当遵守安全施工的( )。
A．规章制度　　　B．劳动纪律　　　C．操作规程　　　D．强制性标准

117．施工现场的安全防护用具，必须由专人管理，并定期进行( )。
A．检查　　　　　B．维修　　　　　C．使用　　　　　D．保养

118．碗扣式脚手架拆除下来的构配件应分类堆放，以便于( )。
A．运输　　　　　B．维护　　　　　C．吊装　　　　　D．保管

194

119. 碗扣式脚手架的主要构配件进场应有( )。
A．产品标识　　　　B．产品质量合格证　　C．租赁合同　　　　D．专人压车

120. 碗扣式脚手架检查时应重点检查( )等设置是否完善。
A．斜杆　　　　　　B．连墙件　　　　　　C．剪刀撑　　　　　D．栏杆

121. 碗扣式脚手架横杆的型号有( )。
A．HG-30　　　　　B．HG-60　　　　　　C．HG-90　　　　　D．HG-180

122. 碗扣式脚手架立杆的型号有( )。
A．LG-120　　　　 B．LG-180　　　　　 C．LG-240　　　　　D．LG-300

123. 脚手架使用中应定期检查杆件的设置和( )等的构造是否符合要求。
A．连接　　　　　　B．连墙件　　　　　　C．支撑　　　　　　D．门洞桁架

124. 脚手架安全管理包括( )的防护措施。
A．防火　　　　　　B．防电　　　　　　　C．避雷　　　　　　D．恶劣气候

125. 跨越脚手架的防电措施主要采用增设具有绝缘隔离作用的( )等。
A．屏障　　　　　　B．遮栏　　　　　　　C．围栏　　　　　　D．保护网

126. 当跨越架出现被撞击的情况时，要对跨越架的( )等进行专门检查。
A．强度　　　　　　B．稳定性　　　　　　C．基础　　　　　　D．温度

127. 跨越架在使用期间，严禁拆除主节点处的( )等设施。
A．纵、横向水平杆　B．纵、横向扫地杆　　C．撑、拉　　　　　D．提、吊

128. 吊篮操作人员岗前安全检查主要是检查( )等。
A．电气设备　　　　B．防护设施　　　　　C．个人防护用品　　D．作业人员安全状态

129. 脚手架施工过程中恶劣天气是指( )等。
A．6级及以上强风　 B．浓雾　　　　　　　C．30℃以上高温　　D．大暴雨

130. 脚手架施工过程中如发生事故，登高架设作业人员应做到( )、及时报告等。
A．自救　　　　　　B．排险　　　　　　　C．抢救伤员　　　　D．保护现场

131. 在吊篮内进行电焊作业时，应对吊篮内的( )采取保护措施。
A．人　　　　　　　B．设备　　　　　　　C．钢丝绳　　　　　D．电缆

132. 每天要对屋面吊篮悬挑机构( )的技术状况进行检查，发现隐患应立即整改。
A．钢结构　　　　　B．配重　　　　　　　C．工作钢丝绳　　　D．安全钢丝绳

133. 开动吊篮时应反复进行升降试验，检查起升机构( )的工作状况。
A．安全锁　　　　　B．限位器　　　　　　C．制动器　　　　　D．电机

134. 任何燃烧事件的发生必须具备( )三个条件。
A．存在能燃烧的物质　B．有助燃物　　　　C．有火源　　　　　D．有点火装置

135. 火灾处置的基本原则是( )。
A．先控制，后扑灭　B．救人重于救火
C．先重点，后一般　D．正确使用灭火器材

136. 动火证必须注明动火地点、( )和防火措施。
A．动火时间　　　　B．动火人　　　　　　C．现场监护人　　　D．批准人

137. 火灾处置的基本特点是( )等。
A．立即报告　　　　B．消灭飞火　　　　　C．疏散物料　　　　D．积极抢救被困人员

138. 进行高层金属焊割作业时，要根据作业( )划定火灾危险区。
   A. 高度　　　　B. 风向　　　　C. 风力　　　　D. 时间
139. 动火作业时，一旦发现险情，立即( )及时扑灭火源。
   A. 停止作业　　B. 报警　　　　C. 采取措施　　D. 撤离
140. 施工现场存有大量可燃物( )，如果用火不慎，就有可能引起火灾。
   A. 构件　　　　B. 易燃物　　　C. 易爆物　　　D. 钢管
141. 钢管和其他金属脚手架在受到( )包围时，会使金属杆件受损，威胁整个架体的稳定。
   A. 电火花　　　B. 电弧　　　　C. 火焰　　　　D. 电光
142. 禁止在脚手架或其附近存放( )的化工材料和建筑材料。
   A. 可燃　　　　B. 易燃　　　　C. 不燃　　　　D. 易爆
143. 室内脚手架应注意照明灯具与脚手架之间的距离，防止长时间强光照射或灯具过热，使( )杆件发热烤焦，引起火灾。
   A. 竹杆　　　　B. 钢管　　　　C. 钢筋　　　　D. 木材
144. 脚手架上及周围的( )应及时清理，防止引燃起火。
   A. 建筑垃圾　　B. 建筑构件　　C. 锯末　　　　D. 刨花
145. 金属脚手架应设避雷装置，避雷装置包括( )。
   A. 接闪器　　　B. 计时器　　　C. 接地极　　　D. 接地线
146. 灭火的基本方法有( )灭火法。
   A. 窒息　　　　B. 冷却　　　　C. 隔离　　　　D. 抑制
147. 大雨后脚手架检查的项目包括( )等。
   A. 地基是否积水　B. 底座是否松动　C. 人员是否到岗　D. 立杆是否悬空

五、简答题

148. 在跨越架上进行电、气焊或吊装作业时，必须采取的措施有哪些？
149. 跨越架验收后要挂告示牌注明跨越架通过的指标有哪些？
150. 现场的各类消防设施包括什么？

第五章　施工现场事故预防与应急处置

第一节　事故应急预案及应急演练

一、事故应急预案

应急预案非常重要，在应急系统中起着关键作用，大到国家，小到企业，甚至项目班组，应急预案愈来愈受到重视。《建设工程安全生产管理条例》第四十八、四十九条对施工单位制定施工现场生产安全事故应急救援预案作了明确规定。施工安全事故应急救援预案由工程承包单位编制；实行工程总承包的，由总承包单位编制；实行联合承包的，由承包各方共同编制。

（一）事故应急预案的含义及目的

应急预案主要明确在突发事故发生之前、发生过程中以及刚刚结束之后，谁负责做什么，何时做，相应的策略和资源准备等。它是针对可能发生的重大事故及其影响和后果严重程度，为应急准备和应急响应的各方面所预先作出的详细安排，是开展及时、有序和有效应急救援工作的行动指南。

具体来讲，事故应急救援预案有2个方面的含义：

（1）事故预防。通过危险辨识、事故后果分析，采用技术和管理手段降低事故发生的可能性且使可能发生的事故控制在局部范围内，防止事故蔓延。

（2）应急抢险。万一发生事故（或故障）有应急处理程序和方法，能快速反应处理故障或将事故消除在萌芽状态，并采用预定现场抢险和抢救的方式，控制或减少事故造成的损失。

因此，制订应急预案的目的是为了在重大事故发生后能及时予以控制，有效地组织抢险和救助，防止重大事故的蔓延。

（二）事故应急预案基本要素

应急预案是针对可能发生的重大事故所需的应急准备和应急响应行动而制定的指导性文件。因此，要重点把握好其核心内容。应急预案应包括以下核心内容：

（1）对紧急情况或事故灾害及其后果的预测、辨识和评价。

（2）规定应急组织体系、人员安排及各方组织的详细职责。

（3）应急救援行动的指挥与协调。

（4）应急救援中可用的人员、设备、设施、物资、经费保障和其他资源，包括社会和外部援助资源等。

（5）应急响应流程及在紧急情况和事故灾害发生时保护生命和财产、环境安全的措施。

（6）其他，如应急培训和演练，法律法规的要求等。

以上是应急预案的核心内容，是编写的重点。一个完善的应急预案的主要内容还应当包括：应急预案的编制目的、适用范围、应急场所的监控安排、应急准备测试及维护安排，现场恢复，与相关应急预案的衔接关系，应急预案编制、管理的措施和要求，应急预案的审核、审批程序，等等。

二、脚手架工程专项应急救援

（一）脚手架事故类型和危害程度分析

脚手架是施工重要的临时设施，在搭设、使用、升降、拆除过程中由于违反操作规程或设计方案有缺陷等原因，可能造成架体变形或整体坍塌，导致生产安全事故。

1. 事故类型

（1）坍塌事故：脚手架坍塌、模板支撑体系坍塌。

（2）物体打击：拆搭脚手架过程中落物造成的事故、脚手架防护不严造成的落物事故。

（3）高处坠落：拆搭脚手架过程中发生的事故、违章攀爬脚手架造成的事故。

（4）触电事故：由于电气线路经过脚手架时缺少绝缘保护或破损，造成漏电发生事故。

2. 危害程度

（1）造成人员伤亡或财产损失。

（2）因砸毁架空线路而对社会造成影响。

（3）对施工现场造成影响。

（二）脚手架事故预警

1. 危险源监控

（1）施工前、施工中进行危险源识别、评价，制定管理措施。

（2）针对重大危险源制定管理方案。

（3）根据施工特点，开工前制定出风险点控制方案，并严格落实逐级审批制度。

2. 预警行动

（1）脚手架出现变形等事故征兆。

（2）脚手架失稳引起坍塌及造成人员伤亡。

（三）脚手架事故应急措施

1. 脚手架出现事故征兆时的应急措施

（1）因地基沉降引起的脚手架局部变形：

① 在双排架横向截面上架设八字撑或剪刀撑，隔一排立杆架设一组，直至变形区外排。八字撑或剪刀撑下脚必须设在坚实、可靠的地基上。

② 采用钢丝绳吊挂，将脚手架下沉部位用钢丝绳与建筑物吊挂。

（2）脚手架赖以生根的悬挑钢梁挠度变形超过规定值：

应对悬挑钢梁后锚固点进行加固，钢梁上面用钢支撑加 U 形托旋紧后顶住屋顶。预埋钢筋环与钢梁之间有空隙时，须用木楔夹紧。吊挂钢梁外端的钢丝绳逐根检查，全部紧固，保证均匀受力。

（3）脚手架卸荷、拉接体系局部产生破坏：

要立即按原方案制定的卸荷、拉接方法将其恢复，并对已经产生变形的部位及杆件进行纠正。如纠正脚手架向外张的变形，先按每个开间设一个 2~5 t 倒链，与结构绷紧，松开刚性拉接点，各点同时向内收紧倒链，直至变形被纠正，做好刚性拉接，并将各卸荷点钢丝绳收紧，使其受力均匀，最后放开倒链。

（4）附着升降脚手架出现意外情况：

① 沿升降式脚手架范围设隔离区。

② 在结构外墙柱、窗口等处用插口架搭设方法迅速加固升降式脚手架。

③ 立即通知附着升降式脚手架出租单位技术负责人到现场，提出解决方案。

（5）事故发生后进行抢险：

① 应当按照事故应急救援预案迅速采取有效措施组织抢救。

② 防止事故扩大，减少人员伤亡或财产损失。

③ 保护现场，立即上报。

④ 在事故抢救过程中严禁违章指挥或违章作业。

2. **脚手架失稳引起倒塌及造成人员伤亡时的应急措施**

（1）迅速确定事故发生的准确位置、可能波及的范围、脚手架损坏的程度、人员伤亡情况等，以根据不同情况进行处置。

（2）划出事故特定区域，非救援人员未经允许不得进入特定区域。迅速核实脚手架上作业人数，如有人员被坍塌的脚手架压在下面，要立即采取可靠措施加固四周，然后拆除或切割压住伤者的杆件，将伤员移出。如脚手架太重可用吊车将架体缓缓抬起，以便救人。如无人员伤亡，立即实施脚手架加固处理等处置措施。以上行动须由持登高架设作业操作证或有经验的安全员或工长统一安排。

（3）抢救受伤人员时的处理。

如确认人员已死亡，立即保护现场；如发生人员昏迷、伤及内脏、骨折及大量失血，则按以下方法处理：

① 立即联系 120 急救车或现场最近的医院电话，并说明伤情。为取得最佳抢救效果，还可根据伤情联系专科医院。

② 外伤大出血，急救车未到前，现场采取止血措施。

③ 骨折注意搬动时的保护，对昏迷、可能伤及脊椎、内脏或伤情不详者一律用担架或平板，不得一人抬肩、一人抬腿。

（4）一般性外伤，则按以下方法处理：

① 视伤情送往医院，防止破伤风。

② 轻微内伤，送医院检查。

3. **脚手架失稳引起倒塌无人员伤亡时的应急措施**

（1）制定救援措施时一定要考虑所采取措施的安全性和风险，经评价确认安全无误后再实施救援，避免因采取措施不当而引发新的伤害或损失。

（2）现场处理完毕，须对出现事故征兆或失稳的脚手架整改、修复、加固，按照《建筑施工扣件式钢管脚手架安全技术规范》的规定，经验收合格后方可恢复使用。

三、事故应急演练

急救预案必须按要求组织演练，按照事故处理职责分工进行模拟实战的演习，如疏散、急救、消防、抢险等，在演练过程中如发现应急预案有关内容与实际情况有出入时，必须立即进行检查，修订补充，并对演练情况进行总结，建档记录。根据预案的实际情况，组织员工及救援人员，采取多种形式进行应急知识、应急技能的培训。

进行事故应急救援预案的演练主要应注意以下事项：

（1）在演练过程中，应让熟悉危险设施的现场人员、有关的安全管理人员一起参与。

（2）一旦事故应急救援预案编制完成以后，应向所有职员以及外部应急服务机构公布。

（3）与危险设施无关的人，如高级应急官员、政府安全监督管理人员也应作为观察员监督整个演练过程。

（4）每一次演练后，应核对生产安全事故应急救援预案规定的内容是否都被检查，找出不足和缺点。检查主要包括下列内容：

① 在事故期间通讯系统是否能运作。
② 人员是否能安全撤离。
③ 应急服务机构能否及时参与事故抢救。
④ 能否有效控制事故进一步扩大。

第二节　事故现场急救知识

一、现场急救基本原则

（1）遇到伤害发生时，不要惊慌失措，要保持镇静，并设法维护好现场秩序。

（2）在周围环境不会危及生命的情况下，不要随便搬运伤员。如需搬动伤员，必须遵守"三先三后"的原则：

① 窒息（呼吸道完全堵塞）或心跳呼吸骤停的伤员，必须先进行人工呼吸或心脏复苏后再搬运。
② 对出血伤员，先止血、后搬运。
③ 对骨折的伤员，先固定、后搬运。

（3）暂不要给伤员喝任何饮料或进食。

（4）根据伤情对伤员边分类边抢救，处理的原则是先重后轻，先急后缓，先近后远。

（5）对伤情稳定、估计转运中不会加重伤情的，应迅速组织人力，利用各种交通工具转运到最近的医疗单位或专科医院。

（6）现场抢救的一切行动必须服从统一指挥，不可各自为战。

二、现场急救的关键

现场急救的关键在于"及时"，几分钟、十几分钟是抢救危重伤病员最重要的时刻，医学上称之为"救命的黄金时刻"。在此时间内,抢救及时、正确,生命有可能被挽救;反之,则生命丧失或病情加重。现场及时正确救护,为医院救治创造条件,能最大限度地挽救伤病员的生命并减轻伤残。

三、急救前的检查

现场急救,必须了解伤者的主要伤情,对伤者进行必要的检查,特别是对重要的体征不能忽略遗漏,现场急救检查要抓住重点。

首先,要检查心脏跳动情况。心跳是生命的基本体征,正常人每分钟心跳60~100次,严重创伤、大出血等伤者,心跳增快,但力量较弱,摸脉搏时感觉脉搏细而快,每分钟心跳120次以上时多为早期休克。当人死亡时心跳停止。

其次,检查呼吸。呼吸也是生命的基本体征,正常人每分钟呼吸16~20次,危重伤者呼吸多变快、变浅、不规则;当伤者临死前,呼吸变缓慢、不规则直至停止呼吸。在观察危重伤者的呼吸时,由于呼吸微弱,难以看到胸部明显的起伏,可以用一小片薄纸条、小草等放在伤者鼻孔旁,看这些物体是否随呼吸来回飘动来判定是否还有呼吸。

最后,看瞳孔。正常人两个眼睛的瞳孔等大、等圆,遇到光线照来时可以迅速收缩。当伤者受到严重创伤时,两侧的瞳孔可能不一般大,可能缩小或扩大。当用电筒光突然刺激瞳孔时,瞳孔不收缩或收缩迟钝。

四、常用救护技术

（一）触电后的急救

触电急救,首先要使触电者迅速脱离电源,越快越好。脱离电源就是要把触电者接触的那一部分带电设备的开关、刀闸或其他断路设备断开;或设法将触电者与带电设备脱离。在脱离电源时,救护人员既要救人,也要注意保护自己。触电者未脱离电源前,救护人员不准直接用手碰触伤员。

1. 低压设备上的触电

触电者触及低压带电设备,救护人员应设法迅速切断电源,如拉开电源开关或刀闸、拔除电源插头等,或使用绝缘工具,如干燥的木棒、木板、绳索等不导电的东西解脱触电者;也可抓住触电者干燥而不贴身的衣服,将其拖开,切记要避免碰到金属物体和触电者的裸露身躯;也可戴绝缘手套或将手用干燥衣物等包起绝缘后解脱触电者;救护人员也可站在绝缘垫上或干木板上,绝缘自己进行救护。

为使触电者与导电体解脱,最好用一只手进行。如果电流通过触电者入地,并且触电者紧握电线,可设法用木干板塞到其身下,与地隔离,也可用干木把斧子或有绝缘柄的钳子等将电线剪断。剪断电线要分相,一根一根地剪断,并尽可能站在绝缘物体或干木板上进行。

2. 高压设备上的触电

触电者触及高压带电设备,救护人员应迅速切断电源,或用适合该电压等级的绝缘工具(戴绝缘手套、穿绝缘靴并用绝缘棒)解脱触电者。救护人员在抢救过程中应注意保持自身与周围带电部分必要的安全距离。

3. 架空线路上触电

若触电发生在架空线杆塔上,如系低压带电线路,能立即切断线路电源的,应迅速切断电源，或者由救护人员迅速登杆，束好自己的安全带后，用带绝缘胶柄的钢丝钳、干燥的不导电物体或绝缘物体将触电者拉离电源；如系高压带电线路，又不可能迅速切断开关的，可采用抛挂足够截面的适当长度的金属短路线方法，使电源开关跳闸。抛挂前，将短路线一端固定在铁塔或接地引下线上，另一端系重物，但抛掷路线时，应注意防止电弧伤人或断线危及人身安全。不论是何种电压线路上触电，救护人员在使触电者脱离电源时都要注意防止发生高处坠落的可能和再次触及其他有电线路的可能。

4. 断落在地的高压导线上触电

如果触电者触及断落在地上的带电高压导线，如尚未确证线路无电，救护人员在未做好安全措施（如穿绝缘靴或临时双脚并紧跳跃地接近触电者）前，不能接近断线点 8~10 m 范围内，以防止跨步电压伤人。触电者脱离带电导线后应迅速将其带至 8~10 m 以外，并立即开始触电急救。

（二）心肺复苏术

心肺复苏，就是针对骤停的心跳和呼吸采取的"救命技术"。众所周知，人体内是没有氧气储备的。正常的呼吸将氧送至川流不息的血液循环到达全身各处。由于心跳呼吸的突然停止，使得全身重要脏器发生缺血缺氧，尤其是大脑。大脑一旦缺血缺氧 4~6 min，脑组织即发生损伤，超过 10 min 即发生不可恢复的损害。因此，在 4~6 min 内，最好是在 4 min 内立即进行心肺复苏，在畅通气道的前提下进行有效的人工呼吸、胸外心脏按压，这样使带有新鲜氧气的血液到达大脑和其他重要脏器。

1. 心肺复苏操作程序

（1）步骤一：判断意识。先在伤病员耳边大声呼唤"喂！你怎么啦?"再轻轻拍伤病员的肩部。如对呼唤、轻拍无反应，可判断其无意识。

（2）步骤二：立即呼唤。当判断伤病员意识丧失，应该求助他人帮助，在原地高声呼救："快来人！救命啊！"

（3）步骤三：救护体位。对于呼吸心跳骤停的伤病员应将其翻转为仰卧位（心肺复苏体位），放在坚硬的平面上，救护员需要在检查后，进行心肺复苏。若伤病员没有意识但有呼吸和循环，为了防止呼吸道被舌后坠或黏液及呕吐物阻塞引致窒息，对伤病员应采用侧卧体位（复原卧位），分泌物容易从口中引流。体位应稳定，并易于伤病员翻转其他体位，保持通畅气道，超过 30 min，翻转伤病员到另一侧。

注意不要随意移动伤病员，以免造成伤害。如不要用力拖动、拉起伤病员，不要搬动和摇动已确定有头或颈部外伤者等。有颈部外伤者需翻身时，为防止颈髓损伤，另一人应保持伤病员头颈部与身体在同一轴线翻转，做好头颈部的固定。

① 心肺复苏体位（仰卧位）操作方法（图 5-2-1）。
· 救护员位于伤病员的一侧。
· 将伤病员的双上肢向头部方向伸直。
· 将伤病员远离救护员一侧的小腿放在另一侧腿上，两腿交叉。
· 救护员一只手托住伤病员的后头颈部，另一只手插入远离救护员一侧伤病员的腋下或胯部。
· 将伤病员整体地翻转向救护员侧。
· 伤病员为仰卧位，再将伤病员上肢置于身体两侧。

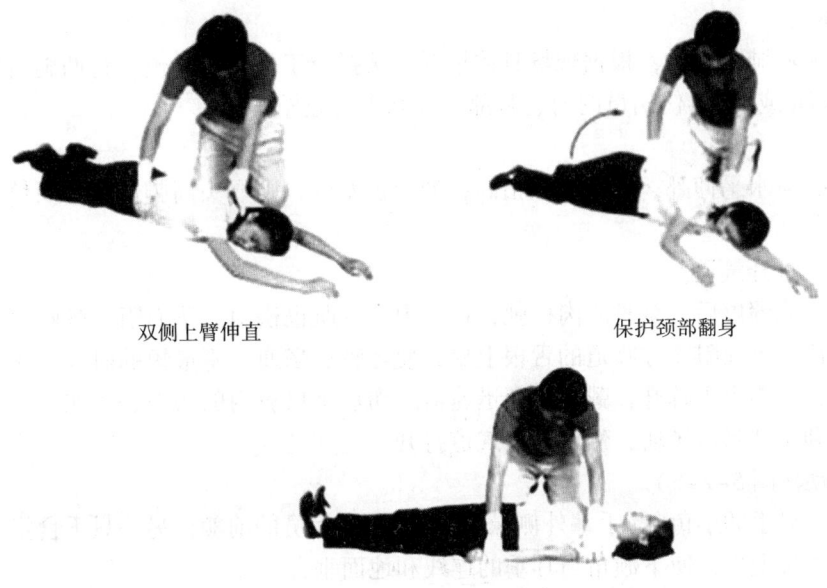

双侧上臂伸直　　　　　　　　　　保护颈部翻身

心肺复苏体位

图 5-2-1　心脏复苏体位(仰卧位)操作方法

② 复原卧式(侧卧位)操作方法(图 5-2-2)。
・救护员位于伤病员的一侧。
・救护员将靠近自身的伤病员手臂肘关节屈曲置于头部侧方,伤病员另一只手臂弯曲置于胸前。
・把伤病员远离救护员一侧的膝关节弯曲。
・救护员用一只手扶住伤病员肩部,另一只手扶住伤病员的膝部,轻轻将伤病员侧卧。
・将伤病员上方的手置于面颊下方,防止面部朝下。
・将伤病员弯曲的腿置于伸直腿的前方。

手臂弯曲置于胸前 　　　　　　　　翻转伤病员

手置于面颊下方 　　　　　　　　　复原体位

图 5-2-2　复原卧式(侧卧位)操作方法

③ 救护员体位。

救护员在实施心肺复苏时，根据现场具体情况，选择位于伤病员一侧，将两腿自然分开与肩同宽跪贴于(或立于)伤病员的肩、胸部，以利于实施操作。

④ 其他体位。

头部外伤者，应水平仰卧，头部稍微抬高；如面色发红，则取头高脚低位；面色青紫者，取头低脚高位。

(4) 步骤四：打开气道。

伤病员呼吸心跳骤停后，全身肌肉松弛，口腔内的舌肌也松弛后坠而阻塞呼吸道。采用开放气道的方法，可使阻塞呼吸道的舌根上提，使呼吸道畅通。用最短的时间，先将伤病员的衣领、领带、围巾等解开，戴上手套迅速清除伤病员口鼻内的污泥、土块、痰、呕吐物等异物，以利于呼吸道畅通，然后再将气道打开。

① 仰头举颏法(图 5-2-3)。

·救护员用一只手的小鱼际(手掌外侧缘)部位置于伤病员的前额，另一只手食指、中指置于下颏将下颌骨上提，使下颌角与耳垂的连线和地面垂直。

·救护员手指不要深压颏下软组织，以免阻塞气道。

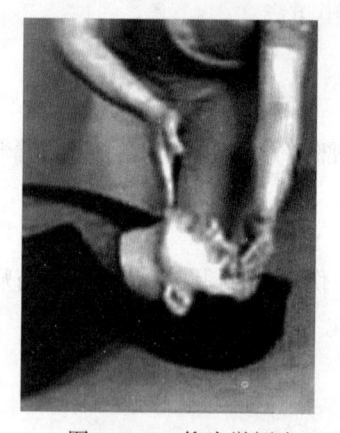

图 5-2-3　仰头举颏法　　　　　　　图 5-2-4　托颌法

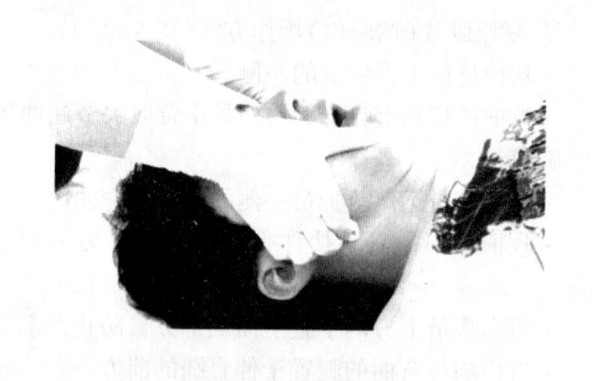

② 托颌法(图 5-2-4)。

·救护员将手放在伤病员头部两侧。

·握紧伤病员下颌角，用力向上托下颌。

·如伤病员紧闭双唇，可用拇指把口唇分开。

·如果需要进行口对口人工呼吸，则将下颌持续上托，用面颊贴紧伤病员的鼻孔。

·此法适用于怀疑有头、颈部创伤的伤病员。

(5) 步骤五：判断呼吸。

检查呼吸，救护员将伤病员气道打开，利用视觉、听觉、感觉在 10 s 时间内，判断伤病员有无呼吸，如图 5-2-5 所示。侧头用耳听伤病员口鼻的呼吸声(一听)，用眼看胸部或上腹部随呼吸而上下起伏(二看)，用面颊感觉呼吸气流(三感觉)。如果胸廓没有起伏，并且没有气体呼出，伤病员即不存在呼吸。

图 5-2-5　判断呼吸　　　　图 5-2-6　口对口吹气

（6）步骤六：人工呼吸。

救护员检查后，判断伤病员呼吸停止，应在现场立即给予口对口（口对鼻、口对口鼻），口对呼吸面罩等人工呼吸救护措施。

口对口吹气步骤如下：

·保持气道开放，救护员用放在伤病员前额手的拇指和食指捏紧伤病员鼻翼，以防气体从鼻孔逸出。

·救护员吸一口气，用双唇包严伤病员口唇四周，再缓慢持续将气体吹入，吹气时间持续 1 s，同时，观察伤病员胸部隆起，如图 5-2-6 所示。

·吹气完毕，救护员松开捏鼻翼的手，侧头吸入新鲜空气并观察胸部有无下降，听、感觉伤病员呼吸情况，准备进行下次吹气。

·连续进行两次吹气，确认气道畅通，再进行有效的人工呼吸。

·成人每 5~6 s 吹气一次，每分钟 10~12 次，每次吹气均要保证有足够量的气体进入并使胸廓隆起，每次吹气时间 1 s。

（7）步骤七：检查循环体征。

判断心跳（脉搏）应选大动脉测定脉搏有无搏动。触摸颈动脉，在 5~10 s 内判断伤病员有无心跳。

2000 年国际心肺复苏指南中指出，评估循环体征包括正常的呼吸、咳嗽、运动及对人工呼吸的反应。

图 5-2-7　判断呼吸

·对无反应、无呼吸的伤病员提供初始呼吸。

·救护员侧头用耳靠近伤病员的口、鼻，看、听、感觉有无呼吸或咳嗽。

·快速掌握伤病员的运动体征。

·如果伤病员没有呼吸、咳嗽、运动，应立即开始胸外心脏按压。

2005 年新指南指出：非医务人员无须检查循环情况，2 次人工通气后，立即实施胸外按压。

（8）步骤八：人工循环。

救护员判断伤病员已无脉搏搏动，或在危急中不能判明心跳是否停止，脉搏也摸不清，不要反复检查耽误时间，而要在现场进行胸外心脏按压等人工循环及时救护。

① 按压部位、操作。

·胸部正中乳头连线水平

·救护员一只手的中指置于伤病员一侧肋弓下缘
·中指沿肋弓向内上滑到双侧肋弓的汇合点,中指定位于此处,食指紧贴中指并拢。
·救护员另一只手的掌根部贴于第一只手的食指并平放,使掌根部的横轴与胸骨的长轴重合。
·定位的手放在另一只手的手背上,双手掌根重叠,十指相扣,掌心翘起,手指离开胸壁。
·救护员的上半身前倾,腕、肘、肩关节伸直,以髋关节为轴,垂直向下用力,借助上半身的体重和肩臂部肌肉的力量进行按压,如图5-2-8所示。

·按压深度4~5 cm。
·放松后,掌根不要离开胸壁。
·按压频率为每分钟100次。
·按压与吹气之比为30∶2。

② 心肺复苏有效体征。

如救护员实施心肺复苏救护方法正确,又有以下征兆时,表明有效。

图5-2-8 垂直按压

·伤病员面色、口唇由苍白、青紫变红润。
·恢复可以探知的脉搏搏动、自主呼吸。
·瞳孔由大变小、对光反射恢复。
·伤病员眼球能活动,手脚抽动,呻吟。

③ 心肺复苏的终止条件。

现场的心肺复苏应坚持连续进行,在进行期间,需要检查呼吸、循环体征的情况下,也不能停止超过10 s。如有以下各项可考虑停止:

·患者自主呼吸及脉搏恢复。
·有他人或专业急救人员到场接替。
·有医生到场确定伤病员死亡。
·救护员筋疲力尽不能继续进行心肺复苏。

2. 创伤急救

创伤是各种致伤因素造成的人体组织损伤和功能障碍。轻者造成体表损伤,引起疼痛或出血;重者导致功能障碍、残疾,甚至死亡。

创伤救护技术主要包括止血、包扎、固定、搬运。

创伤现场救护要求快速、正确、有效。正确的现场救护能挽救伤病员的生命、防止损伤加重和减轻伤病员痛苦;反之,可加重损伤,造成不可挽回的损失,甚至危及生命。

(1) 止血技术。

出血,尤其是大出血,属于外伤的危重急症,若抢救不及时,伤病人会有生命危险。止血技术是外伤急救技术之首。

现场止血方法常用的有四种,使用时根据创伤情况,可以使用一种,也可以将几种止血方法结合在一起应用,以达到快速、有效、安全的止血目的。

① 指压止血法。

用手指压迫伤口近心端的动脉，阻断动脉血运动，能有效达到快速止血的目的。指压止血法用于出血量多的伤口，如图5-2-9所示。

操作要点如下：

· 准确掌握动脉压迫点。
· 压迫力度要适中，以伤口不出血为准。
· 仅是短暂急救出血时压迫 10~15 min。
· 保持伤处肢体抬高。

压迫颞浅动脉止血　　　　压迫肱动脉止血

图 5-2-9　指压止血法

② 加压包扎止血法。

适用于全身各部位的小动脉、静脉、毛细血管出血。用敷料或其他洁净的毛巾、手绢、三角巾等覆盖伤口，加压包扎达到止血目的。

直接压法的操作要点如图5-2-10所示。

· 使伤病员处于坐位或卧位，抬高伤肢（骨折除外）。
· 检查伤口有否异物。
· 如无异物，用敷料覆盖伤口，敷料要超过伤口周边至少3 cm，如果敷料已被血液浸湿，再加上另一敷料。

敷料盖伤口　　　　绷带包扎　　　　检查血运

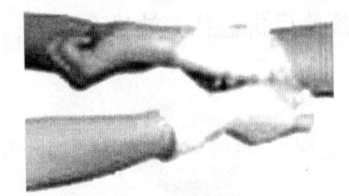

图 5-2-10　加压包扎止血法

③ 填塞止血法。

对于四肢有较深较大的伤口或盲管伤、穿通伤，出血多，组织损伤严重的应紧急现场救治。用消毒纱布、敷料（如无，用干净的布料替代）填塞在伤口内，再用加压包扎法包扎，如图5-2-11所示。

④ 止血带止血法。

四肢有大血管损伤，或伤口大、出血量多，采用以上止血法仍

图 5-2-11　填塞止血法

不能止血时，方可选用止血带止血的方法，如图5-2-12所示。

操作要点如下：
- 上止血带的部位要正确，上肢在上臂上1/3处，下肢在大腿的中上部。
- 上止血带部位要有衬垫、松紧适度。
- 记录上止血带的时间，每隔40~50 min要放松3~5 min。
- 放松止血带期间，要用指压法、直接压迫法止血，以减少出血。

图5-2-12 止血带止血法

(2) 包扎技术。

快速、准确地将伤口用自粘贴、尼龙网套、纱布、绷带、三角巾或其他现场可以利用的布料等包扎，是外伤救护的重要环节。它可以起到快速止血、保护伤口、防止污染、减轻疼痛的作用，有利于转运和进一步治疗。

① 绷带包扎。

a. "8"字包扎，如图5-2-13所示。手掌、踝部和其他关节处伤口用"8"字绷带包扎。选用弹力绷带最佳。

b. 螺旋包扎和螺旋反折包扎。适用于肢体、躯干部位的包扎。对于前臂及小腿，由于肢体上下粗细不等，采用螺旋反折包扎，效果会更好，如图5-2-14所示。

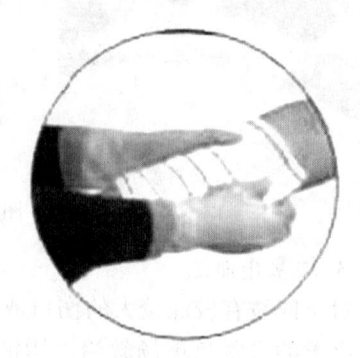

图5-2-13 "8"字包扎　　图5-2-14 螺旋反折包扎

② 三角巾包扎。

a. 头顶帽式包扎：适用于头部外伤的伤员，如图5-2-15所示。

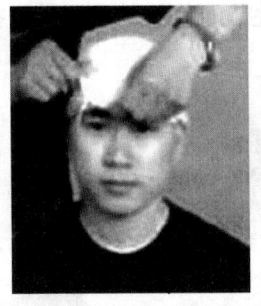

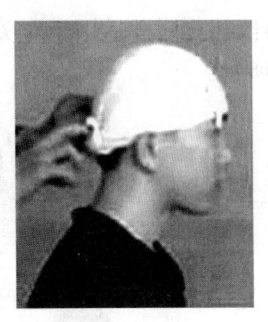

图 5-2-15　头顶帽式包扎

b. 肩部包扎：适用于肩部有外伤的伤员，如图 5-2-16 所示。

c. 胸背部包扎：适用于前胸或后背有外伤的伤员，如图 5-2-17 所示。

图 5-2-16　单肩包扎　　　　图 5-2-17　胸部包扎

d. 腹部包扎：适用于腹部或臀部有外伤的伤员，如图 5-2-18 所示。

图 5-2-18　腹部包扎

e. 手（足）部包扎：适用于手或足有外伤的伤员，包扎时一定要将指（趾）分开，如图 5-2-19所示。

图 5-2-19　手（足）部包扎

f. 膝部包扎：同样适用于肘关节的包扎，比绷带包扎更省时，包扎面积大且牢固，如图 5-2-20 所示。

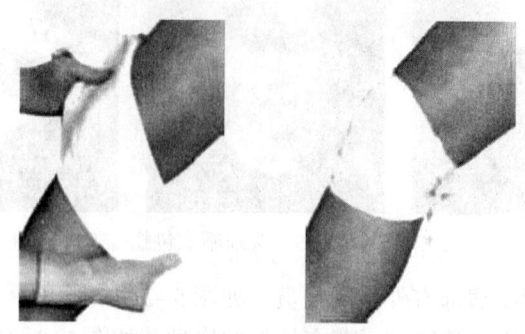

图 5-2-20　膝部包扎

重点提示：

在事发现场，施救人员遇到有人受伤时，应尽快选择合适的材料对伤病员进行简单包扎，然后拨打急救电话。

3. 骨折后的急救

骨折固定可防止骨折端移动，减轻伤病员的痛苦，也可以有效地防止骨折端损伤血管、神经。

尽量减少对伤病员的搬动，迅速对伤病员进行固定，尽快呼叫 120，以便医护人员在最短时间内赶到现场处理伤病员。

骨折现场固定法：

（1）前臂骨折固定。

前臂骨折相对稳定，血管神经损伤机会较小，可利用夹板固定或利用身边可取到的杂志等硬物固定。如图 5-2-21 所示。

（2）小腿骨折固定方法。

小腿骨折，尤其是胫骨骨折，骨折端易刺破小腿前方皮肤，造成骨外露。因此，在骨折处要加厚垫保护。出血、肿胀严重时会导致骨筋膜室综合症，造成小腿缺血、坏死。小腿骨折时切忌固定过紧。可用铝芯塑型夹板、充气夹板、木板或健肢固定。如图 5-2-22 所示。

图 5-2-21　大悬带悬吊伤肢　　　图 5-2-22　大腿骨折健肢固定

（3）骨盆骨折固定。

骨盆受到强大的外力碰撞、挤压发生骨折后，固定方法如图 5-2-23 所示。

图 5-2-23　骨盆骨折固定

4. 搬运技术

经现场必要的止血、包扎和固定后，方能搬运和护送伤员，按照伤情严重者优先，中等伤情者次之，轻伤者最后的原则搬运。

搬运伤员可根据伤病员的情况，因地制宜，选用不同的搬运工具和方法。在搬运全过程中，要随时观察伤病员的表情，监测其生命体征，遇有伤病情恶化的情况，应该立即停止搬运，就地救治。

搬运方法：可选用单人搬运、双人搬运及制作简易担架搬运，担架可选用椅子、门板、毯子、衣服、大衣、绳子、竹竿、梯子等代替，如图 5-2-24 所示。对怀疑有脊柱骨折的伤病员必须采用"圆木"原则进行搬运，使脊柱保持中立，如图 5-2-25 所示。

毛毯拖行　　　　　　　　　　腋下拖行

图 5-2-24　搬运方法

图 5-2-25　骨盆骨折搬运

5. 中毒后急救

（1）施工现场一旦发生中毒事故，均应设法尽快使中毒人员脱离中毒现场、中毒物源，排除吸收的和未吸收的毒物。

（2）救护人员在进行将中毒人员脱离中毒现场的急救时，应注意自身的保护，在有毒有害气体发生场所，应视情况，加强通风或用湿毛巾等捂住口、鼻，腰系安全绳，并有场外人员控制、应急，如有条件的要使用防毒面具。

（3）在施工现场因接触油漆、涂料、沥青、外掺剂、添加剂、化学制品等有毒物品中毒时，应脱去污染的衣物并用大量的微温水清洗污染的皮肤、头发以及指甲等，对不溶于水的毒物用适宜的溶剂进行清洗。吸入毒物的中毒人员尽可能送往有高压氧舱的医院救治。

（4）在施工现场食物中毒，对一般神志清楚者应设法催吐：喝微温水 300～500 mL，用压舌板等刺激咽后壁或舌根部以催吐，如此反复，直到吐出物为清亮物体为止。对催吐无效或神志不清者，则送往医院救治。

（5）在施工现场如已发现心跳、呼吸不规则或停止呼吸、心跳的时间不长，则应把中毒人员移到空气新鲜处，立即施行口对口（口对鼻）呼吸法和体外心脏按压法进行抢救。

习题五

一、判断题

1. 触电包括各种设备、设施的触电,电工作业时触电、雷击等。
2. 人员不准从正在起吊、运吊的物体下穿过。
3. 在架空输电线路下方进行吊装作业时可以不停电。
4. 起重机械在吊装作业过程中,有关部门应派专人进行监护。
5. 在容易触电的潮湿场所要使用安全电压。
6. 固定安全防护装置用任何工具都可以拆卸。
7. 施工时,回转式楼梯间应支设首层安全网,每隔四层支设一道水平安全网。
8. 不同型号的千斤顶可以混用,但必须保证不超载。
9. 施工时,电梯井内的首层必须设安全网,以上可不设。
10. 阳台栏杆不能随层安装时,必须在阳台临边设警戒线。
11. 挑檐防护栏杆应高出屋檐 1.5 m。
12. 防护栏杆必须自上而下用安全网封闭。
13. 电梯井口首层必须设高度不低于 1.2 m 的工具式防护门。
14. 结构施工中,可利用管道竖井做临时运输通道,但必须有防护措施。
15. 阳台栏板不能随层安装时,必须在阳台临边处设两道防护栏杆,并用密目安全网封闭。
16. 施工中楼梯休息平台处,必须设置两道防护栏杆,并立挂安全网。
17. 施工时,管道井、烟道必须采取有效防护措施。
18. 墙面等处的竖向洞口必须设置固定式防护门或设置两道防护栏杆。
19. 当女儿墙为作业层,防护的封顶处主杆高度应为 1.2 m。
20. 斜屋面的檐高,封顶外立杆的高度必须超出斜屋面 1.5 m。
21. 多层建筑支设首层安全网的宽度应为 3.0 m,网底距接触面不得小于 3.0 m。
22. 在窗洞口两侧宽度 250 mm 内的墙体,不得挂置脚手架。
23. 挡脚板的高度不应小于 180 mm。
24. 使用卡环时,应使卡环销轴和环底受力。
25. 使用链条葫芦需考虑重量,与链条和链轮方向无关。
26. 钢丝绳的绳芯外露时,应报废不能再使用。
27. 钢丝绳绳卡的交替布置是使压接更紧固,所以可以使用。
28. 钢丝绳的直径应与提升机相匹配,不得随意选用。
29. 吊篮用的钢丝绳安全系数不应小于9。
30. 在正常运行时,安全钢丝绳应处于悬垂状态,以保证安全锁正常工作。
31. 卡环的正确使用,应使卡环销轴和环底受力,严禁卡环两侧受力。
32. 钢丝绳表面磨损或锈蚀严重,使外层钢丝的直径减小 40% 时,应报废。
33. 安全钢丝绳应选用与工作绳相同的型号、规格。
34. 安全钢丝绳与工作绳应独立设置悬挂点。
35. 安全钢丝绳应固定在建筑物可靠位置上。

36. 脚手架搭拆作业现场安全隐患主要是高处坠落、触电事故和物体打击三大类。
37. 高处作业现场必须指派专人监护，并坚守岗位。
38. 高处作业前应检查材料、器具设备，必须安全可靠。
39. 带电高处作业必须穿绝缘服、穿均压服。
40. 上下垂直作业时，采取可靠的隔离措施，不用按照指定的路线上下。
41. 登石棉瓦、瓦棱板等轻型材料作业，要采取措施防坠落。
42. 高处作业上下时必须集中精神，禁止手中持物等危险行为，工具、材料、零件等必须装入工具袋。
43. 遇有电力线在电信线杆顶上交越的特殊情况时，工作人员的头部可以超过电线杆顶。
44. 高处作业现场噪声大或者视线不清时，配备必要的联络工具，并专人负责联系。
45. 现场发生事故后应立即拨打119和120，以尽快得到消防队员和急救人员的救助。
46. 消防人员和急救人员未到达时，事故现场可以组织自救。
47. 应急救援可以分为安全生产事故预防救援、自救、互救和外部救援四种方式。
48. 高处临边、洞口的防护栏和防护盖板可以随意挪动。
49. 如发现安全带的绳带有变质，应当立即停止使用。
50. 使用超过3 m的长绳时，可以酌情加上缓冲器、自锁器或防坠器等。
51. 施工现场有时为了弥补脚手架的不足搭设工作平台，以供人员作业或堆放材料、大型工具使用。
52. 在高处作业的防护措施中，许多地方采用防护栏杆作为操作人员在临边工作的防护。
53. 防护栏杆自上而下用密目安全网封闭或在栏杆下边设置挡脚板。

二、填空题

54. 安全标志包括：禁止标志、警告标志、指令标志和_____标志四种。
55. 高处作业前的准备工作是：戴好安全帽、_____并正确使用个人劳动防护用具。
56. 高层建筑每隔_____设置一道3 m宽的水平安全网。
57. 常用活动扳手的规格为_____ mm。
58. 对出血伤员要先_____后搬运。
59. 出现危险品滑落，立即停止作业，人员_____。
60. 在周围环境不会危及生命的情况下_____搬动伤员。

三、单选题

61. 施工现场开挖沟槽边缘与外电埋地电缆沟槽边缘之间的距离不得小于( ) m。
A. 0.3   B. 0.5   C. 1.0
62. 在容易触电的场合要使用( )电压。
A. 安全   B. 任何   C. 稳定
63. 阻止身体任何部分靠近危险区域的设施称为( )。
A. 警戒线   B. 安全线   C. 隔离安全装置
64. 凡是参加高处作业的人员，必须要体检合格，患有精神病、癫痫病、( )、视力

— 214 —

和听力严重障碍者,一律不允许从事。

A. 高血压　　　　B. 糖尿病　　　　C. 近视眼

65. 遇有六级以上的强风、( )等恶劣天气,不得进行露天攀登高处作业。

A. 小雨　　　　　B. 小雪　　　　　C. 浓雾

66. 指令标志包括:止步高压危险、当心触电、当心坠落、当心坑洞和( )等。

A. 当心落物　　　B. 禁止吸烟　　　C. 禁止烟火

67. 提示标志包括:从上到下、( )等。

A. 禁止烟火　　　B. 在此工作　　　C. 小心湿滑

68. 高处作业时应该穿( )鞋。

A. 塑胶　　　　　B. 硬底　　　　　C. 防滑

69. 尽量避免立体( )作业。

A. 交叉　　　　　B. 平行　　　　　C. 交换

70. 钢丝绳绳卡的安装间距和最后一个绳卡后的绳尾端长度都不大于钢丝绳直径 d 的( )倍。

A. 2~3　　　　　B. 3~5　　　　　C. 6~7

71. 选项中哪种钢丝绳可以继续使用。( )

A. 直径局部增大　B. 直径局部减小　C. 外层钢丝直径减小10%

72. 钢丝绳绳卡螺栓的拧紧程度以将钢丝绳压至绳径减小( )为准。

A. 1/2　　　　　B. 1/3　　　　　C. 1/5

73. ( )以上的孔洞,四周设两道护身栏,中间支挂水平安全网。

A. 1.5 m×1.5 m　B. 1.8 m×1.8 m　C. 2.0 m×2.0 m

74. 电梯井内首层及首层以上每隔( )m设一道水平安全网。

A. 8　　　　　　B. 10　　　　　　C. 15

75. 临边防护栏杆是由上下两道横杆及栏杆柱组成,上杆距地高度为( )m。

A. 1.0　　　　　B. 1.2　　　　　C. 1.8

76. 基坑的防护是指深度在( )m以上的基础坑。

A. 1.0　　　　　B. 2.0　　　　　C. 3.0

77. 对( )的孔洞,要求四周设两道防护栏杆,中间支挂水平安全网。

A. 0.8 m×0.8 m　B. 1.0 m×1.0 m　C. 1.5 m×1.5 m

78. 临边防护栏杆的设置,下杆离地高度为( )m。

A. 0.4　　　　　B. 0.5　　　　　C. 0.6

79. 设置临边防护栏杆时,立杆间距为( )m。

A. 2　　　　　　B. 3　　　　　　C. 4

80. 设置临边防护栏杆时,水平杆的接头应( )。

A. 错开　　　　　B. 可以不错开　　C. 随便

81. 设置基坑临边防护栏杆时,栏杆距临边的距离应为( )mm。

A. 30　　　　　　B. 50　　　　　　C. 100

82. 登高作业的工具有活动扳手,工作时不得用活动扳手代替( )使用。

A. 锤子　　　　　B. 扭力扳手　　　C. 改锥

83. 使用预置式扭力扳手，当施加的扭矩达到规定值后，（　）。
   A. 发出信号　　　　B. 自动停止　　　　C. 继续加力
84. 窒息（呼吸道完全堵塞）或心脏骤停的伤员，必须进行（　）或心脏复苏后再搬运。
   A. 安抚　　　　　　B. 掐人中　　　　　C. 人工呼吸
85. 根据伤情对伤员边分类边抢救，处理的原则是先重后轻、先缓后急、先近后（　）。
   A. 左　　　　　　　B. 右　　　　　　　C. 远
86. 在通过供电线工作时，（　）将供电线擅自剪断。
   A. 可以　　　　　　B. 酌情　　　　　　C. 不得
87. 在接触电的作业时，要戴胶皮手套，穿着绝缘胶鞋及使用（　）钳子。
   A. 普通　　　　　　B. 胶把　　　　　　C. 铁
88. 用人单位为劳动者提供的个人职业病防护用品，不符合要求的，（　）使用。
   A. 允许　　　　　　B. 酌情　　　　　　C. 不得
89. 对产生严重职业病危害的工作岗位，应在其（　）位置，设置警示标志和中文警示说明。
   A. 旁边　　　　　　B. 上方　　　　　　C. 醒目
90. 对职业病防护设备、应急救援设备和个人防护用品，用人单位应该进行（　）维护、检修，确保其处于正常状态。
   A. 分批　　　　　　B. 分期　　　　　　C. 经常性
91. 移动操作平台的轮子与平台的（　）处应牢固。
   A. 分离　　　　　　B. 结合　　　　　　C. 粘贴
92. 防护栏杆必须要有承受可能的（　）冲击。
   A. 外力　　　　　　B. 惯性　　　　　　C. 突然
93. 患有职业禁忌症和年老体弱、视力不佳及（　）后人员等，不得进行高处作业。
   A. 酒　　　　　　　B. 饭　　　　　　　C. 病愈
94. 容易滑动、滚动的工具、材料要堆放在脚手架上，（　）防坠落措施。
   A. 无需　　　　　　B. 采取　　　　　　C. 使用
95. 在施工现场必须做好临边、（　）的防护。
   A. 窗口　　　　　　B. 墙体　　　　　　C. 洞口
96. 高处作业点有可能造成坠落处下方需设置（　）。
   A. 安全网　　　　　B. 防坠垫　　　　　C. 安全隔板
97. 处于高处作业状态，如脚手架、大型设备拆除时，必须使用（　）。
   A. 安全带　　　　　B. 防护网　　　　　C. 安全绳

四、多项选择题

98. 高温作业场所，应加强（　）措施。
   A. 降压　　　　B. 通风　　　　C. 降温　　　　D. 避暑
99. 人工照明设置规定有（　）危险的场所，按危险场所等级选用防爆型照明器。
   A. 爆炸　　　　B. 腐蚀　　　　C. 震动　　　　D. 火灾
100. 指示标志一般包括（　）。

A．紧急出口 　　　B．可动火区 　　　C．禁止通行 　　　D．注意安全

101．警告标志一般包括(　　)。

A．当心火灾 　　　B．禁止吸烟 　　　C．禁止通行 　　　D．注意安全

102．禁止标志一般包括(　　)。

A．当心火灾 　　　B．禁止吸烟 　　　C．禁止通行 　　　D．注意安全

103．高层建筑施工消防措施要求(　　)。

A．脚手架作业层应畅通，并有2处与主体建筑相衔接的通道

B．不应带电安装和修理电气设备

C．应设立防火警示标志

D．严禁将电线(缆)绑在脚手架上

104．机械设备可造成(　　)等多种危害。

A．碰撞 　　　　　B．夹击 　　　　　C．剪切 　　　　　D．卷入

105．不准从正在(　　)的物体下穿过。

A．起吊 　　　　　B．运吊 　　　　　C．停止 　　　　　D．维修

106．厂房的骨架由基础、柱、屋架、(　　)、连系梁和支撑系统等构件组成。

A．基础梁 　　　　B．吊车梁 　　　　C．屋面板 　　　　D．天花板

107．无自然采光的地下大空间施工场所，如施工面积较大地下多层施工、施工环境复杂以及较大面积的临建设施，应编制单项照明用电方案，且方案应有(　　)等。

A．负荷计算 　　　B．灯具选型 　　　C．平面布置图 　　D．接线系统图

108．知情权即了解其作业场所和工作岗位中(　　)的权利。

A．危险因素 　　　B．防范措施 　　　C．事故应急措施 　D．所有

109．劳动保护权中有要求用人单位保障职工的(　　)的权利。

A．劳动安全 　　　B．安全生产 　　　C．防止职业危害 　D．安全防护

110．职工应当(　　)职业病防护用品。

A．正确使用 　　　B．维护 　　　　　C．个人使用 　　　D．自行处理

111．从业人员应当(　　)。

A．接受安全教育培训 B．掌握本职工作所学安全知识

C．提高安全生产技能 D．增强事故预防和处理能力

112．一级动火区域，也称为禁火区域。在施工现场凡属下列情况的均属一级动火区域。(　　)

A．登高焊接或者金属切割作业区

B．周围存在生产或贮存易燃易爆品的场所，在防火安全距离范围内进行施工作业

C．施工现场木工作业区，木器原料、成品堆放区

D．在密闭的室内、容器内、地下室等场所，进行配制或者调和易燃易爆液体和涂刷油漆等作业

113．在金属结构上使用手持电动工具，根据国家标准的有关规定采用(　　)类绝缘型的手持电动工具。

A．Ⅰ 　　　　　　B．Ⅱ 　　　　　　C．Ⅲ 　　　　　　D．Ⅳ

114．各种电气设备和电力施工机械的金属外壳、金属支架和底座必须按规定采取可

— 217 —

靠的( )保护。

　　A．用电　　　　　　B．接零　　　　　　C．接地　　　　　　D．消防

115．脚手架发生事故后应( )。

　　A．按应急预案采取措施进行抢险　　　　B．防止事故扩大

　　C．保护现场　　　　　　　　　　　　　D．待事故调查处理结束后上报

116．创伤救护技术主要包括( )。

　　A．止血　　　　　　B．包扎　　　　　　C．固定　　　　　　D．搬运

117．脚手架因地基下沉引起的局部变形应采取的措施是( )。

　　A．在双排架横向截面上加设八字撑　　　B．采用钢丝绳吊挂

　　C．增加剪刀撑　　　　　　　　　　　　D．拆除

118．脚手架卸荷拉接体系局部产生破坏时应采取的措施有( )等。

　　A．按原方案的卸荷拉接方法将其恢复　　B．对产生变形的部位进行纠正

　　C．做好刚性拉接　　　　　　　　　　　D．收紧卸荷点钢丝绳

119．遇到事故发生时对出血伤员的急救是( )。

　　A．止血　　　　　　B．包扎　　　　　　C．固定　　　　　　D．搬运

120．对骨折伤员的搬运方法有( )等。

　　A．担架　　　　　　B．椅子　　　　　　C．衣服　　　　　　D．梯子

121．触电的急救方法是( )。

　　A．脱离电源　　　　B．移至通风处　　　C．人工呼吸　　　　D．打120

五、简答题

122．高层建筑施工消防措施包括哪些内容？

123．悬挑式脚手架钢梁挠度变形超过规定值时应采取的应急措施有哪些？

第六章 登高架设作业安全实际操作训练

训练项目一：脚手架施工前的准备要求

一、训练内容

(1) 个人防护用品、用具的佩戴和使用要求。
① 施工现场"三宝"(安全帽、安全带、安全网)基本性能和要求；
② 正确佩戴和使用个人劳动防护用品及用具。
(2) 钢管脚手架的材质、材料要求。
了解钢管、扣件、脚手板、安全网等材质、材料的要求。
(3) 辨识脚手架及构配件的名称、功能和规格。
主要识别立杆、纵向水平杆、横向水平杆、脚手板、扫地杆、连墙件、抛撑、剪刀撑与横向斜撑等结构。
(4) 脚手架专项施工方案及技术交底的准备工作。
(5) 劳动力准备工作。
① 人员配备；
② 技术力量；
③ 生产能力。
(6) 研究工序。
① 确定工种之间的搭接次序、时间和部位；
② 根据工作面计划流水和分段；
③ 根据流水分段和技术力量进行人员分配；
④ 根据人员分配情况配备运输、配料、供料的力量。

二、训练安全技术要求

(1) 施工前，作业人员必须正确使用安全帽，调好帽箍，系好帽带，正确使用安全带，安全带高挂低用，穿好防滑鞋，穿紧口工作服。
(2) 对进入现场的脚手架构配件材料，使用前应对其质量进行检查验收。对经检验合格的构配件应按品种、规格分类放置在堆料区内或码放在专用架上，清点好数量备用。
(3) 在脚手架搭设前，应根据工程特点和施工工艺，确定脚手架搭设形式，制定搭设方案，在方案中应考虑基础的处理，搭设的要求，杆件的间距、步距，拉结点(连墙件)的设置位置、连接方法,还应绘制施工详图及大样图。

(4)搭设和使用人员必须经安全教育及技术交底。

训练项目二:双排落地扣件式钢管脚手架现场搭设及拆除训练

一、训练内容

(1)现场准备情况;
(2)操作工艺;
(3)质量要求;
(4)安全要求。

二、训练安全技术要求

1. 施工准备

(1)工作面的准备:清理现场,道路畅通,搭设架木,准备好操作面。

(2)材料和工具准备:材料进场按施工平面图布置要求等进行堆放,工具按班组人员配备。

(3)作业条件准备:构、配件按要求选料入场平整夯实、符合要求。

2. 操作工艺

(1)搭设。操作顺序为:放线→铺垫板→安放底座→摆放纵向扫地杆→逐根竖立杆(随即与纵向扫地杆扣紧)→安放横向扫地杆(与立杆扣紧)→安装第一步大横杆和小横杆→安装第二步大横杆和小横杆→加设临时抛撑→安装第三、四步大横杆和小横杆;设置连墙杆→安装横向斜撑→接立杆→设剪刀撑;铺脚手板→安装护身栏杆和挡脚板→立挂安全网→封顶杆。

(2)拆除。脚手架拆除顺序,与搭设时相反,先搭的后拆,后搭的先拆,应由上而下按层按步地拆除。具体操作顺序为:安全网→护身栏杆和挡脚板→脚手板→连墙件→剪刀撑上的上部扣件和接杆→抛撑→横向水平杆→纵向水平杆→立杆→底座和垫板。

3. 质量要求

(1)内立杆距墙面 350~500 mm。

(2)立杆的横距不大于 1.5 m,纵距 1.5~1.8 m。

(3)大横杆步距 1.2~1.6 m。

(4)小横杆间距不大于 1.0 m,其端头距墙不大于 100 mm。

(5)扣件螺旋拧紧扭力矩 10~65 N·m 并注意朝向。

(6)相邻两根立杆(大横杆)的接头应错开一步(跨),错开间距不小于 500 mm,距最近主节点的距离不大于纵距的 1/3。

(7)立杆的垂直度控制在 1/600~1/4 000,全高垂直度偏差小于 100 mm。

(8)剪刀撑、斜撑、连墙杆、支撑架的横梁、斜道、护杆等均应按要求设置。

4. 文明施工

施工完毕后清理现场。

5. 安全施工

(1) 搭设安全要求。

① 搭设、拆除脚手架人员必须戴安全帽、系安全带、穿防滑鞋。

② 作业层上的施工荷载应符合设计要求,不得超载。不得将模板支架、缆风绳、泵送混凝土和砂浆的输送管等固定在脚手架上;严禁悬挂起重设备。

③ 当有六级及六级以上大风和雾、雨、雪天气时应停止脚手架搭设与拆除作业。雨、雪后上架作业应有防滑措施,并应扫除积雪。

④ 在脚手架使用期间,严禁拆除下列杆件:主节点处的纵、横向水平杆,纵、横向扫地杆,连墙件。

⑤ 不得在脚手架基础及其邻近处进行挖掘作业,否则应采取安全措施。

⑥ 临街搭设脚手架时,外侧应有防止坠物伤人的防护措施。

⑦ 在脚手架上进行电、气焊作业时,必须有防火措施和专人看守。

(2) 拆除安全要求。

① 脚手架经单位工程负责人检查验证并确认不再需要时,方可拆除。

② 拆除脚手架前,应清理脚手架上的材料、工具和杂物。

③ 拆除脚手架时,应设置警戒区和警戒标志,并由专职人员负责警戒。

④ 脚手架的拆除应在统一指挥下,从上向下拆除。

⑤ 拆除工作中,严禁使用锤子等击打、撬挖,拆下的构件严禁高空抛掷。

⑥ 拆下的脚手架杆、配件,应及时检验、整修和保养,并按品种、规格分类堆放,以便运输保管。

训练项目三:扣件式钢管脚手架部件的判废

一、训练器具

(1) 钢管、扣件等实物或图示、影像资料(包括达到报废标准和有缺陷的)。

(2) 其他器具:计时器1个。

二、训练要求

(1) 从钢管实物或图示、影像资料中随机抽取2件(张),由考生判断其是否存在缺陷或达到报废标准,并说明原因。

(2) 从扣件实物或图示、影像资料中随机抽取2件(张),由考生判断其是否存在缺陷或达到报废标准,并说明原因。

(3) 在规定时间内能正确判断并说明原因。

训练项目四：竹竿跨越架搭设与拆除

一、训练内容

（1）正确选取竹竿跨越架搭设的材料；
（2）掌握竹竿跨越架搭设的方法；
（3）掌握竹竿跨越架拆除的方法。

二、训练安全技术要求

1. 竹竿跨越架搭设的材料选取

（1）竹竿宜使用质地坚硬或生长期3年以上的毛竹(楠竹)。
（2）青嫩、枯黄、有麻斑或虫蛀及横裂或纵裂超过一节者均不准使用。
（3）用于立杆的弯曲度不大于1%，用于横杆的弯曲度不大于4%。
（4）竹竿小头直径不小于下列数值：立杆、大横杆、剪刀撑、支杆为75 mm，小横杆为90 mm；当小头直径在60~90 mm之间时可双杆合并或单杆加密使用。
（5）绑扎材料：竹竿跨越架一般用竹篾绑扎，也可用塑料绳及铁丝绑扎。

2. 竹竿跨越架搭设的方法

（1）在立杆处挖0.5 m深小坑，将坑底夯实后，竖立立杆。
（2）架面两端的立杆靠近三分之一处绑扎棕绳作为临时拉线，以控制架面垂直地面且保持架面稳定。
（3）一个架面数根立杆已竖立后，由竖直方向沿地面量起，每隔1.2 m绑扎一层大横杆。大横杆与每根立杆的交点处均应双杆捆绑扎实。每绑扎一层大横杆后，再由下而上逐层绑扎。
（4）小横杆应与大横杆垂直布置，当立杆为双排杆时，小横杆两头应与双排立杆间交点处双杆捆绑扎牢。当为多排布置时，小横杆与各排立杆间交点均应双杆捆绑扎牢，小横杆应与大横杆同步，由下而上逐层进行绑扎。
（5）立杆竖立一根尚不满足架高要求时，应逐根将立杆接长升高。在接升第二层立杆前，应将第一层每排立杆绑扎交叉支杆(即剪刀撑)及侧面支撑杆，以保持排架的稳定。若为双排或多排架时，在排与排之间也应设置剪刀撑和横向支撑杆。
跨越架架面宽度每6 m设置一道剪刀撑，架面宽度为12 m时设置两道剪刀撑，依此类推。
支撑杆下端埋入地面不宜小于0.3 m，对地夹角不宜大于60°。
各种撑杆与立杆、大横杆交点处均应双杆(或三杆)捆绑扎牢。
（6）立杆与立杆、横杆与横杆间搭接长度要求：立杆或横杆梢径不小于50 mm时，其搭接长度不小于2.0 m；立杆或横杆梢径小于50 mm时，其搭接长度不小于2.5 m。
搭接绑扎时，大头压在小头上，绑扎不得少于3圈。绑扎点如果有两根以上杆件时，应先将其中两根绑扎3圈后，再交叉绑第3根杆，缠绕不少于3圈。

（7）立杆及顶部大横杆搭设至设计高度后，应在双侧立杆间的被跨越物下方绑扎交叉支撑杆，以保证架体的稳定性。

（8）被跨越物两侧跨越架间应架设封顶杆或封顶网。当双侧架面间距小于5 m时，允许放置封顶杆。当双侧架面间距大于5 m或大于一根竹竿长度时，应放置封顶网。搭设封顶杆或封顶网时，严禁其接触被跨越物或影响被跨越物的正常运转。

（9）跨越架架顶两侧（顺线路方向），应放置外伸羊角。

（10）跨越架搭设完成后，应在跨越架施工线路外侧，设置钢丝绳临时拉线，每相导线每侧不少于2根。

（11）为防止顶部大横杆在事故情况下折断，可增加一条横杆或一条钢丝绳进行加固。

3. 竹竿跨越架的拆除

（1）拆除跨越架的原则是由上而下，后绑者先拆，一般是先拆小横杆，再拆大横杆及剪刀撑，最后拆斜撑和立杆。

（2）拆除跨越架必须统一指挥，上下呼应，动作协调。

（3）拆架与相邻人员有关联时，应告知对方，再行拆除，防止杆件坠落或碰撞相邻部位的工作人员。

（4）在带电体附近拆除时，必须用绳索拉住杆件，防止杆件向带电体一侧倾倒。

训练项目五：小钢管跨越架搭设

一、训练内容

（1）正确选取小钢管跨越架搭设的材料；

（2）掌握小钢管跨越架搭设的方法。

二、训练安全技术要求

1. 材料要求

（1）严禁使用弯曲严重，表面有严重腐蚀、裂纹或脱焊等缺陷者。

（2）用于立杆、下横杆、支撑的钢管长度宜为5~6.5 m，每根质量为20~25 kg，用于小横杆的钢管长度以2.1~2.3 m为宜。

（3）小钢管跨越架连接构件一般有三种形式：直角扣件、旋转扣件和对接扣件。

（4）底座：底座是用于承受立杆传递到地面荷载的构件。

2. 小钢管搭设要求

（1）立杆和大横杆应错开搭接，搭接长度不得小于0.5 m；

（2）立杆底部应放置金属底座或垫木，并应绑扎扫地杆；

（3）扣件与钢管的黏合面，应保证与钢管扣紧时接触良好；

（4）扣件活动部位应能灵活转动，旋转扣件的两旋转面间隙小于1 mm；

（5）当扣件夹紧钢管时，开口处的最小距离应小于5 mm；

（6）用于连接大横杆的对接扣件，应避免开口朝上，以防止雨水进入；

（7）扣件螺栓应拧紧适度。

训练项目六：跨越架搭设与拆除

一、训练内容

（1）掌握跨越架搭设与拆除程序；
（2）掌握跨越架搭设与拆除的方法。

二、训练安全技术要求

1. 跨越架搭设与拆除作业程序

（1）搭设应由下而上，立杆要大头竖直朝下并夯实后再进行绑扎，大横杆应设在被跨越物立杆的外侧，工具材料、操作人员都必须在大横杆的外侧，高压线搭设跨越架时要专人监护，传递毛竹不能接触带电线路及被跨越物。

（2）拆除时应先上后下，拆除前应检查薄弱环节，加固后先拆除封顶大横杆、连接杆、扳线联侧小横杆，拆除大横杆、斜拉杆和立杆时，做到一步一清，严禁个人分段或上下同时拆除，严禁将跨越架整体推倒或推倒拆除。

2. 跨越架搭设与拆除方法

（1）立杆深度：均应垂直埋入坑内，立杆坑底应夯实，埋深不得小于0.5 m，且大头朝下，回填后夯实。如遇松土或无法挖洞的现场，立杆根部应绑扎扫地杆。

（2）立杆接长：立杆与大横杆应错开搭接，采用有效毛竹根接梢的办法，接足有效部位不小于1.8 m，绑扣不得少于4道，绑扎牢靠，立杆接长垂直偏差不得大于0.5%。立杆、大横杆、小横杆相交时，应先绑两根，再绑第三根，不得一扣绑三根。

（3）斜拉杆的接长和设置：选用一顺弯的毛竹根接梢，接足有效部位1.8 m，绑扣不得少于四道，斜拉杆与立杆的角度不得大于45°~60°，斜拉杆埋入土中应大于0.3 m，不能埋入土中的应和立杆根部交接处绑扎，纵向间距每隔5~6根立杆设不同方向一组，严禁三步以上不设斜拉杆。外抛斜拉杆应选择粗壮毛竹，竖直埋入土中大于0.3 m，根部夯实。

（4）绑扎要求：首先将10号铁丝剪断加工成形后再进行绑扎，绑扎用铁丝单根展开，长度不得大于1.6 m，严禁圆圈长铁丝带上跨越架。绑扎铁丝与竹竿不能呈"八"字形，应大体呈"U"形。大、小横杆和斜拉杆都应绑扎在立杆上，如材料弯曲，斜拉杆无法绑扎在立杆上时，可绑在大横杆上，交合处都应绑扎。绑扎绞紧一般采用12号圆钢作小绞棍，绞紧时不能用力过猛而绞断铁丝，一旦发现铁丝被绞断应重新绑扎，切不能留后患。

（5）封顶要求：为了尽量减少送电线路的磨损，放线时能顺利通过封顶大横杆，应选用干燥粗壮毛竹双根绑扎，受力部位绑扎应不少于3根。10 kV以上高压线封顶应每根立杆处选用优质毛竹1~2根为小横杆，封顶平面每隔500 mm设大横杆一根，绑扎在小横杆（连接杆）上，封顶大横杆绝对不允许毛竹弯头向上，防止卡线而造成各种事故发生，封顶完毕后还应在四角设"羊角"。立杆毛竹伸出封顶面的应锯掉，防止挂卡导线。

训练项目七：跨越架搭设安全要求

一、训练内容

（1）掌握搭设电力线路跨越架的安全要求；
（2）了解搭设公路跨越架的安全要求；
（3）了解搭设铁路跨越架的安全要求；
（4）掌握跨越架与被跨越物的最小安全距离；
（5）掌握跨越架与被跨越电力线路导线之间的最小安全距离。

二、训练安全技术要求

1. 搭设电力线路跨越架安全要求

（1）临近带电体作业时，上下传递物体必须使用绝缘绳索，作业过程必须有专人监护。

（2）停电搭设及拆除跨越架，应严格按照安全规定及其他有关规定办理停电申请、审批和操作手续，不得口头进行停、送电，未接到停电通知，任何人不得接近带电体；接到停电通知后，方可进行验电、接地等工作，并需有专人监护。被跨越线路必须两端同时接地，以防倒送电伤人。挂接地线时，先挂接地端，后挂导线端，拆除时顺序相反。

（3）不停电电力线路搭设施工前，对于 35 kV 及以上线路应向运行部门书面申请"退出重合闸"，落实后方可进行不停电跨越施工。

（4）不停电搭设及拆除跨越架，应选择天气晴朗时工作，雷、雨及浓雾、大风天气严禁施工。拉线及留绳要用绝缘尼龙绳，所有物品应用绝缘绳上、下接送，严禁随意抛扔。

（5）施工人员攀爬带电跨越架，严禁从跨越架内侧上下。

（6）电力线的跨越架搭设好后，应在其顶部预留绝缘尼龙绳，以备翻导引绳或地线用，引渡或牵引的过程中，架体上下不得有人。跨越架在牵放线过程中，架体上不得有人。

（7）停电搭设跨越架完毕后，现场负责人应对现场进行全面检查、清理，合格后待施工人员至安全地带方可拆除接地线并通知送电。接地线一经拆除即视为处于带电状态，任何人不得进入带电危险区。

2. 搭设公路跨越架安全要求

（1）搭设跨越架时需与公路部门联系，并请交警现场配合，听从交警现场的指挥；

（2）施工时在跨越处公路前后各 500 m 处设置标志牌，要求通行车辆限速行驶（每小时不超过 40 km）；

（3）跨越架搭设完成后，应在架体上刷红白漆；

（4）公路跨越架搭好后每天需对架顶对路面的最小垂直距离进行监测，若不符合公路部门要求的安全距离要求时，必须立即调整。

3. 搭设铁路跨越架安全要求

（1）搭设铁路跨越架，应携带有关跨越资料及"跨越施工措施"等，事先与铁路的主管部门取得联系，征得许可后，方可施工。同时，请铁路部门派专人负责现场协调，并要求提供该处列车通过时刻表，以便选择通行车辆较少的时间搭设跨越架。

（2）跨越架搭设时，铁路部门必须有人在场，施工过程应听从铁路部门在车辆来往过程中的检测指挥。在搭设过程中，当需要用铁桩打土中固定立杆或立杆斜撑需埋入时，须向铁路部门询问地下是否有光缆，有地下光缆处不能向下挖洞，以免伤到地下光缆。

（3）现场通信必须随时保持畅通，并在铁路跨越施工作业点两侧各 1 500 m 外视线畅通处设专人监视，并用对讲机传信号。来车时用对讲机及时通知停工，现场人员得到有火车通过的通知后，应立即将工器具等及时撤至距离铁轨边大于 5 m 处，同时放下工具，蹲、坐于地面，待列车尾部通过后方可继续施工。

（4）施工时，严禁在铁道上堆放工具和材料，严禁施工人员在铁道上逗留。

（5）铁路跨越架搭好后每天需对架顶对轨顶的最小垂直距离进行监测，若不符合铁路部门要求的安全距离要求时，必须立即调整。

（6）铁路两条轨道不得被导体连接，否则会导致铁路信号混乱；在施工过程中杜绝将铁丝、钢丝绳头等工具、材料搭放在轨道上，如铁路架顶承力绳采用钢丝绳时，不得直接从轨道上牵引，必须通过尼龙绳做引绳带张力从空中展放，拆除时严禁直接将承力钢丝绳直接松落到轨顶上。

（7）在施工过程中，严禁破坏铁路设施及路基。

4. 跨越架与被跨越物最小安全距离

跨越架部位＼被跨越物名称	房　屋	铁　路	公　路	通信线
与架面水平距离	至屋沿边 0.5 m	至轨中心 3.0 m	至路边 0.6 m	0.6 m
与架顶杆垂直距离	至屋顶 1.5 m	至轨顶 6.5 m	至路面 5.5 m	1.0 m

5. 跨越架与被跨越电力线路导线之间的最小安全距离

跨越架部位＼被跨越电力线路电压等级	≤10 kV	35 kV	66～110 kV
架面与导线水平距离/m	1.5	1.5	2.0
无避雷线(光缆)时，封顶网(杆)与导线的垂直距离/m	1.5	1.5	2.0
有避雷线(光缆)时，封顶网(杆)与导线的垂直距离/m	0.5	0.5	1.0

附 录

附录一 特种作业人员安全技术培训考核管理规定

国家安全生产监督管理总局令
（第 30 号）

《特种作业人员安全技术培训考核管理规定》已经 2010 年 4 月 26 日国家安全生产监督管理总局局长办公会议审议通过，现予以公布，自 2010 年 7 月 1 日起施行。1999 年 7 月 12 日原国家经济贸易委员会发布的《特种作业人员安全技术培训考核管理办法》同时废止。

局长 骆琳
二〇一〇年五月二十四日

第一章 总 则

第一条 为了规范特种作业人员的安全技术培训考核工作，提高特种作业人员的安全技术水平，防止和减少伤亡事故，根据《安全生产法》、《行政许可法》等有关法律、行政法规，制定本规定。

第二条 生产经营单位特种作业人员的安全技术培训、考核、发证、复审及其监督管理工作，适用本规定。

有关法律、行政法规和国务院对有关特种作业人员管理另有规定的，从其规定。

第三条 本规定所称特种作业，是指容易发生事故，对操作者本人、他人的安全健康及设备、设施的安全可能造成重大危害的作业。特种作业的范围由特种作业目录规定。

本规定所称特种作业人员，是指直接从事特种作业的从业人员。

第四条 特种作业人员应当符合下列条件：

（一）年满 18 周岁，且不超过国家法定退休年龄；

（二）经社区或者县级以上医疗机构体检健康合格，并无妨碍从事相应特种作业的器质性心脏病、癫痫病、美尼尔氏症、眩晕症、癔病、震颤麻痹症、精神病、痴呆症以及其他疾病和生理缺陷；

（三）具有初中及以上文化程度；

（四）具备必要的安全技术知识与技能；

(五) 相应特种作业规定的其他条件。

危险化学品特种作业人员除符合前款第(一)项、第(二)项、第(四)项和第(五)项规定的条件外，应当具备高中或者相当于高中及以上文化程度。

第五条 特种作业人员必须经专门的安全技术培训并考核合格，取得《中华人民共和国特种作业操作证》(以下简称特种作业操作证)后，方可上岗作业。

第六条 特种作业人员的安全技术培训、考核、发证、复审工作实行统一监管、分级实施、教考分离的原则。

第七条 国家安全生产监督管理总局(以下简称安全监管总局)指导、监督全国特种作业人员的安全技术培训、考核、发证、复审工作；省、自治区、直辖市人民政府安全生产监督管理部门负责本行政区域特种作业人员的安全技术培训、考核、发证、复审工作。

国家煤矿安全监察局(以下简称煤矿安监局)指导、监督全国煤矿特种作业人员(含煤矿矿井使用的特种设备作业人员)的安全技术培训、考核、发证、复审工作；省、自治区、直辖市人民政府负责煤矿特种作业人员考核发证工作的部门或者指定的机构负责本行政区域煤矿特种作业人员的安全技术培训、考核、发证、复审工作。

省、自治区、直辖市人民政府安全生产监督管理部门和负责煤矿特种作业人员考核发证工作的部门或者指定的机构(以下统称考核发证机关)可以委托设区的市人民政府安全生产监督管理部门和负责煤矿特种作业人员考核发证工作的部门或者指定的机构实施特种作业人员的安全技术培训、考核、发证、复审工作。

第八条 对特种作业人员安全技术培训、考核、发证、复审工作中的违法行为，任何单位和个人均有权向安全监管总局、煤矿安监局和省、自治区、直辖市及设区的市人民政府安全生产监督管理部门、负责煤矿特种作业人员考核发证工作的部门或者指定的机构举报。

第二章 培 训

第九条 特种作业人员应当接受与其所从事的特种作业相应的安全技术理论培训和实际操作培训。

已经取得职业高中、技工学校及中专以上学历的毕业生从事与其所学专业相应的特种作业，持学历证明经考核发证机关同意，可以免予相关专业的培训。

跨省、自治区、直辖市从业的特种作业人员，可以在户籍所在地或者从业所在地参加培训。

第十条 从事特种作业人员安全技术培训的机构(以下统称培训机构)，必须按照有关规定取得安全生产培训资质证书后，方可从事特种作业人员的安全技术培训。

培训机构开展特种作业人员的安全技术培训，应当制定相应的培训计划、教学安排，并报有关考核发证机关审查、备案。

第十一条 培训机构应当按照安全监管总局、煤矿安监局制定的特种作业人员培训大纲和煤矿特种作业人员培训大纲进行特种作业人员的安全技术培训。

第三章 考核发证

第十二条 特种作业人员的考核包括考试和审核两部分。考试由考核发证机关或其委托的单位负责；审核由考核发证机关负责。

安全监管总局、煤矿安监局分别制定特种作业人员、煤矿特种作业人员的考核标准，并建立相应的考试题库。

考核发证机关或其委托的单位应当按照安全监管总局、煤矿安监局统一制定的考核标准进行考核。

第十三条 参加特种作业操作资格考试的人员，应当填写考试申请表，由申请人或者申请人的用人单位持学历证明或者培训机构出具的培训证明向申请人户籍所在地或者从业所在地的考核发证机关或其委托的单位提出申请。

考核发证机关或其委托的单位收到申请后，应当在60日内组织考试。

特种作业操作资格考试包括安全技术理论考试和实际操作考试两部分。考试不及格的，允许补考1次。经补考仍不及格，重新参加相应的安全技术培训。

第十四条 考核发证机关委托承担特种作业操作资格考试的单位应当具备相应的场所、设施、设备等条件，建立相应的管理制度，并公布收费标准等信息。

第十五条 考核发证机关或其委托承担特种作业操作资格考试的单位，应当在考试结束后10个工作日内公布考试成绩。

第十六条 符合本规定第四条规定并经考试合格的特种作业人员，应当向其户籍所在地或者从业所在地的考核发证机关申请办理特种作业操作证，并提交身份证复印件、学历证书复印件、体检证明、考试合格证明等材料。

第十七条 收到申请的考核发证机关应当在5个工作日内完成对特种作业人员所提交申请材料的审查，作出受理或者不予受理的决定。能够当场作出受理决定的，应当当场作出受理决定；申请材料不齐全或者不符合要求的，应当当场或者在5个工作日内一次告知申请人需要补正的全部内容，逾期不告知的，视为自收到申请材料之日起即已被受理。

第十八条 对已经受理的申请，考核发证机关应当在20个工作日内完成审核工作。符合条件的，颁发特种作业操作证；不符合条件的，应当说明理由。

第十九条 特种作业操作证有效期为6年，在全国范围内有效。

特种作业操作证由安全监管总局统一式样、标准及编号。

第二十条 特种作业操作证遗失的，应当向原考核发证机关提出书面申请，经原考核发证机关审查同意后，予以补发。

特种作业操作证所记载的信息发生变化或者损毁的，应当向原考核发证机关提出书面申请，经原考核发证机关审查确认后，予以更换或者更新。

第四章 复 审

第二十一条 特种作业操作证每3年复审1次。

特种作业人员在特种作业操作证有效期内，连续从事本工种10年以上，严格遵守有关安全生产法律法规的，经原考核发证机关或者从业所在地考核发证机关同意，特种作业操作证的复审时间可以延长至每6年1次。

第二十二条 特种作业操作证需要复审的，应当在期满前60日内，由申请人或者申请人的用人单位向原考核发证机关或者从业所在地考核发证机关提出申请，并提交下列材料：

（一）社区或者县级以上医疗机构出具的健康证明；

（二）从事特种作业的情况；

（三）安全培训考试合格记录。

特种作业操作证有效期届满需要延期换证的，应当按照前款的规定申请延期复审。

第二十三条 特种作业操作证申请复审或者延期复审前，特种作业人员应当参加必要的安全培训并考试合格。

安全培训时间不少于8个学时，主要培训法律、法规、标准、事故案例和有关新工艺、新技术、新装备等知识。

第二十四条 申请复审的，考核发证机关应当在收到申请之日起20个工作日内完成复审工作。复审合格的，由考核发证机关签章、登记，予以确认；不合格的，说明理由。

申请延期复审的，经复审合格后，由考核发证机关重新颁发特种作业操作证。

第二十五条 特种作业人员有下列情形之一的，复审或者延期复审不予通过：

（一）健康体检不合格的；

（二）违章操作造成严重后果或者有2次以上违章行为，并经查证确实的；

（三）有安全生产违法行为，并给予行政处罚的；

（四）拒绝、阻碍安全生产监管监察部门监督检查的；

（五）未按规定参加安全培训，或者考试不合格的；

（六）具有本规定第三十条、第三十一条规定情形的。

第二十六条 特种作业操作证复审或者延期复审符合本规定第二十五条第（二）项、第（三）项、第（四）项、第（五）项情形的，按照本规定经重新安全培训考试合格后，再办理复审或者延期复审手续。

再复审、延期复审仍不合格，或者未按期复审的，特种作业操作证失效。

第二十七条 申请人对复审或者延期复审有异议的，可以依法申请行政复议或者提起行政诉讼。

第五章　监督管理

第二十八条 考核发证机关或其委托的单位及其工作人员应当忠于职守、坚持原则、廉洁自律，按照法律、法规、规章的规定进行特种作业人员的考核、发证、复审工作，接受社会的监督。

第二十九条 考核发证机关应当加强对特种作业人员的监督检查，发现其具有本规定第三十条规定情形的，及时撤销特种作业操作证；对依法应当给予行政处罚的安全生产违法行为，按照有关规定依法对生产经营单位及其特种作业人员实施行政处罚。

考核发证机关应当建立特种作业人员管理信息系统，方便用人单位和社会公众查询；对于注销特种作业操作证的特种作业人员，应当及时向社会公告。

第三十条 有下列情形之一的，考核发证机关应当撤销特种作业操作证：

（一）超过特种作业操作证有效期未延期复审的；

（二）特种作业人员的身体条件已不适合继续从事特种作业的；

（三）对发生生产安全事故负有责任的；

（四）特种作业操作证记载虚假信息的；

（五）以欺骗、贿赂等不正当手段取得特种作业操作证的。

特种作业人员违反前款第(四)项、第(五)项规定的，3年内不得再次申请特种作业操作证。

第三十一条　有下列情形之一的，考核发证机关应当注销特种作业操作证：

(一)特种作业人员死亡的；

(二)特种作业人员提出注销申请的；

(三)特种作业操作证被依法撤销的。

第三十二条　离开特种作业岗位6个月以上的特种作业人员，应当重新进行实际操作考试，经确认合格后方可上岗作业。

第三十三条　省、自治区、直辖市人民政府安全生产监督管理部门和负责煤矿特种作业人员考核发证工作的部门或者指定的机构应当每年分别向安全监管总局、煤矿安监局报告特种作业人员的考核发证情况。

第三十四条　培训机构应当按照有关规定组织实施特种作业人员的安全技术培训，不得向任何机构或者个人转借、出租安全生产培训资质证书。

第三十五条　生产经营单位应当加强对本单位特种作业人员的管理，建立健全特种作业人员培训、复审档案，做好申报、培训、考核、复审的组织工作和日常的检查工作。

第三十六条　特种作业人员在劳动合同期满后变动工作单位的，原工作单位不得以任何理由扣押其特种作业操作证。

跨省、自治区、直辖市从业的特种作业人员应当接受从业所在地考核发证机关的监督管理。

第三十七条　生产经营单位不得印制、伪造、倒卖特种作业操作证，或者使用非法印制、伪造、倒卖的特种作业操作证。

特种作业人员不得伪造、涂改、转借、转让、冒用特种作业操作证或者使用伪造的特种作业操作证。

第六章　罚　　则

第三十八条　考核发证机关或其委托的单位及其工作人员在特种作业人员考核、发证和复审工作中滥用职权、玩忽职守、徇私舞弊的，依法给予行政处分；构成犯罪的，依法追究刑事责任。

第三十九条　生产经营单位未建立健全特种作业人员档案的，给予警告，并处1万元以下的罚款。

第四十条　生产经营单位使用未取得特种作业操作证的特种作业人员上岗作业的，责令限期改正；逾期未改正的，责令停产停业整顿，可以并处2万元以下的罚款。

煤矿企业使用未取得特种作业操作证的特种作业人员上岗作业的，依照《国务院关于预防煤矿生产安全事故的特别规定》的规定处罚。

第四十一条　生产经营单位非法印制、伪造、倒卖特种作业操作证，或者使用非法印制、伪造、倒卖的特种作业操作证的，给予警告，并处1万元以上3万元以下的罚款；构成犯罪的，依法追究刑事责任。

第四十二条　特种作业人员伪造、涂改特种作业操作证或者使用伪造的特种作业操作证的，给予警告，并处1 000元以上5 000元以下的罚款。

特种作业人员转借、转让、冒用特种作业操作证的，给予警告，并处2 000元以上10 000元以下的罚款。

第四十三条　培训机构违反有关规定从事特种作业人员安全技术培训的，按照有关规定依法给予行政处罚。

第七章　附　　则

第四十四条　特种作业人员培训、考试的收费标准，由省、自治区、直辖市人民政府安全生产监督管理部门会同负责煤矿特种作业人员考核发证工作的部门或者指定的机构统一制定，报同级人民政府物价、财政部门批准后执行，证书工本费由考核发证机关列入同级财政预算。

第四十五条　省、自治区、直辖市人民政府安全生产监督管理部门和负责煤矿特种作业人员考核发证工作的部门或者指定的机构可以结合本地区实际，制定实施细则，报安全监管总局、煤矿安监局备案。

第四十六条　本规定自2010年7月1日起施行。1999年7月12日原国家经贸委发布的《特种作业人员安全技术培训考核管理办法》（原国家经贸委令第13号）同时废止。

附件　　特种作业目录

1　电工作业

指对电气设备进行运行、维护、安装、检修、改造、施工、调试等作业（不含电力系统进网作业）。

1.1　高压电工作业

指对1千伏（kV）及以上的高压电气设备进行运行、维护、安装、检修、改造、施工、调试、试验及绝缘工、器具进行试验的作业。

1.2　低压电工作业

指对1千伏（kV）以下的低压电器设备进行安装、调试、运行操作、维护、检修、改造施工和试验的作业。

1.3　防爆电气作业

指对各种防爆电气设备进行安装、检修、维护的作业。

适用于除煤矿井下以外的防爆电气作业。

2　焊接与热切割作业

指运用焊接或者热切割方法对材料进行加工的作业（不含《特种设备安全监察条例》规定的有关作业）。

2.1　熔化焊接与热切割作业

指使用局部加热的方法将连接处的金属或其他材料加热至熔化状态而完成焊接与切割

的作业。

适用于气焊与气割、焊条电弧焊与碳弧气刨、埋弧焊、气体保护焊、等离子弧焊、电渣焊、电子束焊、激光焊、氧熔剂切割、激光切割、等离子切割等作业。

2.2 压力焊作业

指焊接时施加一定压力而完成的焊接作业。

适用于电阻焊、气压焊、爆炸焊、摩擦焊、冷压焊、超声波焊、锻焊等作业。

2.3 钎焊作业

指使用比母材熔点低的材料作钎料，将焊件和钎料加热到高于钎料熔点，但低于母材熔点的温度，利用液态钎料润湿母材，填充接头间隙并与母材相互扩散而实现连接焊件的作业。

适用于火焰钎焊作业、电阻钎焊作业、感应钎焊作业、浸渍钎焊作业、炉中钎焊作业，不包括烙铁钎焊作业。

3 高处作业

指专门或经常在坠落高度基准面 2 m 及以上有可能坠落的高处进行的作业。

3.1 登高架设作业

指在高处从事脚手架、跨越架架设或拆除的作业。

3.2 高处安装、维护、拆除作业

指在高处从事安装、维护、拆除的作业。

适用于利用专用设备进行建筑物内外装饰、清洁、装修，电力、电信等线路架设，高处管道架设，小型空调高处安装、维修，各种设备设施与户外广告设施的安装、检修、维护以及在高处从事建筑物、设备设施拆除作业。

4 制冷与空调作业

指对大中型制冷与空调设备运行操作、安装与修理的作业。

4.1 制冷与空调设备运行操作作业

指对各类生产经营企业和事业等单位的大中型制冷与空调设备运行操作的作业。

适用于化工类(石化、化工、天然气液化、工艺性空调)生产企业，机械类(冷加工、冷处理、工艺性空调)生产企业，食品类(酿造、饮料、速冻或冷冻调理食品、工艺性空调)生产企业，农副产品加工类(屠宰及肉食品加工、水产加工、果蔬加工)生产企业，仓储类(冷库、速冻加工、制冰)生产经营企业，运输类(冷藏运输)经营企业，服务类(电信机房、体育场馆、建筑的集中空调)经营企业和事业等单位的大中型制冷与空调设备运行操作作业。

4.2 制冷与空调设备安装修理作业

指对 4.1 所指制冷与空调设备整机、部件及相关系统进行安装、调试与维修的作业。

5 煤矿安全作业

5.1 煤矿井下电气作业

指从事煤矿井下机电设备的安装、调试、巡检、维修和故障处理，保证本班机电设备安全运行的作业。

适用于与煤共生、伴生的坑探、矿井建设、开采过程中的井下电钳等作业。

5.2 煤矿井下爆破作业

指在煤矿井下进行爆破的作业。

5.3 煤矿安全监测监控作业

指从事煤矿井下安全监测监控系统的安装、调试、巡检、维修,保证其安全运行的作业。

适用于与煤共生、伴生的坑探、矿井建设、开采过程中的安全监测监控作业。

5.4 煤矿瓦斯检查作业

指从事煤矿井下瓦斯巡检工作,负责管辖范围内通风设施的完好及通风、瓦斯情况检查,按规定填写各种记录,及时处理或汇报发现的问题的作业。

适用于与煤共生、伴生的矿井建设、开采过程中的煤矿井下瓦斯检查作业。

5.5 煤矿安全检查作业

指从事煤矿安全监督检查,巡检生产作业场所的安全设施和安全生产状况,检查并督促处理相应事故隐患的作业。

5.6 煤矿提升机操作作业

指操作煤矿的提升设备运送人员、矿石、矸石和物料,并负责巡检和运行记录的作业。

适用于操作煤矿提升机,包括立井、暗立井提升机,斜井、暗斜井提升机以及露天矿山斜坡卷扬提升的提升机作业。

5.7 煤矿采煤机(掘进机)操作作业

指在采煤工作面、掘进工作面操作采煤机、掘进机,从事落煤、装煤、掘进工作,负责采煤机、掘进机巡检和运行记录,保证采煤机、掘进机安全运行的作业。

适用于煤矿开采、掘进过程中的采煤机、掘进机作业。

5.8 煤矿瓦斯抽采作业

指从事煤矿井下瓦斯抽采钻孔施工、封孔、瓦斯流量测定及瓦斯抽采设备操作等,保证瓦斯抽采工作安全进行的作业。

适用于煤矿、与煤共生和伴生的矿井建设、开采过程中的煤矿地面和井下瓦斯抽采作业。

5.9 煤矿防突作业

指从事煤与瓦斯突出的预测预报、相关参数的收集与分析、防治突出措施的实施与检查、防突效果检验等,保证防突工作安全进行的作业。

适用于煤矿、与煤共生和伴生的矿井建设、开采过程中的煤矿井下煤与瓦斯防突作业。

5.10 煤矿探放水作业

指从事煤矿探放水的预测预报、相关参数的收集与分析、探放水措施的实施与检查、效果检验等,保证探放水工作安全进行的作业。

适用于煤矿、与煤共生和伴生的矿井建设、开采过程中的煤矿井下探放水作业。

6 金属非金属矿山安全作业

6.1 金属非金属矿井通风作业

指安装井下局部通风机，操作地面主要扇风机、井下局部通风机和辅助通风机，操作、维护矿井通风构筑物，进行井下防尘，使矿井通风系统正常运行，保证局部通风，以预防中毒窒息作业。

6.2 尾矿作业

指从事尾矿库放矿、筑坝、巡坝、抽洪和排渗设施的作业。

适用于金属非金属矿山的尾矿作业。

6.3 金属非金属矿山安全检查作业

指从事金属非金属矿山安全监督检查，巡检生产作业场所的安全设施和安全生产状况，检查并督促处理相应事故隐患的作业。

6.4 金属非金属矿山提升机操作作业

指操作金属非金属矿山的提升设备运送人员、矿石、矸石和物料，及负责巡检和运行记录的作业。

适用于金属非金属矿山的提升机，包括竖井、盲竖井提升机，斜井、盲斜井提升机以及露天矿山斜坡卷扬提升的提升机作业。

6.5 金属非金属矿山支柱作业

指在井下检查井巷和采场顶、帮的稳定性，撬浮石，进行支护的作业。

6.6 金属非金属矿山井下电气作业

指从事金属非金属矿山井下机电设备的安装、调试、巡检、维修和故障处理，保证机电设备安全运行的作业。

6.7 金属非金属矿山排水作业

指从事金属非金属矿山排水设备日常使用、维护、巡检的作业。

6.8 金属非金属矿山爆破作业

指在露天和井下进行爆破的作业。

7 石油天然气安全作业

7.1 司钻作业

指石油、天然气开采过程中操作钻机起升钻具的作业。

适用于陆上石油、天然气司钻(含钻井司钻、作业司钻及勘探司钻)作业。

8 冶金(有色)生产安全作业

8.1 煤气作业

指冶金、有色企业内从事煤气生产、储存、输送、使用、维护检修的作业。

9 危险化学品安全作业

指从事危险化工工艺过程操作及化工自动化控制仪表安装、维修、维护的作业。

9.1 光气及光气化工艺作业

指光气合成以及厂内光气储存、输送和使用岗位的作业。

适用于一氧化碳与氯气反应得到光气，光气合成双光气、三光气，采用光气作单体合成聚碳酸酯，甲苯二异氰酸酯(TDI)制备，4,4¹-二苯基甲烷二异氰酸酯(MDI)制备等工艺过程的操作作业。

9.2 氯碱电解工艺作业

指氯化钠和氯化钾电解、液氯储存和充装岗位的作业。

适用于氯化钠(食盐)水溶液电解生产氯气、氢氧化钠、氢气，氯化钾水溶液电解生产氯气、氢氧化钾、氢气等工艺过程的操作作业。

9.3 氯化工艺作业

指液氯储存、气化和氯化反应岗位的作业。

适用于取代氯化，加成氯化，氧氯化等工艺过程的操作作业。

9.4 硝化工艺作业

指硝化反应、精馏分离岗位的作业。

适用于直接硝化法，间接硝化法，亚硝化法等工艺过程的操作作业。

9.5 合成氨工艺作业

指压缩、氨合成反应、液氨储存岗位的作业。

适用于节能氨五工艺法(AMV)，德士古水煤浆加压气化法、凯洛格法，甲醇与合成氨联合生产的联醇法，纯碱与合成氨联合生产的联碱法，采用变换催化剂、氧化锌脱硫剂和甲烷催化剂的"三催化"气体净化法工艺过程的操作作业。

9.6 裂解(裂化)工艺作业

指石油系的烃类原料裂解(裂化)岗位的作业。

适用于热裂解制烯烃工艺，重油催化裂化制汽油、柴油、丙烯、丁烯，乙苯裂解制苯乙烯，二氟一氯甲烷(HCFC-22)热裂解制得四氟乙烯(TFE)，二氟一氯乙烷(HCFC-142b)热裂解制得偏氟乙烯(VDF)，四氟乙烯和八氟环丁烷热裂解制得六氟乙烯(HFP)工艺过程的操作作业。

9.7 氟化工艺作业

指氟化反应岗位的作业。

适用于直接氟化，金属氟化物或氟化氢气体氟化，置换氟化以及其他氟化物的制备等工艺过程的操作作业。

9.8 加氢工艺作业

指加氢反应岗位的作业。

适用于不饱和炔烃、烯烃的三键和双键加氢，芳烃加氢，含氧化合物加氢，含氮化合物加氢以及油品加氢等工艺过程的操作作业。

9.9 重氮化工艺作业

指重氮化反应、重氮盐后处理岗位的作业。

适用于顺法、反加法、亚硝酰硫酸法、硫酸铜触媒法以及盐析法等工艺过程的操作作业。

9.10 氧化工艺作业

指氧化反应岗位的作业。

适用于乙烯氧化制环氧乙烷，甲醇氧化制备甲醛，对二甲苯氧化制备对苯二甲酸，异丙苯经氧化-酸解联产苯酚和丙酮，环己烷氧化制环己酮，天然气氧化制乙炔，丁烯、丁烷、C4馏分或苯的氧化制顺丁烯二酸酐，邻二甲苯或萘的氧化制备邻苯二甲酸酐，均四甲苯的氧化制备均苯四甲酸二酐，芘的氧化制1,8-萘二甲酸酐，3-甲基吡啶氧化制3-吡啶甲酸(烟酸)，4-甲基吡啶氧化制4-吡啶甲酸(异烟酸)，2-乙基己醇(异辛醇)氧化制备2-乙基己酸(异辛酸)，对氯甲苯氧化制备对氯苯甲醛和对氯苯甲酸，甲苯氧化制备苯甲醛、苯甲酸，对硝基甲苯氧化制备对硝基苯甲酸，环十二醇/酮混合物的开环氧化制备十二碳二酸，环己酮/醇混合物的氧化制己二酸，乙二醛硝酸氧化法合成乙醛酸，以及丁醛氧化制丁酸以及氨氧化制硝酸等工艺过程的操作作业。

9.11 过氧化工艺作业

指过氧化反应、过氧化物储存岗位的作业。

适用于双氧水的生产，乙酸在硫酸存在下与双氧水作用制备过氧乙酸水溶液，酸酐与双氧水作用直接制备过氧二酸，苯甲酰氯与双氧水的碱性溶液作用制备过氧化苯甲酰，以及异丙苯经空气氧化生产过氧化氢异丙苯等工艺过程的操作作业。

9.12 胺基化工艺作业

指胺基化反应岗位的作业。

适用于邻硝基氯苯与氨水反应制备邻硝基苯胺，对硝基氯苯与氨水反应制备对硝基苯胺，间甲酚与氯化铵的混合物在催化剂和氨水作用下生成间甲苯胺，甲醇在催化剂和氨气作用下制备甲胺，1-硝基蒽醌与过量的氨水在氯苯中制备1-氨基蒽醌，2,6-蒽醌二磺酸氨解制备2,6-二氨基蒽醌，苯乙烯与胺反应制备N-取代苯乙胺，环氧乙烷或亚乙基亚胺与胺或氨发生开环加成反应制备氨基乙醇或二胺，甲苯经氨氧化制备苯甲腈，以及丙烯氨氧化制备丙烯腈等工艺过程的操作作业。

9.13 磺化工艺作业

指磺化反应岗位的作业。

适用于三氧化硫磺化法，共沸去水磺化法，氯磺酸磺化法，烘焙磺化法，以及亚硫酸盐磺化法等工艺过程的操作作业。

9.14 聚合工艺作业

指聚合反应岗位的作业。

适用于聚烯烃、聚氯乙烯、合成纤维、橡胶、乳液、涂料粘合剂生产以及氟化物聚合等工艺过程的操作作业。

9.15 烷基化工艺作业

指烷基化反应岗位的作业。

适用于C-烷基化反应，N-烷基化反应，O-烷基化反应等工艺过程的操作作业。

9.16 化工自动化控制仪表作业

指化工自动化控制仪表系统安装、维修、维护的作业。

10 烟花爆竹安全作业

指从事烟花爆竹生产、储存中的药物混合、造粒、筛选、装药、筑药、压药、搬运等危险工序的作业。

10.1 烟火药制造作业

指从事烟火药的粉碎、配药、混合、造粒、筛选、干燥、包装等作业。

10.2 黑火药制造作业

指从事黑火药的潮药、浆硝、包片、碎片、油压、抛光和包浆等作业。

10.3 引火线制造作业

指从事引火线的制引、浆引、漆引、切引等作业。

10.4 烟花爆竹产品涉药作业

指从事烟花爆竹产品加工中的压药、装药、筑药、褙药剂、已装药的钻孔等作业。

10.5 烟花爆竹储存作业

指从事烟花爆竹仓库保管、守护、搬运等作业。

11 安全监管总局认定的其他作业

附录二 登高架设作业安全技术培训大纲及考核标准

1 范围

本标准规定了登高架设作业人员的基本条件、安全技术培训(以下简称培训)大纲和安全技术考核(以下简称考核)标准。

本标准适用于登高架设作业人员的培训和考核。

2 规范性引用文件

下列标准所包含的条文,通过在本标准中引用而构成为本标准的条文。本标准出版时,所示版本均为有效。所有标准都会被修订,使用本标准的各方应探讨使用下列标准最新版本的可能性。

GB/T 3608—2008 高处作业分级

GB 2811—2007 安全帽

GB 6095—2009 安全带

GB 5725—2009 安全网

GB 5036—85 特种作业人员安全技术考核管理规则

3 术语和定义

下列术语和定义适用于本标准。

3.1 高处作业 work at heights

在距坠落高度基准面 2 m 或 2 m 以上，有可能坠落的高处进行的作业。

3.2 登高架设作业 climbing and erection operations

在高处从事脚手架、跨越架架设或拆除的作业。

4 基本条件

4.1 年满 18 周岁，且不超过国家法定退休年龄。

4.2 经社区或者县级以上医疗机构体检健康合格，并无妨碍从事高处作业的器质性心脏病、癫痫病、美尼尔氏症、眩晕症、癔病、震颤麻痹症、精神病、痴呆症以及其他疾病和生理缺陷。

4.3 初中(含)以上文化程度。

4.4 在具有资质的特种作业培训机构参加培训并取得培训合格证明。

4.5 符合高处作业要求的其他条件。

5 培训大纲

5.1 培训要求

5.1.1 应按照本标准的规定对登高架设作业人员进行培训和复审培训。

5.1.2 理论与实际相结合，突出安全操作技能的培训。

5.1.3 实际操作训练中，应采取相应的安全防范措施。

5.1.4 注重职业道德、安全意识、基本理论和实际操作能力的综合培养。

5.2 培训内容

5.2.1 安全基本知识

5.2.1.1 国家安全生产法律法规与高处作业安全管理规定。

主要包括以下内容：

① 我国安全生产方针；

② 高处作业相关的法律法规；

③ 高处作业人员安全生产的权利和义务；

④ 高处作业安全管理；

⑤ 高处作业劳动保护用品及使用工具的安全知识。

5.2.1.2 登高架设作业安全技术与事故预防。

主要包括以下内容：

① 登高架设作业安全技术知识；

② 登高架设作业事故隐患的识别及防治知识。

5.2.1.3 登高架设作业的职业特殊性。

主要包括以下内容：

① 职业特点，常见的危险、职业危害因素等；

② 职业道德和安全职责。

5.2.1.4 自救、互救与急救。

主要包括以下内容：

① 自救、互救和创伤急救基本知识；

② 高处作业时发生各种事故的应急处理方法。

5.2.1.5 施工现场消防知识。

5.2.1.6 事故案例分析。

5.2.2 安全技术基础知识

5.2.2.1 脚手架安全技术知识。

主要包括以下内容：

① 脚手架基础知识；

② 脚手架专项施工方案的主要内容；

③ 常用脚手架(扣件式、碗扣式钢管脚手架和门式脚手架)的构造；

④ 常用脚手架(扣件式、碗扣式钢管脚手架和门式脚手架)的搭设和拆除安全技术；

⑤ 工具式脚手架搭设和拆除的安全技术；

⑥ 常用模板支架的搭设和拆除安全技术；

⑦ "临边"、"洞口"防护基本安全技术要求；

⑧ 安全网的挂设方法。

5.2.2.2 跨越架安全技术知识。

主要包括以下内容：

① 跨越架基础知识；

② 跨越架拆装基本要求；

③ 跨越架构造与搭设、拆除技术；

④ 带电跨越架构造与搭设、拆除技术；

⑤ 跨越架封网；

⑥ 跨越架拆装安全防护知识。

5.2.2.3 登高架设作业的安全管理。

主要包括以下内容：

① 登高架设作业人员的安全操作规程；

② 脚手架、跨越架安全检查标准与内容；

③ 脚手架、跨越架阶段性检查内容及验收规定；

④ 脚手架、跨越架保养、维修的管理规定；

⑤ 脚手架、跨越架防火、防雷电、防恶劣天气及外电线路、电器设备防护的安全要求和措施；

⑥ 脚手架、跨越架常见事故原因及处置方法。

5.2.3 实际操作技能

5.2.3.1 个人防护用品、用具的佩戴和使用。

主要包括以下内容：

① 施工现场"三宝"(安全帽、安全带、安全网)基本性能和要求；

② 正确佩戴和使用个人劳动防护用品及用具。

5.2.3.2 脚手架的搭设、拆除操作。

主要包括以下内容：
① 辨识脚手架及构配件的名称、功能、规格；
② 双排落地扣件式钢管脚手架现场搭设及拆除训练。

5.2.3.3 跨越架的搭设、拆除操作。
主要包括以下内容：
① 辨识跨越架及构配件的名称、功能、规格；
② 跨越架现场搭设及拆除训练。

5.2.3.4 登高架设作业的安全防护训练。
主要包括以下内容：
① "临边"、"洞口"的类别及防护要求；
② 安全网的挂设训练。

5.2.3.5 应急救援训练。
主要包括以下内容：
① 登高架设作业常见事故原因及处置方法；
② 消防应急训练；
③ 自救、互救、急救训练。

5.3 复审培训内容

5.3.1 有关高处作业方面的安全生产法律、法规、标准、规范。

5.3.2 以取证内容为基础，突出安全技术理论和实际操作技能，进行重点复习。

5.3.3 回顾安全生产情况和经验教训总结，分析典型事故案例，加强防范高处作业事故的能力。

5.3.4 有关登高架设作业方面的新技术、新工艺、新材料、新装备等。

5.4 培训学时安排

5.4.1 培训时间不少于100学时，具体培训学时宜符合表1的规定。

5.4.2 复审培训时间不少于8学时，具体培训学时宜符合表2的规定。

表1　　　　　　　　登高架设作业培训学时安排

项　　目		培　训　内　容	学时
安全技术知识 （40学时）	安全基本知识 （14学时）	国家安全生产法与高处作业安全管理	2
		登高架设作业安全技术与事故预防	4
		登高架设作业的职业特殊性	2
		自救、互救与急救	2
		施工现场消防知识	2
		事故案例分析	2
	安全技术基础知识 （26学时）	脚手架安全技术知识	6
		跨越架安全技术知识	6
		登高架设作业的安全管理	6
		现场观摩	4
		模拟考试	4

续表1

项　　目	培训内容	学时
实际操作技能(60学时)	个人防护用品、用具的佩戴和使用	4
	脚手架的搭设、拆除操作	16
	跨越架的搭设、拆除操作	16
	登高架设作业的安全防护训练	16
	应急救援训练	4
	模拟考试	4
合计		100

表2　　　　　　登高架设作业复审培训学时安排

项目	培训内容	学时
复审培训	(1) 有关高处作业方面的安全生产法律、法规、标准、规范。 (2) 以取证内容为基础，突出安全技术理论和实际操作技能，进行重点复习。 (3) 回顾安全生产情况和经验教训总结，分析典型事故案例，加强防范高处作业事故的能力。 (4) 有关登高架设作业方面的新技术、新工艺、新材料、新装备等。	不少于8学时

6　考核要求

6.1　考核办法

6.1.1　考核的分类和范围

6.1.1.1　登高架设作业考核分为安全技术知识(包括安全基本知识、安全技术基础知识)和实际操作技能考核两部分。

6.1.1.2　登高架设作业的考核范围应符合本标准6.2的规定。

6.1.2　考核方式

6.1.2.1　安全技术知识的考核方式可为笔试、计算机考试。满分为100分。考试时间为90分钟。

6.1.2.2　实际操作技能考核方式应以实际操作为主，也可采用满足6.2.3要求的模拟操作或口试。满分为100分。

6.1.2.3　安全技术知识、实际操作技能考核成绩均60分及以上者为考核合格。两部分考核均合格者为考核合格。考核不合格者允许补考一次。

6.1.3　考核内容的层次和比重

6.1.3.1　安全技术知识考核内容分为了解、掌握和熟练掌握三个层次，按20%、30%、50%的比重进行考核。

6.1.3.2　实际操作技能考核内容分为掌握和熟练掌握两个层次，按30%、70%的比重进行考核。

6.2　考核要点

6.2.1　安全基本知识

6.2.1.1　国家安全生产法与高处作业安全管理。

主要包括以下内容：

① 了解我国安全生产方针；

② 了解相关高处作业的法律法规；

③ 了解高处作业安全管理；

④ 掌握高处作业人员安全生产的权利和义务；

⑤ 掌握劳动保护用品、用具的安全知识。

6.2.1.2　登高架设作业安全技术与事故预防。

主要包括以下内容：

① 熟练掌握登高架设作业安全技术知识；

② 熟练掌握登高架设作业事故隐患的识别及防治知识。

6.2.1.3　登高架设作业的职业特殊性。

主要包括以下内容：

① 了解登高架设作业的职业特点，常见的危险、职业危害因素等；

② 掌握登高架设作业人员的职业道德和安全职责。

6.2.1.4　自救、互救与急救。

主要包括以下内容：

① 了解登高架设作业自救、互救和创伤急救基本知识；

② 熟练掌握高处作业时发生各种事故的应急方法。

6.2.1.5　掌握施工现场消防基本知识。

6.2.1.6　了解登高架设作业典型事故案例原因及防范措施。

6.2.2　安全技术基础知识

6.2.2.1　脚手架安全技术知识。

主要包括以下内容：

① 了解脚手架专项施工方案的主要内容；

② 掌握脚手架基础知识；

③ 掌握常用脚手架（扣件式、碗扣式钢管脚手架和门式脚手架）的构造；

④ 掌握工具式脚手架搭设和拆除的安全技术；

⑤ 掌握常用模板支架的搭设和拆除安全技术；

⑥ 掌握"临边"、"洞口"防护基本安全技术要求；

⑦ 熟练掌握常用脚手架（扣件式、碗扣式钢管脚手架和门式脚手架）的搭设和拆除安全技术；

⑧ 熟练掌握安全网的挂设方法。

6.2.2.2　跨越架安全技术知识。

主要包括以下内容：

① 掌握跨越架基础知识；

② 掌握跨越架拆装基本要求；

③ 掌握跨越架拆装安全防护知识；

④ 熟练掌握跨越架构造与搭设、拆除技术；

⑤ 熟练掌握带电跨越架构造与搭设、拆除技术；

⑥ 熟练掌握跨越架封网。

6.2.2.3 登高架设作业的安全管理。

主要包括以下内容：

① 了解脚手架、跨越架防火、防雷电、防恶劣天气及外电线路、电器设备防护的安全要求和措施；
② 掌握脚手架、跨越架安全检查标准与内容；
③ 掌握脚手架、跨越架阶段性检查内容及验收规定；
④ 掌握脚手架、跨越架保养、维修的管理规定；
⑤ 掌握脚手架、跨越架常见事故原因及处置方法；
⑥ 熟练掌握登高架设作业人员的安全操作规程。

6.2.3 实际操作技能

6.2.3.1 个人防护用品、用具的佩戴和使用。

主要包括以下内容：

① 掌握施工现场"三宝"（安全帽、安全带、安全网）基本性能和要求；
② 熟练掌握正确佩戴和使用个人劳动防护用品和用具。

6.2.3.2 脚手架的搭设、拆除操作。

主要包括以下内容：

① 掌握辨识脚手架及构配件的名称、功能、规格的能力；
② 熟练掌握双排落地扣件式钢管脚手架现场搭设及拆除技能。

6.2.3.3 跨越架的搭设、拆除操作。

主要包括以下内容：

① 掌握辨识跨越架及构配件的名称、功能、规格的能力；
② 熟练掌握跨越架现场搭设及拆除技能。

6.2.3.4 登高架设作业的安全防护训练。

主要包括以下内容：

① 掌握"临边"、"洞口"的类别及防护要求；
② 熟练掌握安全网的挂设技能。

6.2.3.5 应急救援训练。

主要包括以下内容：

① 掌握登高架设作业常见事故原因及处置方法；
② 掌握典型事故发生原因及预防措施；
③ 熟练掌握消防应急技能。

6.3 复审培训考核要点

6.3.1 了解有关高处作业方面的安全生产法律、法规、标准、规范。

6.3.2 以取证内容为基础，突出安全技术理论和实际操作技能。

6.3.3 回顾安全生产情况和经验教训总结，分析典型事故案例，加强防范高处作业事故的能力。

6.3.4 了解有关登高架设作业方面的新技术、新工艺、新材料、新装备等。

参 考 答 案

习题一参考答案
一、判断题
1. √；2. √；3. ×；4. √；5. √；6. √；7. ×；8. √；9. √；10. √；11. ×；
12. √；13. ×；14. √；15. √；16. √；17. √；18. ×；19. √；20. √；21. √；
22. √；23. √；24. √；25. ×；26. √；27. √；28. √；29. ×；30. ×；31. ×；
32. √；33. √；34. ×；35. √；36. √；37. √；38. ×；39. √；40. √；41. √；
42. ×；43. √；44. ×；45. √；46. √；47. √；48. √；49. √；50. √；51. √；
52. √；53. ×；54. √；55. √；56. √；57. √；58. √；59. √；60. √；61. √；
62. ×；63. √；64. √

二、填空题
65. 5；66. 拉牢；67. 两；68. 20~50；69. 紧急避险权；70. 四

三、单选题
71-75 BBBAC；76-80 BABCC；81-85 CABBB；86-90 ACCAB；91-95 BACAA；
96-100 ABBAA；101-105 ABCCA；106-110 AACCC；111-114 AABA

四、多项选择题
115. AD；116. AC；117. ABCD；118. ABCD；119. ABC；120. ABD；121. ABC；
122. ABCD；123. AB；124. ABC；125. ABCD；126. AC；127. ABC；128. ABCD；129. ABCD；
130. ABCD；131. BCD；132. BCD；133. ABCD；134. AD；135. AC；136. ABC；
137. ACD

五、简答题
138. 产品的名称、厂名、合格证、生产日期、规格型号。

139. 不得有外伤、无裂纹、无漏洞、无气泡、无毛刺，无划痕等缺陷。

140. 基坑周边、框架结构楼层周边、楼梯和斜道侧边、屋面周边和尚未安装栏杆的阳台边等。

习题二参考答案
一、判断题
1. √；2. √；3. √；4. √；5. √；6. √；7. √；8. √；9. √；10. √；11. ×；
12. √；13. ×；14. √；15. √；16. √；17. √；18. √；19. √；20. √；21. √；
22. ×；23. √；24. √；25. √；26. ×；27. √；28. √；29. √；30. √；31. √；
32. √；33. √；34. ×；35. √；36. √；37. √；38. ×；39. √；40. √；41. √；
42. √；43. √；44. √；45. √；46. √；47. √；48. √；49. √；50. √；51. √；

52. √；53. √；54. √；55. √；56. √；57. √；58. √；59. √；60. √；61. √；
62. √；63. √；64. √；65. √；66. √；67. √；68. √；69. √；70. √；71. √；
72. √；73. √；74. ×；75. ×；76. √；77. ×；78. ×；79. √；80. ×；81. √；82. ×；
83. ×；84. √；85. ×；86. √；87. √；88. ×；89. √；90. ×；91. ×；92. ×；93. ×；
94. √；95. √；96. √；97. √；98. √；99. √；100. ×；101. √

二、填空题

102. 防锈；103. 5；104. 30；105. 1.2；106. 45°~60°；107. 剪刀撑；108. 6；
109. 连续；110. 一

三、单选题

111-115 BABAC；　116-120 CBCBA；　121-125 AACBC；　126-130 CABBC；
131-135 ACAAC；　136-140 ABACC；　141-145 BAACB；　146-150 AABBB；
151-155 BCBAC；　156-160 AABBA；　161-165 CCCAC；　166-170 ABCCB；
171-175 AAABC；　176-180 CBBAB；　181-185 CAAAB；　186-190 ACCAC；
191-195 ABABC；　196-200 BBACC；　201-202 AA

四、多项选择题

203. ACD；204. ABCD；205. AB；206. AC；207. ACD；208. ABCD；209. CD；
210. CD；211. BCD；212. BD；213. ABCD；214. ABC；215. ACD；216. ACD；
217. ABCD；218. ABD；219. ACD；220. ABCD；221. ABCD；222. CD；223. ABCD；
224. ABCD；225. ABCD；226. ABCD；227. ABC；228. ABCD；229. ABCD；230. ABCD；
231. ACD；232. ABCD；233. ABD；234. ABCD；235. ABCD

五、简答题

236. 安全网、防护栏杆、挡脚板。

237. 砂眼、裂纹、气孔、疏松。

238. 落地式钢管脚手架由立杆、斜杆、纵向水平杆、横向水平杆组成。

习题三参考答案

一、判断题

1. √；2. √；3. √；4. √；5. √；6. √；7. √；8. √；9. √；10. √；11. √；
12. √；13. √；14. ×；15. √；16. √；17. ×；18. √；19. √；20. √；21. √；
22. √；23. ×；24. √；25. √；26. √；27. √；28. √；29. √；30. √；31. √；
32. √；33. √；34. √；35. √；36. √；37. √；38. √

二、填空题

39. 1.2；40. 5

三、单选题

41-45 BABBB；　46-50 CCBBA；　51-55 CAACA；　56-60 ACBBA；　61-65 CCABC；
66-70 ABCBC；　71-75 CBACC；　76-80 ABCAB；　81-84 CBCA

四、多项选择题

85. ABC；86. ABC；87. CD；88. BD；89. ABCD；90. ABC；91. ABCD；92. AC；
93. ABC；94. BCD；95. BC；96. ABC；97. AB；98. CD；99. ABC；100. ABCD；101. ABCD；

102. AD；103. CD；104. ABCD；105. ACD；106. BCD；107. ACD

五、简答题

108. 金属跨越架、竹木跨越架、索道跨越架、吊担跨越架。

109. 高处坠落、触电、跑线、跨越架倒塌。

习题四参考答案

一、判断题

1. √；2. ×；3. √；4. ×；5. ×；6. √；7. √；8. √；9. √；10. √；11. √；
12. √；13. √；14. √；15. √；16. √；17. √；18. √；19. √；20. √；21. √；
22. √；23. √；24. √；25. √；26. √；27. √；28. √；29. √；30. √；31. ×；
32. ×；33. √；34. √；35. ×；36. √；37. ×；38. ×；39. √；40. ×；41. √；
42. √；43. √；44. √；45. √；46. √；47. √；48. √；49. √；50. √；51. √

二、填空题

52. 500；53. 10；54. 公安消防；55. 3

三、单选题

56-60 ACACB； 61-65 CBCBB； 66-70 BCAAA； 71-75 BACBA；
76-80 ABBBB； 81-85 AAABA； 86-90 ABBCB； 91-95 AAAAB；
96-100 CAAAB； 101-105 ABCCC；106-109 ABCB

四、多项选择题

110. ABCD；111. ABCD；112. BCD；113. ABCD；114. ABC；115. ABC；116. ABCD；
117. ABD；118. ABD；119. AB；120. ABC；121. ABCD；122. ABCD；123. ABCD；
124. ABCD；125. ABCD；126. ABC；127. ABCD；128. ABCD；129. ABD；130. ABCD；
131. BCD；132. AB；133. ABCD；134. ABC；135. ABCD；136. ABCD；137. ABCD；
138. ABC；139. AC；140. BC；141. ABC；142. ABD；143. AD；144. ACD；145. ACD；
146. ABCD；147. ABD

五、简答题

148. 必须采取防电、防火、防撞击、防盗等措施。

149. 验收时间、使用期限、允许上架人数、最大承受荷载。

150. 包括灭火器、给水系统、应急照明、疏散通道、疏散指示标识等。

习题五参考答案

一、判断题

1. √；2. √；3. ×；4. √；5. √；6. ×；7. √；8. ×；9. ×；10. ×；11. √；
12. √；13. √；14. ×；15. √；16. √；17. √；18. √；19. √；20. √；21. √；
22. √；23. √；24. √；25. ×；26. √；27. ×；28. √；29. √；30. √；31. √；
32. √；33. √；34. √；35. √；36. √；37. √；38. √；39. √；40. ×；41. √；
42. √；43. ×；44. √；45. √；46. √；47. √；48. ×；49. √；50. ×；51. √；
52. √；53. √

二、填空题

54. 提示；55. 系好安全带；56. 10m；57. 250～300；58. 止血；59. 撤离；60. 不要

三、单选题

61-65 BACAC；66-70 ABCAC；71-75 CBABB；76-80 BCCAA；81-85 BAACC；
86-90 CBCCC；91-95 BCABC；96-97 AA

四、多项选择题

98. BC；99. AD；100. AB；101. AD；102. BCD；103. ACD；104. ABCD；105. AB；
106. ABCD；107. ABCD；108. ABC；109. AC；110. ABC；111. ABCD；112. BCD；
113. BC；114. BC；115. ABC；116. ABCD；117. ABC；118. ABCD；119. ABCD；
120. ABCD；121. ABCD

五、简答题

122. 脚手架内的作业层应畅通，并搭设不少于2处与主体建筑内相衔接的通道；应设立防火警示标志；应设置临时室内消防给水系统，设置临时中转水池及加压水泵等。

123. 对悬挑钢梁后锚固点进行加固；钢梁上面用钢支撑加U形托顶住屋顶；预埋钢筋环与钢梁之间用木楔楔紧；检查吊挂钢梁外端的钢丝绳受力情况。

参 考 文 献

[1] GB/T 3608—2008　高处作业分级[S]. 北京：中国标准出版社，2008.
[2] GB 6095—2009　安全带[S]. 北京：中国标准出版社，2009.
[3] GB 2811—2007　安全帽[S]. 北京：中国标准出版社，2007.
[4] GB 5725—2009　安全网[S]. 北京：中国标准出版社，2009.
[5] GB 2893.1—2004　图形符号　安全色和安全标志　第1部分：工作场所和公共区域中安全标志的设计原则[S]. 北京：中国标准出版社，2004.
[6] JGJ 80—91　建筑施工高处作业安全技术规范[S]. 北京：中国建筑工业出版社，1991.
[7] JGJ 130—2011　建筑施工扣件式钢管脚手架安全技术规范[S]. 北京：中国建筑工业出版社，2011.
[8] JGJ 128—2010　建筑施工门式钢管脚手架安全技术规范[S]. 北京：中国建筑工业出版社，2010.
[9] JGJ 184—2009　建筑施工作业劳动防护用品配备及使用标准[S]. 北京：中国建筑工业出版社，2009.
[10] JGJ 166—2008　建筑施工碗扣式钢管脚手架安全技术规范[S]. 北京：中国建筑工业出版社，2008.
[11] JGJ 164—2008　建筑施工木脚手架安全技术规范[S]. 北京：中国建筑工业出版社，2008.
[12] JGJ 162—2008　建筑施工模板安全技术规范[S]. 北京：中国建筑工业出版社，2008.
[13] JGJ 231—2010　建筑施工承插型盘扣式钢管支架安全技术规程[S]. 北京：中国建筑工业出版社，2010.
[14] JGJ 202—2010　建筑施工工具式脚手架安全技术规范[S]. 北京：中国建筑工业出版社，2010.
[15] JGJ 59—1999　建筑施工安全检查标准[S]. 北京：中国建筑工业出版社，1999.
[16] 住房和城乡建设部工程质量安全监管司. 普通脚手架架子工[M]. 北京：中国建筑工业出版社，2009.
[17] 住房和城乡建设部工程质量安全监管司. 特种作业安全生产基本知识[M]. 北京：中国建筑工业出版社，2009.

教材意见反馈表

教材名称	
意见和建议	
联系方式	姓　　名	
	单　　位	
	联系电话	
	电子邮箱	

注：1. 纸质版反馈信息，请寄"北京市朝阳区北苑路32号安全大厦22层，邮编100013，教材编委会办公室收；

2. 电子版反馈信息，可发至 anjianpeixun@tom.com。

3. 联系电话：010-64463761，全国安全生产培训教材编审委员会办公室（国家安全监家安全监管总局培训中心）